高等院校电气信息类专业"互联网+"创新规划教材

人工智能导论

主 编 刘 攀 黄务兰 魏 忠

内 容 简 介

本书以通俗易懂的方式,介绍了人工智能的发展历程、具体理论和方法、应用前景及未来的挑战。

全书共分 6 章。第 1 章介绍了人工智能的发展历程,讲解了不同时期人工智能的代表人物及其贡献;第 2 章以理论与实例并重的方式介绍了机器学习的定义,以及时间序列分析与预测、结构方程、因子分析、信度与效度分析、回归分析、K-means 聚类算法、朴素贝叶斯、马尔可夫过程等机器学习方法;第 3 章介绍了计算智能,包括遗传算法、粒子群算法、蚁群算法、人工鱼群算法;第 4 章介绍了深度学习的定义、核心技术、主要应用及开源框架;第 5 章介绍了人工智能技术在各行各业的应用,概括归纳人工智能技术在搜索引擎领域、制造业、安防业、交通业、医疗领域、电商领域、教育业、媒体业的具体应用;第 6 章介绍了人工智能的未来发展和挑战。

本书既适合作为高校各个专业的人工智能基础课程或者通识课的教材,又可作为广大社会人士了解人工智能的概念、理论和方法的科普性读物。

图书在版编目(CIP)数据

人工智能导论 / 刘攀,黄务兰,魏忠主编. —北京:北京大学出版社,2021.12
高等院校电气信息类专业"互联网+"创新规划教材
ISBN 978-7-301-32717-3

Ⅰ.①人… Ⅱ.①刘… ②黄… ③魏… Ⅲ.①人工智能 - 高等学校 - 教材 Ⅳ.①TP18

中国版本图书馆 CIP 数据核字(2021)第 237299 号

书　　名	人工智能导论 RENGONG ZHINENG DAOLUN
著作责任者	刘　攀　黄务兰　魏　忠　主编
策划编辑	郑　双
责任编辑	杜　鹃　郑　双
数字编辑	蒙俞材
标准书号	ISBN 978-7-301-32717-3
出版发行	北京大学出版社
地　　址	北京市海淀区成府路 205 号　100871
网　　址	http://www.pup.cn　新浪微博:@北京大学出版社
电子信箱	pup_6@163.com
电　　话	邮购部 010-62752015　发行部 010-62750672　编辑部 010-62750667
印刷者	三河市博文印刷有限公司
经销者	新华书店
	787 毫米×1092 毫米　16 开本　15.75 印张　372 千字 2021 年 12 月第 1 版　2021 年 12 月第 1 次印刷
定　　价	48.00 元

未经许可,不得以任何方式复制或抄袭本书之部分或全部内容。

版权所有,侵权必究

举报电话:010-62752024　电子信箱:fd@pup.pku.edu.cn

图书如有印装质量问题,请与出版部联系,电话:010-62756370

前　　言

自 AlphaGo 战胜世界围棋冠军李世石和柯洁后，人们终于接受了一个事实：在围棋领域，AlphaGo 的"智力"已经超越了人类。这是人工智能发展史上的一个里程碑，也是人工智能从弱智能向强智能发展的一个转折点，标志着人工智能已经能够通过自学和分析获得人类部分的思考能力，虽然二者的思维逻辑可能并不一样。随着人工智能的蓬勃发展，社会对人工智能人才的需求也大幅增加。早在 2016 年，我国人工智能人才缺口就已超过 500 万，一些业内人士甚至表示，国内人工智能人才的供求比例高达 1∶10，供需严重失衡。为了满足社会需求，国内众多高校相继开设了智能科学与技术专业，成立人工智能学院。然而，很多人工智能的入门教材，讲解内容不够通俗易懂，不适合作为普通本科院校、高职高专类院校的学生，以及广大无基础而又想了解人工智能的社会人士学习的基础教材。

编者长期在高校从事计算机类课程的教学和改革工作，理解不同层次学生的诉求，熟知高校的许多学生既想了解人工智能的相关知识，又难以挤出大量的时间进行深入学习。为此，编者决定以通俗易懂的方式编写适合普通院校学生及广大人工智能爱好者的入门教材。本书旨在让广大的社会人士和高校学生有兴趣在闲暇时间阅读片刻。

1. 本书特色

与市面上同类书籍对比，本书具有以下特色。

（1）以通俗易懂的方式讲解了人工智能的发展历程。书中采用类似于人物传记的形式，讲解了人工智能的发展历程，通过人物将人工智能的历史进行串联，增强教材的趣味性。

（2）本书的涵盖面广，既包含了人工智能中常见的数据分析方法和分析理论，又包含了计算智能与深度学习的前沿内容；既包含了人工智能在各行各业中的应用，又包含了未来人工智能的发展方向及可能面临的挑战。

（3）为了将人工智能的理论讲解透彻，每个基本理论都有一个实例与之对应，无论是计算机专业人士还是非专业人士，均能通过实例来快速理解人工智能的相关理论和使用方法。

本书共分 6 章：第 1 章是人工智能的发展历程，以人物故事为线索，主要介绍了不同时期人工智能的代表人物及其贡献，阐述了人工智能的发展历程；第 2 章是机器学习，以理论与实例并重的方式介绍了机器学习的定义、时间序列分析与预测、结构方程、因子分析、信度与效度分析、回归分析、K-means 聚类算法、马尔可夫过程、朴素贝叶斯等机器学习方法；第 3 章是计算智能，主要介绍了遗传算法、粒子群算法、蚁群算法、人工鱼群算法 4 种智能算法的起源、原理、算法实现步骤和应用；第 4 章是深度学习，介绍了深度学习的定义、深度学习的核心技术、深度学习的主要应用及开源框架；第 5 章是人工智能技术在各行各业的应用，归纳了人工智能技术在搜索引擎领域、制造业、安防业、交通业、教育业、医疗业等行业的具体应用；第 6 章是人工智能的发展趋势和挑战，主要介绍未来人工智能发展的 8 个趋势，未来人工智能在机器视觉、指纹识别、人脸识别、信息检索和智能控制等方面的应用，人工智能对人类未来生活会带来的影响及未来人工智能面临的挑战。

2. 课时安排建议

本书可作为高校各个专业的人工智能基础或者通识课的教材，可以安排 32 学时或者 48 学时，课时安排建议如下。

章节标题	课时建议 32（48）	章节主要内容
第 1 章 人工智能的发展历程	4（6）	孕育期主要人物及贡献；基础技术的研究和形成阶段主要人物及贡献；发展和实用化阶段主要人物及贡献；知识工程与专家系统阶段主要人物及贡献
第 2 章 机器学习	10（16）	机器学习的定义；时间序列分析与预测、结构方程、因子分析、信度与效度分析、回归分析、K-means 聚类算法、马尔可夫过程、朴素贝叶斯等 11 种机器学习方法及其应用
第 3 章 计算智能	8（10）	遗传算法的起源、原理、算法实现步骤和应用；粒子群算法的起源、原理、算法实现步骤和应用；蚁群算法的起源、原理、算法实现步骤和应用；人工鱼群算法的起源、原理、算法实现步骤和应用
第 4 章 深度学习	6（10）	深度学习的定义、深度学习的核心技术、深度学习的主要应用、深度学习的常用开源框架
第 5 章 人工智能在各行各业的应用	2（4）	人工智能技术在搜索引擎领域、制造业、安防业、交通业、教育业、医疗领域、电商领域等行业的具体应用
第 6 章 人工智能的发展趋势和挑战	2（2）	未来人工智能发展的 8 个趋势；未来人工智能在机器视觉、指纹识别、人脸识别、信息检索和智能控制等方面的应用；人工智能对人类未来生活会带来的影响及未来人工智能面临的挑战

本书受到国家社会科学基金项目（18BTQ058）、教育部产学合作协同育人项目、国家双一流专业和上海市二类高原学科（应用经济学科商务经济方向）资助，在此表示感谢。本书的第 1、2、6 章由上海商学院刘攀博士编写，第 3—5 章由上海商学院黄务兰博士编写，上海海事大学魏忠博士对本书进行统筹规划，并提供了相应案例的支持材料。另外，上海商学院学生蔡致礼、何大敏、余嘉怡、张雨林、周欣怡、周佳艺等参与了本书的部分整理和校对工作，在此表示感谢。

为方便教师教学，本书除了传统的教学课件外，还编写了课程大纲和教学计划，课程实验可参考同期出版的《人工智能实践教程》。扫描封面右下角的二维码，可以联系客服获取教学课件。

由于人工智能技术的发展日新月异，且编者的水平有限，书中难免会有疏漏之处，欢迎广大读者批评指正。

编者

2021 年 6 月

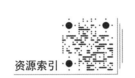

本书课程思政元素

本书课程思政元素从"格物、致知、诚意、正心、修身、齐家、治国、平天下"中国传统文化角度着眼，再结合社会主义核心价值观"富强、民主、文明、和谐、自由、平等、公正、法治、爱国、敬业、诚信、友善"设计出课程思政的主题，然后紧紧围绕"价值塑造、能力培养、知识传授"三位一体的课程建设目标，在课程内容中寻找相关的落脚点，通过案例、知识点等教学素材的设计运用，以润物细无声的方式将正确的价值追求有效地传递给学生，以期培养学生的理想信念、价值取向、政治信仰、社会责任，全面提高学生缘事析理、明辨是非的能力，把学生培养成为德才兼备、全面发展的人才。

每个思政元素的教学活动过程都包括内容导引、展开研讨、总结分析等环节。在课程思政教学过程，老师和学生共同参与其中；在课堂教学中教师可结合下表中的内容导引，针对相关的知识点或案例，引导学生进行思考或展开讨论。

页码	内容导引	思考问题	课程思政元素
2	引例："AlphaGo——人机大战"	1. AlphaGo 的出现说明了什么？ 2. 人工智能应用能否推动竞技比赛的发展？	科技发展 实战能力 努力学习
20	诊断内科疾病的专家系统 INTERNIST	人工智能在医疗领域有哪些应用和效果？	科技发展 专业与社会
24	知识工程	1. 知识工程的原理是什么？ 2. 知识工程在"数据爆发"时代有何发展？	科学素养 行业发展
25	"吴方法"	"吴方法"的开创背景是什么？	工匠精神
32	瓦普尼克与支持向量机	1. 支持向量机可以对数据进行二分类，是否也可以进行多分类？ 2. 支持向量机还应用在哪些领域？	科学素养 科学精神
42	预测股票价格	思考除了案例中提及的线性回归，还能用什么方法进行股票价格预测？	创新意识
64	客户分类案例	1. 周边与聚类算法相关的案例有哪些呢？ 2. 聚类算法可以帮助运营商改善运营模式，对用户有何影响？	行业发展 辩证思维
69	回归分析实例	回归分析的基本原理和基本思想分别是什么？	科学素养
71	朴素贝叶斯实例	1. 参考所给的朴素贝叶斯实例，试想一下，如何预测学生未来考试的成绩？ 2. 朴素贝叶斯实例中的概率给了我们什么启示？	科学素养 实战能力 价值观

续表

页码	内容导引	思考问题	课程思政元素
73	马尔可夫过程	1. 马尔可夫过程的理论依据是什么？ 2. 马尔可夫过程有哪些应用范围？	专业能力 科技发展 科技强国
96	遗传算法思想——优胜劣汰、适者生存的启发	1. 遗传算法的基本原理是什么？ 2. 从遗传算法原理中，我们可以学到什么？	适者生存 努力学习 终身学习
103	遗传算法在宋词自动生成中的应用	1. 宋词的特点是什么？ 2. 遗传算法为什么能自动生成宋词呢？	文化传承
109	粒子群算法受鸟类群体行为——觅食行为的建模与仿真结果的启发	1. 鸟类觅食的原理是什么？ 2. 通过这个案例我们学到了什么？	团结协作 逻辑思维
116	蚁群算法	蚁群算法给我们什么启示？	团队协作
124	物流配送路径优化	1. 物流配送路径问题的核心是什么？ 2. 物流配送路径优化可以给物流行业带来哪些影响？	科学素养 辩证思维 行业发展
131	人工鱼群算法的重要参数设置	1. 人工鱼群算法的参数有哪些？ 2. 不同参数对模型有什么影响？	科学素养 求真务实
134	算法的改进方向——不同算法的融合	1. 遗传算法、粒子群算法、蚁群算法和人工鱼群算法的优缺点是什么？ 2. 在算法的实际应用中，如何改进算法以得到更优解？	辩证思想 团队合作
142	人工神经网络的主要架构和工作原理	人工神经网络的主要架构和工作原理是什么？	科学精神 求真务实 专业能力
143	卷积神经网络	卷积神经网络是如何识别图像的？	逻辑思维 科学素养
152	计算机视觉专家李飞飞	从李飞飞的求学经历中我们能学到什么？	努力学习 个人成长 职业规划 钻研精神 民族自豪感
153	近几年出现了研究图像检索的ReID技术	1. ReID如何对车牌进行检测？ 2. 计算机视觉应用在哪些方面？	科学技术 实战能力 安全意识
154	人脸识别	1. 人脸识别适用的技术涉及哪些？ 2. 人脸识别的应用场景有哪些？	科技发展
157	物体检测	了解到目前为止，主流的物体检测算法的发展历程是什么？	科学素养 国际视野

续表

页码	内容导引	思考问题	课程思政元素
160	图像聚类	1. 聚类的概念是什么? 2. 聚类概念在现实生活中如何理解?	适者生存 个人成长
166	文本挖掘的操作步骤	1. 文本挖掘的基本步骤是什么? 2. 如何使用 WordCloud 实现词云图的功能呢?	求真务实 实战能力
170	百度旗下的深度学习开源平台 PaddlePaddle	你知道百度公司在人工智能方面有哪些突出贡献?	科技发展 产业报国 民族自豪感
180	百度机器人的语音识别案例	1. 百度语音机器人语音识别流程是什么? 2. 思考语音机器人可以应用在哪些领域?	科学素养 科技发展
185	华为的智能化生产线	华为在科技创新方面有哪些成就?	民族自豪感 科技发展 科技兴国 爱祖国
186	智慧警务寻找失踪儿童案例	智慧警务如何辅助人们寻找失踪儿童?	法律意识 社会公德
190	自动驾驶汽车	1. 你对自动驾驶汽车的发展有什么期盼? 2. 未来汽车需要驾驶员吗?	可持续发展 现代化
196	人工智能技术在电商领域的应用	1. 你接触过哪些电商领域人工智能技术的应用? 2. 关于人工智能技术,你是接受还是反对?	辩证思想 科技发展
196	个性化推荐技术	1. 什么是协同过滤算法? 2. 讨论协同过滤算法在电商中的重要意义	科学精神 求真务实 经济发展
198	生物认证技术	1. 生物认证技术的概念是什么? 2. 生物认证技术包括哪些?	科学素养 科技发展 适应发展
200	库存智能预测	1. 供应链中有哪些库存问题? 2. 库存智能预测对电子商务商家有什么作用?	求真务实
205	人工智能在视频领域的应用	1. AI 在视频领域有哪些应用? 2. AI 是如何推动多媒体行业发展的?	科技发展 现代化
215	指纹识别	指纹识别有哪些应用?	安全意识 科技发展
219	掌纹识别	1. 什么是掌纹识别? 2. 掌纹识别和指纹识别的差异是什么?	科学素养 实战能力

续表

页码	内容导引	思考问题	课程思政元素
222	清除海洋浮游垃圾机器人	清除海洋浮游垃圾的机器人工作原理是什么？	科技发展 环保意识
226	人工智能引发的部分人员失业问题	人工智能的到来，是否会对各个行业就业产生影响？	辩证思维 经济发展 现代化
227	算法歧视	1. 算法歧视产生的原因是什么？ 2. 如何减少算法歧视带来的影响呢？	科学精神

目　录

第1章　人工智能的发展历程 …… 1

1.1　第一阶段——人工智能的孕育期 …… 3
- 1.1.1　亚里士多德与三段论 …… 3
- 1.1.2　莱布尼茨与形式逻辑符号化 …… 4
- 1.1.3　布尔与布尔代数 …… 5
- 1.1.4　图灵与图灵机 …… 6
- 1.1.5　麦卡洛克和皮兹与MP神经元模型 …… 8
- 1.1.6　冯·诺依曼与冯·诺依曼架构 …… 8
- 1.1.7　香农与机械鼠 …… 9
- 1.1.8　维纳与控制论 …… 10

1.2　第二阶段——人工智能基础技术的形成 …… 12
- 1.2.1　西蒙和纽厄尔与通用问题求解器 …… 12
- 1.2.2　罗森布拉特与感知机模型 …… 14
- 1.2.3　王浩与机器证明 …… 14
- 1.2.4　麦卡锡和明斯基与人工智能 …… 15
- 1.2.5　霍夫和威德罗与自适应线性单元 …… 16
- 1.2.6　费根鲍姆与专家系统 …… 18

1.3　第三阶段——人工智能的发展和实用化 …… 19
- 1.3.1　诊断系统VAX …… 19
- 1.3.2　计算机配置专家系统XSEL和XCON …… 19
- 1.3.3　自然语言理解系统SHRDLU …… 19
- 1.3.4　符号数学专家系统MACSYMA …… 20
- 1.3.5　诊断内科疾病的专家系统INTERNIST …… 20
- 1.3.6　肾脏病专家咨询系统PIP …… 20
- 1.3.7　诊断和治疗青光眼病的专家系统CASNET …… 21
- 1.3.8　医学诊断专家系统MYCIN …… 21
- 1.3.9　自然语言理解系统LUNAR …… 21
- 1.3.10　逻辑编程语言 …… 22
- 1.3.11　多层感知机 …… 22
- 1.3.12　框架理论 …… 23
- 1.3.13　遗传算法 …… 24
- 1.3.14　知识工程 …… 24
- 1.3.15　Agent技术 …… 25
- 1.3.16　知识表示语言 …… 25

1.4　第四阶段——知识工程与专家系统 …… 26
- 1.4.1　霍普菲尔德与Hopfield神经网络模型 …… 26
- 1.4.2　辛顿与玻尔兹曼机 …… 29
- 1.4.3　麦克莱伦德和鲁梅尔哈特与反向传播算法 …… 30
- 1.4.4　肖汉姆与Agent程序设计 …… 31
- 1.4.5　瓦普尼克与支持向量机 …… 32
- 1.4.6　麦昆与定理证明系统 …… 33
- 1.4.7　当代人工智能领域的领军人物 …… 33

1.5　本章小结 …… 36
习题 …… 36

第2章　机器学习 …… 38

2.1　机器学习概述 …… 40
- 2.1.1　机器学习与人类学习 …… 40
- 2.1.2　机器学习的发展历程 …… 40
- 2.1.3　机器学习的步骤 …… 41
- 2.1.4　机器学习的典型应用 …… 42

2.1.5 机器学习的相关技术 ………… 43
2.2 时间序列分析与预测 ………………… 44
　　2.2.1 时间序列的发展历程 ………… 44
　　2.2.2 时间序列的简介 ……………… 45
　　2.2.3 时间序列的分类 ……………… 45
　　2.2.4 时间序列的水平分析 ………… 46
　　2.2.5 时间序列的速度分析 ………… 46
　　2.2.6 时间序列分析的主要用途 …… 47
2.3 结构方程模型 ………………………… 48
　　2.3.1 结构方程模型的发展历程 …… 48
　　2.3.2 结构方程模型的介绍 ………… 48
　　2.3.3 结构方程的建模过程及实例 … 50
　　2.3.4 结构方程模型的应用 ………… 52
2.4 因子分析法 …………………………… 55
　　2.4.1 因子分析法的发展 …………… 55
　　2.4.2 因子分析法的应用 …………… 55
　　2.4.3 因子分析的核心问题及
　　　　　具体步骤 ……………………… 56
　　2.4.4 案例分析 ……………………… 56
2.5 信度与效度分析 ……………………… 58
　　2.5.1 信度和效度的概念 …………… 58
　　2.5.2 信度与效度的用途 …………… 59
　　2.5.3 信度分析方法 ………………… 59
　　2.5.4 效度分析类型 ………………… 61
2.6 K-means 算法 ………………………… 62
　　2.6.1 K-means 算法的起源 ………… 62
　　2.6.2 K-means 算法的原理 ………… 62
　　2.6.3 K-means 算法的应用 ………… 64
2.7 回归分析 ……………………………… 65
　　2.7.1 回归分析的起源 ……………… 65
　　2.7.2 回归分析的类型 ……………… 66
　　2.7.3 回归分析的实例 ……………… 69
2.8 朴素贝叶斯 …………………………… 70
　　2.8.1 贝叶斯公式 …………………… 70
　　2.8.2 朴素贝叶斯分类 ……………… 71
　　2.8.3 朴素贝叶斯实例 ……………… 71
2.9 马尔可夫过程 ………………………… 73

2.10 数据缺失及其填补方法 ……………… 79
　　2.10.1 数据缺失的原因以及
　　　　　产生机制 ……………………… 80
　　2.10.2 数据缺失模式 ………………… 80
　　2.10.3 数据缺失的处理方法 ………… 81
2.11 混合线性模型 ………………………… 83
2.12 统计推断 ……………………………… 87
　　2.12.1 统计推断的表述形式 ………… 88
　　2.12.2 统计推断的可靠性 …………… 88
　　2.12.3 统计抽样的方法 ……………… 88
　　2.12.4 统计假设测验 ………………… 89
2.13 本章小结 ……………………………… 91
习题 …………………………………………… 91

第3章　计算智能 ……………………………… 93

3.1 遗传算法 ……………………………… 95
　　3.1.1 遗传算法的起源 ……………… 95
　　3.1.2 遗传算法的原理 ……………… 97
　　3.1.3 遗传算法的实现 ……………… 101
　　3.1.4 遗传算法的应用 ……………… 102
　　3.1.5 遗传算法拓展——分类器 …… 105
3.2 粒子群算法 …………………………… 107
　　3.2.1 粒子群算法的起源 …………… 107
　　3.2.2 粒子群算法的特点 …………… 109
　　3.2.3 粒子群算法的原理 …………… 110
　　3.2.4 粒子群算法的步骤 …………… 111
　　3.2.5 粒子群算法的应用 …………… 113
3.3 蚁群算法 ……………………………… 116
　　3.3.1 蚁群算法的起源 ……………… 116
　　3.3.2 蚁群算法的原理 ……………… 118
　　3.3.3 蚁群算法的步骤 ……………… 120
　　3.3.4 蚁群算法的应用 ……………… 123
3.4 人工鱼群算法 ………………………… 127
　　3.4.1 人工鱼群算法的起源 ………… 127
　　3.4.2 人工鱼群算法的基本原理 …… 127
　　3.4.3 人工鱼的基本行为 …………… 129
　　3.4.4 人工鱼群算法的实现和
　　　　　重要参数 ……………………… 130

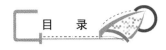

　　3.4.5　人工鱼群算法的应用……………131
3.5　本章小结……………………………134
习题………………………………………135

第4章　深度学习

4.1　深度学习概述………………………138
4.2　深度学习的核心技术………………141
　　4.2.1　神经网络………………………142
　　4.2.2　长短期记忆神经网络…………144
　　4.2.3　卷积神经网络…………………145
　　4.2.4　深度森林模型…………………149
　　4.2.5　深度学习的数学基础…………151
4.3　深度学习的应用……………………151
　　4.3.1　图像识别………………………152
　　4.3.2　语音应用………………………162
　　4.3.3　文本挖掘………………………166
4.4　深度学习开源框架…………………170
　　4.4.1　TensorFlow……………………170
　　4.4.2　PaddlePaddle……………………170
　　4.4.3　Keras……………………………171
　　4.4.4　MXNet…………………………171
　　4.4.5　PyTorch…………………………171
　　4.4.6　开源框架对比…………………172
4.5　本章小结……………………………173
习题………………………………………173

第5章　人工智能技术在各行各业的应用

5.1　人工智能技术在搜索引擎领域的应用……………………………………178
　　5.1.1　语音识别………………………178
　　5.1.2　图像识别………………………181
5.2　人工智能技术在制造业的应用……183
　　5.2.1　产品设计和研发………………183
　　5.2.2　智能生产制造…………………184
　　5.2.3　智能供应链……………………185

5.3　人工智能技术在安防业的应用……186
　　5.3.1　公安安防………………………186
　　5.3.2　社区和民用安防………………187
　　5.3.3　工厂园区安防…………………189
5.4　人工智能技术在交通业的应用……189
　　5.4.1　智能车辆检索…………………189
　　5.4.2　智能交通监控…………………190
　　5.4.3　自动驾驶汽车…………………190
　　5.4.4　驾驶员健康状态监测…………191
　　5.4.5　交警机器人……………………192
5.5　人工智能技术在医疗领域的应用…192
　　5.5.1　人工智能与影像辅助诊断……192
　　5.5.2　人工智能与药物的研发………194
　　5.5.3　人工智能与医用机器人………195
5.6　人工智能技术在电商领域的应用…196
　　5.6.1　个性化推荐技术………………196
　　5.6.2　生物认证技术…………………198
　　5.6.3　商务智能分析…………………199
5.7　人工智能技术在教育行业的应用…201
　　5.7.1　自适应学习……………………201
　　5.7.2　虚拟学习助手…………………201
　　5.7.3　教育商业智能化………………202
5.8　人工智能技术在媒体业的应用……204
　　5.8.1　新闻业的应用…………………204
　　5.8.2　视频领域的应用………………205
5.9　本章小结……………………………207
习题………………………………………208

第6章　人工智能的发展趋势和挑战

6.1　人工智能的发展趋势及新技术的应用……………………………………211
6.2　人工智能对人类未来生活的影响…221
6.3　人工智能带来的挑战及可能的解决方案……………………………………223
　　6.3.1　人工智能带来的挑战及变革…………………………………223

6.3.2 可能的解决方案 …………… 229
 6.4 本章小结 …………………………… 230
 习题 …………………………………… 231

参考答案 ……………………………… 232
 第1章 人工智能的发展历程 ………… 232
 第2章 机器学习 …………………… 232

 第3章 计算智能 …………………… 235
 第4章 深度学习 …………………… 236
 第5章 人工智能技术在各行各业的
    应用 ………………………… 237
 第6章 人工智能的发展趋势和挑战 …… 237

参考文献 ……………………………… 238

第 1 章
人工智能的发展历程

 导读

  人工智能（Artificial Intelligence，AI）是研究、开发用于模拟、延伸和扩展人类智能的理论、方法、技术及应用的一门新兴学科。人工智能发展至今，经历了四个发展阶段，分别是第一阶段人工智能孕育期，第二阶段人工智能基础技术的形成，第三阶段人工智能的发展和实用化，第四阶段知识工程与专家系统。本章通过介绍不同阶段人工智能的代表人物及其贡献，阐述了人工智能的发展历程。通过本章的学习，读者能够对人工智能的发展过程有一个总体的了解。

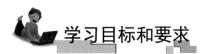 学习目标和要求

- 了解什么是人工智能。
- 了解人工智能发展经历的四个阶段，每个阶段的代表人物及其贡献。

思维导图

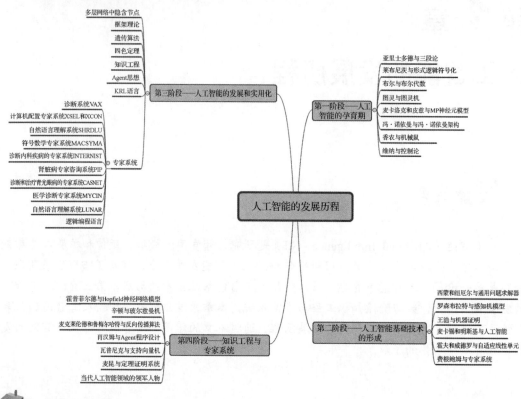

引例

2016年3月，阿尔法狗（AlphaGo）与围棋世界冠军、职业九段棋手李世石进行围棋人机大战（见图1.1），最终以4比1的总比分获胜。AlphaGo是第一个击败人类职业顶尖围棋选手的人工智能机器人，它由谷歌（Google）旗下DeepMind公司哈萨比斯（D. Hassabis）领衔的团队开发，其核心技术是人工智能中的"深度学习"方法。此后，国内外对人工智能的研究掀起了一股热潮。

图 1.1 AlphaGo 与围棋世界冠军李世石对弈

1.1 第一阶段——人工智能的孕育期

人工智能是一门学科，它使机器做那些由人需要通过智能来做的事情。

——明斯基

1956年以前，人类就有用机器人代替人的脑力劳动的梦想，因此这一阶段也称为孕育期。这一时期的数理逻辑、控制论、信息论、神经计算、自动机理论、电子计算机等学科的建立和发展，为人工智能的诞生提供了理论和物质基础。该阶段的代表人物及其贡献有：亚里士多德的《工具论》为形式逻辑奠定了基础；莱布尼茨把形式逻辑符号化，奠定了数理逻辑的基础；布尔创立逻辑代数，用符号语言描述了思维活动中推理的基本法则；图灵提出一种理想计算机的数学模型；麦卡洛克和皮兹提出MP神经元模型，开启人工神经网络的先河；冯·诺依曼提出存储程序概念并研制出了第一台电子计算机ENIAC；香农创立了信息论；维纳创立了控制论。

1.1.1 亚里士多德与三段论

亚里士多德（Aristotle，见图1.2）是古希腊先哲，历史上伟大的教育家、科学家和哲学家，被称为希腊哲学的集大成者。亚里士多德是柏拉图的学生，同时也是亚历山大的老师。公元前335年，亚里士多德在雅典创办了一所叫吕克昂的学校，这所学校被认为是逍遥学派的发源地。

图1.2 古希腊先哲亚里士多德（公元前384年—公元前322年）

亚里士多德曾被恩格斯称为"古代的黑格尔"，被马克思誉为古希腊哲学家中最博学的人物。作为一位百科全书式的科学家，亚里士多德几乎对每个学科都做出了贡献。他的著作涉及伦理学、心理学、经济学、神学、形而上学、自然科学、教育学、政治学、修辞学、雅典法律、风俗以及诗歌。

亚里士多德是形式逻辑学的奠基人，该理论源于他的《工具论》；他认为分析学或逻辑学是一切科学的工具。亚里士多德力图把思维和存在联系起来，并按照客观实际来阐明逻辑的范畴。在形式逻辑中，亚里士多德第一次提出同一律、矛盾律和排中律，研讨了这些规律的概念、判断和推理，首创了三段论式推理的格式和规则。具体来说，三段论就是包括大前提、小前提和结论三个部分的论证。形式逻辑和三段论的演绎推理正是人工智能研究的起源，现代人工智能就是在此基础上发展而来的。

亚里士多德在他的著作《前分析篇》中提出了三段论的逻辑分析方法，他给出了三段论的定义，只要确定某些论断，某些异于它们的事物便可以必然地从如此确定的论断中推出。通俗地说，就是只要给定了确定的大前提和小前提，就能推出确切的结论。例如，亚里士多德曾就苏格拉底之死说过一段著名的三段论。

  人都会死。（All men are mortal.）……………大前提
  苏格拉底是人。（Socrates is a man.）……………小前提
  所以苏格拉底会死。（Therefore, Socrates is mortal.）……………结论

三段论看起来比较简单，但其实还有很多的规则来确保三段论的正确性。在《前分析篇》中，亚里士多德就为三段论设置了一些基本规则。

（1）每个三段论中，必须有一个前提是肯定的，并且必须有一个前提是全称命题。

（2）每个三段论中，两个前提中否命题的数目必须与结论中否命题的数目相同。

（3）每个证明都是且只能是通过三个词项得到。

亚里士多德在《后分析篇》中采用变项来表示某一特征或某一内容。他用 A 表示肯定的命题，用 E 表示否定的命题，并认为所有的三段论都可以转化为 AAA 或 EAE 的形式。

AAA 形式：
所有糖都是甜的，
葡萄糖是糖，
所以葡萄糖是甜的。

EAE 形式：
所有的好人都不会骗人，
小明是好人，
小明不会骗人。

1.1.2　莱布尼茨与形式逻辑符号化

莱布尼茨（G. W. Leibniz，见图 1.3）是德国哲学家、数学家，历史上少见的通才，被誉为 17 世纪的"亚里士多德"。他本人是一名律师，经常往返于各大城镇，许多的公式都是他在颠簸的马车上完成的。

莱布尼茨在数学史和哲学史上都占有重要地位。在数学上，他和牛顿先后独立发现了微积分，而且他提出的微积分数学符号被广泛使用，大家普遍认为这些微积分的数学符号更简单直观，适用范围更加广泛。莱布尼茨把形式逻辑符号化，奠定了数理逻辑的基础。他和笛卡尔、斯宾诺莎被认为是 17 世纪三位最伟大的理性主义哲学家。莱布尼茨在哲学方面的成就是预见了现代逻辑学和分析哲学的诞生。由于深受经院哲学的影响，莱布尼茨更多地应用第一性原理或先验定义，而不是通过试验证据来推导出结论。

图 1.3　哲学家莱布尼茨（1646—1716 年）

莱布尼茨是亚里士多德时代，布尔和摩根时代之间最重要的逻辑学家，他阐明了合取、析取、否定、同一、集合包含和空集的首要性质。莱布尼茨的逻辑原理和他的整个哲学可被归纳为两点。

（1）我们所有的观念（概念）都是由非常小数目的简单观念复合而成的，它们形成了人类思维的字母。

（2）复杂的观念来自这些简单的观念，是由它们通过模拟算术运算的统一和对称的组合。

1.1.3　布尔与布尔代数

布尔（G. Boole，见图 1.4）是 19 世纪最重要的数学家之一，曾出版过《逻辑数学分析》（*The Mathematical Analysis of Logic*），这是他对符号逻辑多次贡献中的第一次。1854 年，他出版了《思维规律的研究》（*An Investigation of the Laws of Thought*），该书是他最著名的著作，以他名字命名的布尔代数也在这本书中被详细介绍。

图 1.4　19 世纪最重要的数学家之一布尔（1815—1864 年）

布尔创立了一种新的逻辑代数系统，思维活动中推理的基本方法通过符号语言来描述，该代数系统被后人称为布尔代数。布尔利用代数语言使逻辑推理更简洁清晰，从而建立起一种逻辑科学。在亚里士多德开创传统逻辑的两千多年后，布尔创立了布尔逻辑和布尔代数，使得数理逻辑得到了快速发展，这为后来现代计算机的出现奠定了数学基础。

布尔代数被称为判断命题真伪的数学方法。集合论可以描述逻辑推理过程，布尔代数可以判断某个命题是否符合这个过程，从而将人类的推理和判断转变成了数学运算。

20世纪初，英国科学家香农（C. E. Shannon）指出，布尔代数可以用来描述电路，或者说，电路可以模拟布尔代数，如图1.5所示。于是，人类的推理和判断就可以用电路实现了，这就是计算机的实现基础。

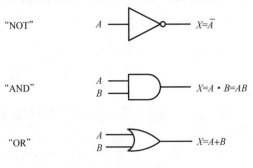

图1.5 布尔代数与电路

虽然布尔代数可以判断命题的真伪，但是无法取代人类的理性思维。其原因是它有一个局限，必须依据一个或几个已经明确知道真伪的命题，才能做出判断。例如，只有知道"所有人都会死"这个命题是真的，才能得出"苏格拉底会死"这个结论。

布尔代数只能保证推理过程正确，无法保证推理所依据的前提正确。如果前提是错的，正确的推理也会得到错误的结果。而前提的真伪要由科学试验和观察来决定，布尔代数无能为力。

当然，布尔代数与传统代数也是有所区别的。传统代数就是我们上街买菜，然后计算多少钱；或者时间1分钟等于60秒，60分钟等于1小时。传统的数学给我们的感觉是连续的。布尔代数的出现，一下子改变了这种状态，类似于量子力学的出现，把我们对世界的认识从连续的状态一下子扩展到离散的状态。就好像我们在炉子边上烤火，能量并不是连续的，而是一份一份地传递过来，能量可以分成一块一块的不可细分的单位。在布尔代数里，更是这样，什么东西都是可以量化的，从连续的变成一个一个的，这就是布尔代数的方法。

1.1.4 图灵与图灵机

图灵（A. M. Turing，见图1.6）是英国逻辑学家、数学家，被称为"人工智能之父"和"计算机科学之父"。

对于人工智能的发展，图灵有很多的贡献，他提出了一种用于判定机器是否具有智能的试验方法，即图灵测试。直到今天，每年都有这方面的测试竞赛。另外，现代计算机的逻辑工作方式也是以图灵提出的图灵机模型为基础的。

第 1 章 人工智能的发展历程

图 1.6 "计算机科学之父"图灵（1912—1954 年）

智能计算机

1936 年，图灵提出了图灵机（Turing Machine，TM）的概念，它是一种精确的通用计算机模型，能模拟实际计算机的所有计算行为。所谓图灵机是指一个抽象的机器，它有一条无限长的纸带，纸带分成了一个一个的小方格，每个方格有不同的颜色。有一个机器头在纸带上移来移去。机器头有一组内部状态，还有一些固定的程序。在每个时刻，机器头都要从当前纸带上读入一个方格信息，并结合自己的内部状态查找程序表，根据程序将输出信息写到纸带方格上，并转换自己的内部状态，然后进行移动。

早在 1941 年，图灵就开始思考机器与智能的问题。1947 年，图灵在伦敦皇家天文学会就机器智能发表演讲。1948 年，图灵把这次演讲整理成文章《智能机器》（*Intelligent Machinery*），作为英国国家物理实验室的内部报告，但没有公开发表。这篇文章直到 1969 年才在年刊型论文集《机器智能》上发表。1950 年，图灵在英国哲学杂志《心》（*Mind*）上发表文章《计算机与智能》（*Computing Machinery and Intelligence*），文中提出"模仿游戏"，被后人称为"图灵测试"。这篇文章被广泛认为是机器智能最早且系统的科学论述。

图灵在《智能机器》一文中提出了"肉体智能"（Embodied Intelligence）和"无肉体智能"（Disembodied Intelligence）的区别。他明确列出五个领域属于无肉体智能：博弈（如下棋）、语言学习、语言翻译、加密学和数学，它们都是定理证明。图灵甚至提到当时的机器能处理的数学还不能涉及太多的图，也就是说，一开始机器不适合研究几何。后来定理证明的演化很有意思，最初重要的结果都是代数和逻辑，但最后是吴文俊的几何定理证明最早达到了实用阶段。

《智能机器》文章的结尾已经预示了图灵测试。设想 A、B、C 是三个水平一般的人类棋手，还有一台会下棋的机器。有两个房间，C 在一个房间，而待在另一个房间的可能是 A 或机器。让 B 来做操作员，在两个房间之间传递对手的棋招。让 C 来判断另一个房间里是 A 还是机器。图灵没有再进一步说明他的目的，但在 1950 年其发表文章开头的第一节标题就是"模仿游戏"。在"模仿游戏"中，C 是一个提问者，而一男一女 A 和 B 分别待在两个不同的房间，C 和这两个房间的通信只能通过打字机进行。让 C 来判断两个房间

图灵奖

内哪个是男哪个是女。如果用机器分别替换 A、B 和 C，又会产生怎样的结果呢？如果 C 不能识别房间里的是人还是机器，那么机器就是有智能的。

1966 年，国际计算机学会以图灵的名义设立了图灵奖（Turing Award）。这个奖项有"计算机界诺贝尔奖"之称，是计算机界的最高荣誉，一般每年只奖励一名计算机科学家。设立图灵奖的目的之一是纪念图灵，因为他是现代计算机的奠基者，也是我们在智能时代最该致敬的人。

1.1.5 麦卡洛克和皮兹与 MP 神经元模型

1943 年，心理学家麦卡洛克（McCulloch）和数理逻辑学家皮兹（Pitts）在《数学生物物理公报》（Bulletin of Mathematical Biophysics）上发表了关于神经网络的数学模型。这个模型，现在一般被称为 MP 神经元模型，它是世界上第一个神经计算模型。麦卡洛克和皮兹对神经元的一些基本生理特性做出了总结，对神经元做出了形式化的数学描述，神经计算的时代由此开创。MP 神经元模型开创了用电子装置模仿人脑结构和功能的新途径，为人工智能开辟了一条新的前进道路。

神经元是构成神经网络的最基本单元。神经元的一个重要组成部分是激活函数，该函数对神经元所获得的网络输入进行变换。有时激活函数也称激励函数、活化函数、响应函数、作用函数等。在神经元模型中，不同作用的激活函数可构成不同的神经元模型，而 MP 神经元模型是人工神经模型的基础，也是神经网络理论的基础。

1.1.6 冯·诺依曼与冯·诺依曼架构

冯·诺依曼（John von Neumann，见图 1.7）是 20 世纪最重要的数学家之一，是现代计算机、核武器、生化武器以及博弈论等领域内的科学全才之一，被后人称为"博弈论之父"和"计算机之父"。

图 1.7 计算机创始人冯·诺依曼（1903—1957 年）

冯·诺依曼先后在柏林大学和汉堡大学执教。1930 年前往美国，之后加入美国国籍，成为美国原子能委员会会员，美国国家科学院院士，普林斯顿大学、普林斯顿高级研究所教授。冯·诺依曼最早因为共振论、量子理论、算子理论、集合论等方面的研究被大家所熟悉，开创了冯·诺依曼代数。在第二次世界大战期间，冯·诺依曼参与了第一颗原子弹的研制工作。此外，他还提供了有助于电子数字计算机研制的基础性方案。1944 年，他与摩根斯顿（O. Morgenstern）合著《博弈论与经济行为》（*Theory of Games and Economic Behavior*），是博弈论学科的奠基性著作。晚年，冯·诺依曼研究了自动机理论，《计算机与人脑》（*The Computer and the Brain*）是他写的一本对人脑和计算机系统进行精准分析的著作。

1945 年，冯·诺依曼提出了存储程序的概念。1946 年，他成功地研制出了第一台电子计算机 ENIAC（Electronic Numerical Integrator And Computer，电子数字积分计算机），这些都为人工智能的诞生奠定了基础。

冯·诺依曼在计算机工程的开创性工作是让计算机的普及成为可能。他牵头撰写的关于电子离散变量自动计算机（Electronic Discrete Variable Automatic Computer，EDVAC）的报告定义了"冯·诺依曼架构"，后来的计算机项目都是以此为基础建造的。EDVAC 报告中最核心的概念就是存储程序（Stored Program）。

采用冯·诺依曼架构的计算机有五个组成部分，分别是计算器、逻辑控制装置、存储器、输入系统、输出系统。冯·诺依曼架构为互联网时代的人工智能提供了两个补充：①创新和创造功能，即能够根据已有的知识，发现新的知识元素和新的规律，使之进入存储器，供计算机和控制器使用，并通过输入/输出系统与外部进行知识交互；②能够进行知识共享的外部知识库或云存储器。

1.1.7 香农与机械鼠

香农（见图 1.8）是信息论的开创者。1948 年，香农在发表的论文《通信的数字理论》（*A Mathematical Theory of Communication*）中指出，任何信息都存在冗余，冗余大小与信息中每个符号（数字、字母或单词）的出现概率或者说不确定性有关。借鉴热力学的概念，香农把信息中排除了冗余后的平均信息量称为"信息熵"，并给出了计算信息熵的数学表达式。信息熵的理论为数字通信和信息论奠定了基础。香农发表的重要论文还有 1938 年的《继电器与开关电路的符号分析》（*A Symbolic Analysis of Relay and Switching Circuits*）和 1949 年的《噪声下的通信》（*Communication in the Presence of Noise*）。

1948 年，由于香农的《通信的数字理论》发表，标志着一门新学科——信息论的诞生。他认为通过信息的形式可以对人的心理活动进行研究，并提出了可以用来描述心理活动的数学模型。

信息保密性和隐匿性的编码是香农信息论的重要内容之一。在第二次世界大战期间，香农对密码术产生了极大的兴趣，他意识到密码术中的根本性问题与他当时正在研究的通信理论思想密切相关。他的许多成果在语音加密装备中有着非常重要的应用，而该装备是当时战争期间美国和英国使用的主要通信工具。1945 年，香农向贝尔实验室提交了一份机密文件《密码学的数字理论》（*A Mathematical Theory of Cryptography*）。这一研究成果在 1949 年发表为论文《保密系统的通信理论》(Communication Theory of Secrecy Systems)。这篇论文为对称密码系统的研究建立了一套数学理论，从此密码术成为一门真正的科学——密码学。香农曾在这篇论文中高屋建瓴地指出，好的密码系统的设计其本质是寻求一个困难问题的解，使得破译密码等价于解某个已知的数学难题。这句话含义深刻，受此思想启发，迪菲（W. Diffie）和赫尔曼（M. Hellman）于 1976 年在《IEEE 信息论汇刊》(IEEE Transactions on Information Theory)上发表了论文《密码学的新方向》(New Direction of Cryptography)。这篇重要论文的发表标志着公钥密码学的诞生，迪菲和赫尔曼也因此获得了 2015 年的图灵奖。

图 1.8　信息论开创者香农（1916—2001 年）

1952 年，香农在一次会议上展示了他制造的一只可以走迷宫的机械鼠。这只机械鼠有三个轮子、一个电磁铁，以及铜线做成的胡须。通过"胡须"，机械鼠可以感知是不是碰到了走不通的迷宫墙。迷宫地板背面有一个机械手臂，上面也有一个电磁铁，这样就可以通过移动机械手臂，带动机械鼠在迷宫里走动。

如果机械鼠发现正对的墙走不通，就会退回格子中间，旋转 90°，去尝试下一个方向，然后继续行走，直到走到由一枚金属币标识的终点。神奇的是如果把机械鼠重新放回起点，它会直接沿着正确的路线走到终点。如果中间调整了迷宫隔板，机械鼠还会重新探索路线，直到正确走到终点。

这只智能的机械鼠是怎么实现正确走到终点的呢？其秘密藏在迷宫板子的下面。香农在演示时掀开了迷宫的底板，展示了机械手臂，还有电路设计。在整个电路中，香农用了 50 个继电器控制机械手臂的移动，用了 75 个继电器来记录机械鼠探索的每面墙是否能走通。

1.1.8　维纳与控制论

维纳（N. Wiener，见图 1.9）是控制论的创始人，美国应用数学家，在电子工程方面有很大的贡献。他还是研究噪声过程和随机过程的先驱。

1948 年，维纳创立控制论，这是一门研究动物（包括人类）和机器内部的控制与通信的一般规律的学科,着重于研究过程中的数学关系。控制论思想早在 20 世纪 40—50 年代就成为当时时代思潮的重要部分,影响了早期的人工智能工作者,形成了人工智能行为主义学派。控制论把神经系统的工作原理与信息理论、控制理论、逻辑理论以及计算机科学联系起来,影响了许多领域。到了 20 世纪 60—70 年代,在控制系统的研究取得了一定进展;20 世纪 80 年代诞生了智能控制和智能机器人系统。

图 1.9　控制论的创始人维纳(1894—1964 年)

在控制论中,"控制"的实质是系统和环境间的相互作用。图 1.10 所示为闭合反馈机制。如果把施控装置看成原因,把受控装置看成结果,那么施控装置对受控装置所起的作用就是原因对结果的作用,它们之间的关系就是因果关系的体现。在传统物理学中,确定原因以后,结果就被固定下来了。而在控制论中,原因和结果之间却不是这种简单的线性关系。控制论面对的是具有多种选择方向的"可能性空间"。在控制作用发生之前,施控装置就必须将控制结果预先加以确定,然后才能发生正确的控制行为。所以,控制成为一种有目的的能动性行为。由于长期以来,有无目的一直是划分生物科学与技术科学的分水岭,因此只要能够在这两个不同的领域中找到它们的共性,就可以将技术系统和生物系统连接起来,开辟出智能研究的新方向。

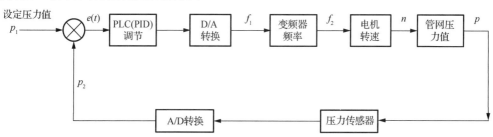

图 1.10　闭合反馈机制

六足机器人又叫蜘蛛机器人,是多足机器人的一种。仿生式六足机器人就是将技术系统和生物系统相结合的典范。全地形六足机器人(见图 1.11),被看作是新一代的"控制论动物",是一个基于感知—动作模式模拟昆虫行为的控制论系统。

全地形六足机器人

图 1.11　全地形六足机器人

1.2　第二阶段——人工智能基础技术的形成

1956 年夏，哈佛大学的明斯基、达特茅斯（Dartmouth）学院的麦卡锡、贝尔实验室的香农和 IBM 公司的罗彻斯特（N. Lochester）四人共同发起，邀请麻省理工学院的塞尔弗里奇（O. Selfridge）和所罗门夫（R. Solomonoff）、卡耐基-梅隆大学的西蒙和纽厄尔、IBM 公司的摩尔（T. More）和塞缪尔等人参加学术研讨会，一起探讨和学习用机器模拟智能的种种问题，此次研讨会就是著名的达特茅斯会议。这次会议的三个亮点是麦卡锡提出的 $\alpha\text{-}\beta$ 搜索法、西蒙和纽厄尔设计的逻辑理论家程序以及明斯基构建的第一个神经元网络模拟器——随机神经强化模拟计算器（Stochastic Neural-Analog Reinforcement Calculator，SNARC）。经麦卡锡提议，他们决定以"人工智能"这个词来描述此次会议的研究方向。人工智能这个学科由此诞生，麦卡锡也从此被称为"人工智能之父"。

该阶段，在人工智能领域做出突出贡献的主要人物还有罗森布拉特、王浩、霍夫、威德罗、费根鲍姆。其中，罗森布拉特建立了第一个完整的人工神经网络模型——著名的感知机（Perceptron）模型；王浩在自动定理证明方面取得重要进展；霍夫和威德罗提出了线性适应元（Adaptive linear element，Adaline）；费根鲍姆开创了世界上第一个化学分析专家系统 DENDRAL。

1.2.1　西蒙和纽厄尔与通用问题求解器

西蒙（H. A. Simon，见图 1.12）是一位科学界的通才，在众多学术领域获得了令人瞩目的成就。他是 1978 年诺贝尔经济学奖获得者，社会经济组织决策管理大师和管理学家。

西蒙倡导的决策理论是一门边缘学科，社会系统理论是其基础，并吸收了行为科学、计算机科学和古典管理理论等方面的内容。

纽厄尔（A. Newell，见图 1.13）是认知信息学领域和计算机科学的科学家，曾在卡耐基-梅隆大学的计算机学院、心理学系和泰珀商学院任教，还曾在兰德公司工作。

图 1.12　20 世纪的科学天才之一西蒙（1916—2001 年）

图 1.13　信息处理语言发明者之一纽厄尔（1927—1992 年）

纽厄尔和西蒙合作开发了通用问题求解器和逻辑理论家这两个 AI 程序，他们还是信息处理语言的发明者。因为在人工智能方面的基础贡献，1975 年，纽厄尔和西蒙一起被授予图灵奖。1992 年 6 月，纽厄尔获得了美国国家科学奖章，由当时的美国总统布什为他颁发。

1960 年，西蒙夫妇做了一个有趣的心理学试验，这个试验表明人类解决问题的过程是一个搜索的过程，其效率取决于启发式函数（Heuristic Function）。在这个心理学试验的基础上，西蒙和纽厄尔成功地开发出了通用问题求解器程序。它是根据人在解题中的共同思维规律编制而成的，可以解 11 种不同类型的问题，从而使启发式程序有了更普遍的意义。

此外，西蒙曾多次指出，科学发现只是一种特殊类型的问题求解，因此也可以用计算机程序实现。1976 年至 1983 年间，西蒙和兰利（P. W. Langley）、布拉德肖（G. L. Bradshaw）等人合作，先后设计了 6 个版本的 BACON（一种用于规则发现的智能系统），重新发现了一系列著名的物理和化学定律，从而证明了西蒙的上述论点。

西蒙是人工智能和数学定理计算机证明的奠基者之一。他和纽厄尔合作的一系列开创性的研究成果，改变了人们对人脑和计算机关系的理解。

1.2.2 罗森布拉特与感知机模型

1957年,罗森布拉特(F. Rosenblatt)以MP模型为基础,首次提出完整的人工神经网络模型——感知机模型,掀起了神经网络研究的热潮。

感知机属于二分类的线性分类模型,其输入为实例的特征向量,输出为实例的类别,输出值为+1和-1。感知机将输入空间或特征空间中的实例划分为两类的分离超平面,为此,感知机的作用是求解问题的分类。为了求得超平面,感知机需要导入基于误分类的损失函数,并利用梯度下降法对损失函数进行最优化。

假设输入空间为X,X属于n维空间,输出空间为Y,$Y\in\{-1,+1\}$,输入x表示实例的特征向量,对应输入空间中的点,输出Y表示实例的类别,则由输入空间到输出空间的函数:

$$F(x)=\text{sign}(w \cdot x+b) \tag{1-1}$$

称为感知机。式1-1中,w和b是感知模型参数,w叫作权值或权值向量,b叫作偏置,$w \cdot x$表示向量w和向量x的内积,sign是符号函数,满足

$$\text{sign}(x)=\begin{cases} 1, & x \geq 0 \\ -1, & x < 0 \end{cases} \tag{1-2}$$

感知机模型如图1.14所示。

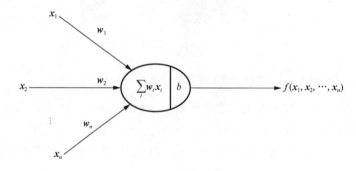

图1.14 感知机模型

图中,x_i是感知机中的输入,w_i表示权重系数,b表示偏移量。

1.2.3 王浩与机器证明

王浩(见图1.15)前往美国哈佛大学求学时,在那里遇见了当代美国著名逻辑学家、哲学家奎因(W. V. O. Quine),随即开始学习由奎因创立的形式公理系统。仅用时两年,王浩就拿到了哈佛大学哲学博士学位。

1958年,王浩设计了三个逻辑定理证明程序。程序Ⅰ给出了命题演算的一个证明判定程序,它能根据命题是不是定理输出一个证明或一个反证;程序Ⅱ用于处理具有最小范围形式的谓词演算,这个程序能从基本符号形成自己的关于命题演算的命题并选出重要的定理;程序Ⅲ是为带等词的整个谓词演算所编写的一个大一点儿的程序。王浩应用这三个程序在计算机上用了不到9分钟的时间就证明了怀特海(A. N. Whitehead)和罗素(B. Russell)

合著的《数学原理》中一阶逻辑的全部定理（将近 400 条），为此他获得了 1983 年国际人工智能联合会颁发的第一届数学定理机械证明里程碑奖。

图 1.15　数理逻辑学家王浩（1921—1995 年）

王浩的贡献不仅在于他在机器上用相当快的速度证明了这些定理，而且还在于他表明了机器在一个广泛的研究和发展领域中的巨大潜力。他的一些有关机器证明的精辟论点，诸如以量的复杂取代质的困难，以及基础机与特例机的应有区别等，也是发人深思的。王浩还第一次明确提出了"走向数学的机械化"的口号，促进了数学基础研究的发展。

1.2.4　麦卡锡和明斯基与人工智能

1971 年，麦卡锡（J. McCarthy，见图 1.16）因其在人工智能领域的贡献而获得图灵奖。1956 年，麦卡锡与明斯基、香农等共同发起了达特茅斯会议。1959 年，麦卡锡开发了著名的 LISP，成为人工智能界第一个最广泛流行的语言。

图 1.16　"人工智能之父"麦卡锡（1927—2011 年）

明斯基（M. L. Minsky，见图1.17）是人工智能框架理论的创立者。1969年，明斯基获得图灵奖。明斯基的代表作有《心智社会》（*The Society of Mind*）和《情感机器》（*The Emotion Machine: Commonsense Thinking, Artifical Intelligence, and the Future of the Human Mind*）等。

图1.17　人工智能框架理论的创立者明斯基（1927—2016年）

明斯基在哈佛大学主修物理专业，但他选修的课程相当广泛，从电气工程、数学，到遗传学、心理学等涉及多个学科专业，后来他放弃物理改修数学。1950年，明斯基与同学埃德蒙兹（D. Edmonds）构建了世界上第一台神经网络计算机，并将其命名为SNARC。这台计算机用3 000个真空管和一个自动指示装置来模拟40个神经元组成的网络。

1958年，麦卡锡和明斯基在麻省理工学院共同创建了MAC项目，这个项目后来演化为麻省理工学院人工智能实验室，成为世界上第一个人工智能实验室，为人工智能行业培养了无数的人才。

1969年，明斯基出版了《感知机》（*Perceptrons*）一书。这本书对感知机进行了深入的分析，并且从数学层面上证明了感知机功能的局限性，即只能解决一阶谓词逻辑问题，不能解决高阶谓词逻辑问题。明斯基还发现单层人工神经网络训练在很多模式上不能使用，而多层人工神经网络是否可行还有待研究。之后，人工神经网络的研究进入低潮期，而专家系统的研究开始兴起。

1.2.5　霍夫和威德罗与自适应线性单元

霍夫（M. E. "Ted" Hoff，见图1.18）是微型电子计算机的发明者。1968年，他进入英特尔公司工作。

在英特尔公司，霍夫研制可编程计算机用集成电路时，有了微处理器的设想，并在1971年成功地研制出了4004微处理器。在4004微处理器中有2 250个晶体管集成在4.2毫米×3.2毫米的硅片上。霍夫在4004微处理器上加了一块10位寄存器电路、一块32位的随机存取存储器和一块256字节的只读存储器，制造出了新一代的微型电子计算机，被英特尔公司命名为MCS-4。霍夫的发明，轰动了整个计算机界，他曾被著名的英国《经济学家》杂志称为第二次世界大战以来对世界最有影响的7位科学家之一。

图 1.18　微型电子计算机发明者霍夫（1937—　　）

1962 年，霍夫和美国工程师威德罗（B. Windrow）提出了自适应线性单元，掀起了人工神经网络研究的第一次热潮。神经元有一个线性激活函数，被称为 Adaline（见图 1.19）。作为可调参数，偏差提供额外可调的自由变量，以获得期望的网络特性。线性神经元可训练学习一个与之对应的输入/输出函数关系，或线性逼近任意一个非线性函数，但不能产生任何非线性的计算特性。当自适应线性网络有 S 个神经元并联形成一层网络时，则此自适应线性网络又称多个自适应线性神经元。

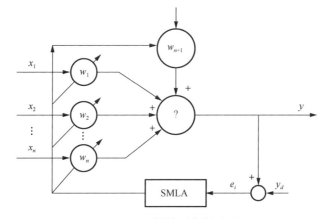

(a) 基于 Adaline 的辨识系统结构框图

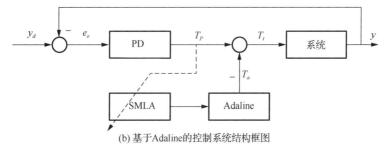

(b) 基于 Adaline 的控制系统结构框图

图 1.19　基于 Adaline 的辨识和控制系统结构

1.2.6 费根鲍姆与专家系统

费根鲍姆（E. A. Feigenbaum，见图 1.20）是斯坦福大学计算机科学系的教授，同时还是美国空军的首席科学家。

图 1.20　专家系统之父费根鲍姆（1936—　　）

费根鲍姆通过观察化学家进行化学分析的过程，然后把相关知识提炼成规则编成代码输入计算机中，于 1968 年与诺贝尔奖得主莱德伯格（J. Lederberg）等人合作，开发出了世界上第一个帮助化学家判断某待定物质的分子结构的专家系统 DENDRAL。

专家系统（见图 1.21）是一款实用的程序软件，是指让计算机从专门的知识库系统中，通过推理找到一定的规律，像人类专家那样解决某个特定领域的问题。简单来说，专家系统就是在推理机上加了一个知识库。

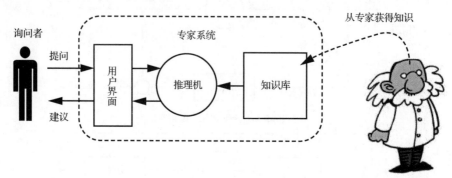

图 1.21　专家系统

DENDRAL 的成功不仅验证了费根鲍姆关于知识工程理论的正确性，还为专家系统的发展和应用开辟了道路，逐渐形成了具有相当规模的市场。

费根鲍姆的贡献在于通过试验和研究，证明了实现智能行为的主要手段在于知识，在多数实际情况下是特定领域的知识。因此，他是最早倡导知识工程（Knowledge Engineering）的人，并使知识工程成为人工智能领域中取得实际成果最丰富、影响也最大的一个分支。

1.3 第三阶段——人工智能的发展和实用化

1971年至1980年，这一时期人工智能研究的战略思想因为以费根鲍姆为首的一批年轻科学家而发生了改变，以知识为基础的专家系统研究与应用从此展开，所以这一阶段称为人工智能的发展和实用化阶段。20世纪70年代，各领域的专家系统被开发出来，如美国数字设备公司（Digital Equipment Corporation，DEC）开发的诊断系统VAX、卡耐基-梅隆大学开发的计算机配置专家系统XSEL和XCON、麻省理工学院开发的自然语言理解系统SHRDLU和符号数学专家系统MACSYMA、诊断内科疾病的专家系统INTERNIST、肾脏病专家咨询系统PIP、诊断和治疗青光眼病的专家系统CASNET等。

1.3.1 诊断系统VAX

DEC建立了第一个基于虚拟地址扩展（Virtual Address Extension，VAX）的计算机体系。

1977年，第一款商业型VAX计算机VAX-11/780面世。之后很多不同款式、价格、性能及运算能力的版本相继推出。VAX小型计算机曾经在20世纪80年代初风靡一时。

1.3.2 计算机配置专家系统XSEL和XCON

20世纪80年代中期，专家系统在应用上最明显的特点是出现了大量的投入商业化运行的专家系统，并为各行各业创造了显著的经济效益。最明显的例子是DEC与卡耐基-梅隆大学合作开发的计算机配置专家系统XSEL和XCON，它用于辅助DEC的计算机系统的配置设计，每年能为DEC节省数百万美元。

1.3.3 自然语言理解系统SHRDLU

1972年，维诺格拉德（T. Winograd）在麻省理工学院建立了一个用自然语言指挥机器人动作的系统SHRDLU。该系统把句法分析、语义分析、逻辑推理结合起来，大大地增强了系统在语言分析方面的功能。该系统的控制对象是一个具有简单的"手"和"眼"的机器人，它可以操作桌子上具有不同颜色、尺寸和形状的积木。机器人能够根据操作人员的命令把积木捡起、移动，搭成新的造型。在人机对话过程中，操作人员能获得他发给机器人的各种视觉反馈，实时地观察机器人理解语言、执行命令的情况。在屏幕上还可以显示这个机器人的模拟形象以及它同真人在电传机上用英语对话的情景。

例如，SHRDLU系统（见图1.22）中人机之间的一段互动如下。

人说：PICK UP A BIG RED BLOCK.（拿起一个红色的大积木。）

机答：OK.

随后，机器人抓起一个红色的大积木。

人说：GRASP THE PYRAMID.（抓起锥体。）

机答：I DON'T UNDERSTAND WHICH PYRAMID YOU MEAN.（我不知道你说的是哪个锥体）

人说：FIND A BLOCK WHICH IS TALLER THAN THE ONE YOU ARE HOLDING AND PUT IT INTO THE BOX.（找一个比你手中那个高的积木，把它放进盒子里。）

机答：BY "IT", I ASSUME YOU MEAN THE BLOCK WHICH IS TALLER THAN THE ONE I AM HOLDING.（我猜你的意思是"这块"比我手中的那块还高。）

人说：OK.

随后，机器人抓起一块比手中的积木更高的积木，并把它放入盒子中。

人说：WHAT DOES THE BOX CONTAIN?（盒子里装着什么？）

机答：THE BLUE PYRAMID AND THE BLUE BLOCK.（蓝色的锥体和蓝色的方块。）

人说：WHAT IS THE PYRAMID SUPPORTED BY?（锥体由什么支撑？）

机答：THE BOX.（盒子。）

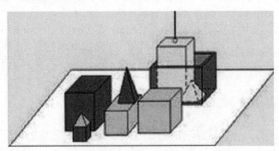

图1.22　SHRDLU系统

1.3.4　符号数学专家系统 MACSYMA

符号数学专家系统 MACSYMA 从1965年开始研制，于1971年投入应用。它是一个大型数学问题求解系统，被美国政府、大学及私人公司广泛应用。它能够求解多种数学问题，包括微积分运算、微分方程求解、级数展开、矩阵运算等。

MACSYMA 系统是第一代专家系统的典型例子。第一代专家系统具有高度的专业化、专门问题求解能力强等特点，但结构、功能不完整，移植性差，缺乏推理解释功能。

1.3.5　诊断内科疾病的专家系统 INTERNIST

20世纪70年代初，匹兹堡大学的波普尔（H.E.Pople）和内科医生合作开发了第一个用于医疗的内科诊断咨询系统 INTERNIST，它把疾病知识组成了一棵疾病知识树。这个系统有一个缺点，即每次诊断都需要人机互动（如机器问问题，医生给资料等），时间超过30分钟。

1.3.6　肾脏病专家咨询系统 PIP

PIP 系统是麻省理工学院开发的。该系统是一个处理肾脏病患者当前病情的程序系统，采用框架结构技术表示知识。该框架结构是由疾病、临床症状、生理状态、典型的病状等构成。系统中包含 36 个框架和一些规则，利用这些规则可以判断病人的疾病与框架中生理状态的匹配程度。

1.3.7 诊断和治疗青光眼病的专家系统 CASNET

CASNET 是眼科疾病（青光眼）诊断系统，由罗格斯大学（Rutgers University）开发。它将疾病用观察、病理生理学、疾病类别三个层次来描述，用一个因果关系网络来连接。该系统曾在美国眼科及鼻喉科学术会议上受到很高的评价。罗格斯大学还开发了另一个称为 IRIS 的专家系统，它已应用于青光眼的诊断，一般的医疗知识被表示为语义网络与产生式规则，具体病人的知识则由框架表示，系统采用正向推理。

1.3.8 医学诊断专家系统 MYCIN

1972 年，肖特利夫（E. H. Shortliffe）等人开发了医学诊断专家系统 MYCIN。MYCIN 系统是第一个结构较完整、功能较全面的专家系统。在 MYCIN 系统中，肖特利夫等人第一次明确采用了知识库、推理机系统结构，引入了"可信度"概念，进行非确定性推理，能够给出推理过程的解释和可信度估计，用英语与用户进行人机交互，并能在专家的指导下修改知识库，学习医疗知识。

MYCIN 系统是专家系统的一个重要应用领域，可以解决的问题包括解释、预测、诊断、提供治疗方案等。该系统可以用于诊断传染性血液疾病，只要按顺序回答它的提问，病人所感染细菌的种类就能被系统识别，并开出对症的药方。MYCIN 系统还能辅助不擅长诊治传染病的医生，怎样从患者症状出发，确定疾病的种类及相应的治疗方法。

由于传染病种类繁多，与其对应的抗生素种类也很多。因此，要在限定的时间内确定病症，选择恰当的治疗方法，绝非易事。MYCIN 系统就是为此而开发的。MYCIN 系统中存有大量传染病专家长期积累的知识，肖特利夫把这些知识归纳成 200 多条规则（后扩充至 500 多条）保存在计算机中，若规则具有"如果……那么……"的形式，称为产生式规则。这是目前专家系统使用最广泛的推理方式之一。当系统获得一个数据且与某个"如果……"相匹配时，则相应的"那么……"就代替了该数据，再继续搜索是否存在与这个新数据匹配的"如果……"。当使用 MYCIN 系统进行医疗诊断时，医生通过计算机的人机交互接口，将病人的数据输入计算机，MYCIN 系统将该数据与内部知识不断进行匹配，直到获得最终结果。

1.3.9 自然语言理解系统 LUNAR

1969 年，伍兹（W. Woods）提出了扩充转移网络（Augmented Transition Network，ATN），1972 年，伍兹又在美国 BBN（Business News Network）公司开发了基于知识的自然语言理解系统 LUNAR。ATN 是一种句法分析方法，也是一种计算机处理程序。LUNAR 系统则用于查询月球地质数据，协助地质学家查询分析阿波罗 11 号在月球采集的岩石标本的成分，回答用户的问题。该系统的数据库中有 13 000 条化学分析规则和 10 000 条文献索引，是第一个采用 ATN 和过程语义学思想的系统。

1.3.10 逻辑编程语言

逻辑编程语言（Programming in Logic，Prolog）是法国马赛大学教授科尔默劳尔（A. Colmerauer）的研究小组于1973年开发的。该语言是一种基于Horn子句的逻辑式程序设计语言，也是一种陈述性语言。Prolog与人工智能的知识表示、自动推理、图像搜索、产生式系统和专家系统有着天然的联系，很适合进行人工智能程序设计。

Prolog程序一般由一组事实、规则和问题组成。问题是程序执行的起点，称为程序的目标。Prolog程序的运行是从目标出发，并不断进行匹配、合一、归结，有时还要回溯，直到目标被完全满足或不能满足时为止。

1.3.11 多层感知机

1974年，韦伯斯（P. J. Werbos）在他的博士论文中提出，将隐含层的学习算法加入感知机中，从而解决了多层网络中隐含节点的学习问题。

多层感知机（Multilayer Perceptron，MLP）是一种趋向结构的人工神经网络，映射一组输入向量到一组输出向量，如图1.23所示。MLP可以被看成是一个有向图，由多个节点层组成，每一层全链接到下一层。除了输入节点，每个节点都是一个带有非线性激活函数的神经元（或称处理单元）。一种被称为反向传播（Back Propagation，BP）算法的监督学习方法常被用来训练MLP。MLP克服了感知机无法实现对线性不可分数据识别的缺点。

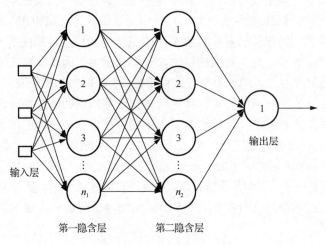

图1.23 多层感知机结构

BP算法（见图1.24）是多层神经元网络的一种学习算法，它建立在梯度下降法的基础上。BP网络的输入/输出关系实质上是一种映射关系：一个n输入和m输出的BP神经网络所完成的功能是从n维欧氏空间向m维欧氏空间中的一个有限域的连续映射，这一映射具有高度非线性。它的信息处理能力来源于简单非线性函数的多次复现，因此具有很强的函数复现能力。这是BP算法得以应用的数学基础。

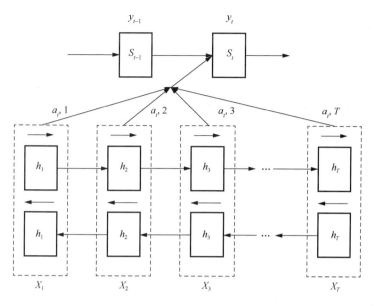

图 1.24　BP 算法

1.3.12　框架理论

框架理论（Frame Theory）是明斯基于 1975 年创立的。框架的概念源自贝特森（Bateson），由戈夫曼（Goffman）将这个概念引入文化社会学；后来被引入大众传播研究中，成为定性研究中的一个重要观点。戈夫曼认为，对一个人来说，真实的东西就是其对情景的定义。这种定义可分为条和框架。条是指活动的顺序，框架是指用来界定条的组织类型。戈夫曼还认为框架是人们将社会真实转换为主观思想的重要凭据，也就是人们或组织对事件的主观解释与思考结构。关于框架如何而来，戈夫曼认为一方面是源自过去的经验，另一方面经常受到社会文化意识的影响。

框架理论的来源有两方面的取向，一方面是心理学，另一方面是社会学。心理学方面的学者主要是从"认知心理"的角度研究框架，认为框架是记忆中的认知结构（或称基模，schema）。此外，还有一些心理学研究者认为，框架是在一个特殊的语境中安排信息，因此个人对事物的认知对框架的构建具有非常重要的意义。

框架是一种结构性的知识表示方法，其作用是表示事物各方面的属性，事物之间的类属关系，事物的特征和变异，识别、分析和预测事物及其行为。人工智能的框架也起到类似的功能作用。例如，人工智能的一类交通肇事逃逸案件框架设定如下。

框架名：AB 驾车撞行人 C 后逃逸案

犯罪意图：驾车撞行人

犯罪结果：逃逸

受伤者：C

逃逸动机：B 驾车撞行人

知情人：$\{z_i | i \in N\}$

罪犯：A

条件一：若 A 喝酒了，则 A 为酒驾者

条件二：有某个 z_i 指控了 A

条件三：A 招认

依据上述的框架，可以套用一些交通肇事逃逸案件实例，如下。

框架实例 1：张三喝酒驾车撞行人李四后逃逸案；

框架实例 2：王芳疲劳驾车撞行人赵刚后逃逸案。

人工智能在处理这类交通事故时，可以套用事先构造的框架，从而判断出交通事故的类型。

1.3.13 遗传算法

遗传算法是美国密歇根大学教授霍兰德（J. H. Holland）于 1975 年提出的。该算法是一种基于"适者生存"的随机、自适应和高度并行的优化算法，通过交叉、复制、变异将问题用编码表示的"染色体"群一代代不断进化，最终收敛到最适应的群体，从而求得问题的最优解或满意解。它的优点是操作和原理简单，不受限制条件的约束，通用性强，具有全局解搜索能力和隐含并行性，在组合优化问题中得到广泛应用。

1.3.14 知识工程

知识工程的概念是费根鲍姆在 1977 年的第五届国际智能联合会议上提出的，从此人工智能的研究从以基于推理为主的模型转向以基于知识为主的模型。

费根鲍姆认为，知识工程是人工智能的原理和方法，为那些需要专家知识才能解决的应用难题提供求解的手段。恰当地运用专家知识来获取、表达和推理过程，是设计基于知识系统的重要技术问题。知识工程是以知识为基础的系统，也是通过智能软件而建立的专家系统。知识工程可以看成是人工智能在知识信息处理方面的发展，研究如何由计算机表示知识及进行问题的自动求解。知识工程的研究使人工智能的研究从理论转向应用，从基于推理的模型转向基于知识的模型，包括了整个知识信息处理的研究。

知识工程是一门以知识为研究对象的新兴学科，它将具体智能系统研究中那些共同的基本问题抽取出来，作为知识工程的核心内容，使之成为指导具体研制各类智能系统的一般方法和基本工具，成为一门具有方法论意义的科学。

1984 年 8 月，在我国第五代计算机专家讨论会上，中国人工智能学会原副理事长史忠植提出，知识工程是研究知识信息处理的学科，提供开发智能系统的技术，是人工智能、数据库技术、数理逻辑、认知科学、心理学等学科交叉发展的结果。

1.3.15 Agent 技术

1977 年，休伊特（C. Hewitt）在研究 Actor 并发模型时第一次提出了具有反应机制、同步执行能力和自组织性的软件模型，即软件的 Agent（智能体）思想（见图 1.25）。

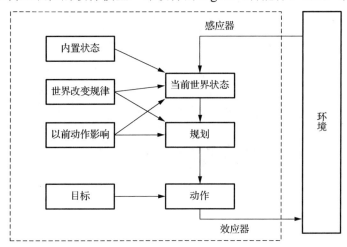

图 1.25 Agent（智能体）思想

在休伊特看来，Agent 技术是一种在一定环境下包装，为实现设计目的，能在此环境下灵活自主活动的计算机系统。而伍尔德里奇（M. Wooldridge）于 1995 年给出了 Agent 的两种定义，其中 Agent 的弱定义是指用来描述一个软硬件系统，具有反应性、社会性、能动性、自治性；Agent 的强定义是指除了具备弱定义中的所有特性外，还应具备一些人类才具有的特性，如义务、信念、意图、知识等。

20 世纪 90 年代，Agent 技术成为热门话题，甚至被一些文献称为软件领域下一个意义深远的突破，其重要原因之一是在当今计算机主流技术领域中，该技术发挥着越来越重要的作用。就分布式应用领域而言，Agent 技术不但能为解决新的分布式应用问题提供有效的解决办法，而且还为全方位地研究分布式计算系统的特点提供了合理的概念模型。

1.3.16 知识表示语言

知识表示语言（Knowledge Representation Language）是鲍勃罗夫（D. G. Boborow）于 1979 年采用基于框架理论的设计实现的。此后，我国著名的数学家和中国科学院院士吴文俊（见图 1.26）运用知识表示语言在人工智能领域做出了突出贡献。吴文俊给出了一类平面几何问题的机械化证明理论，使用计算机证明了一大批平面几何定理。他开创的数学机械化证明在国际上被誉为"吴方法"。此后，人工智能、并联数控技术、模式识别等诸多领域取得的重大科研成果，背后都有数学机械化证明的应用。

图 1.26 数学机械化证明创始人吴文俊（1919—2017 年）

1.4 第四阶段——知识工程与专家系统

1980 年至今，是人工智能发展的知识工程与专家系统阶段。日本在 1982 年开始了第五代计算机研制计划。1987 年 6 月，第一届国际人工神经网络会议在美国召开。虽然第五代计算机研制计划于 1992 年宣布失败，但之后真实世界计算项目（Real World Computing Project，RWC）计划启动。1998 年，国际象棋世界冠军卡斯帕罗夫输给了 IBM 公司研制的"深蓝"计算机。

进入 20 世纪 90 年代，计算机发展趋势为并行化、小型化、智能化、网络化。人工智能技术逐渐和多媒体、数据库等主流技术结合在一起，目的是让计算机更有效率、更聪明、与人更相近。

这个阶段的代表人物及其贡献有：霍普菲尔德（见图 1.27）提出了一个新的人工神经网络模型——Hopfield 神经网络模型；辛顿等人提出玻尔兹曼机；麦克莱伦德和鲁梅尔哈特等人提出多层网络的误差反向传播算法；肖汉姆提出了面向 Agent 的程序设计；瓦普尼克提出了支持向量机理论；麦克昆（W. McCune）提出了定理证明系统。

随着网络技术及计算机的普及和发展，现在人工智能的主攻方向有：知识的表示、更新、推理和获取新机制；多功能的感知技术；数据挖掘；并行与分布式处理技术；关于 Agent 的研究。

1.4.1 霍普菲尔德与 Hopfield 神经网络模型

1982 年，一个新的人工神经网络模型——Hopfield 神经网络模型是美国物理学家霍普菲尔德（J. J. Hopfield）提出的。

图 1.27　Hopfield 神经网络模型创始人霍普菲尔德（1933 年—　　）

Hopfield 神经网络的每个单元由运算放大器和电容电阻等元件组成，每一单元模拟了一个人类神经元（见图 1.28），输入信号以电压形式加到各单元上，各个单元相互连接，接收电压信号以后，经过一定时间，网络（见图 1.29）各部分的电流和电压达到某个稳定状态，它的输出电压就表示问题的解答。

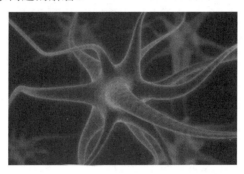

图 1.28　人类神经元

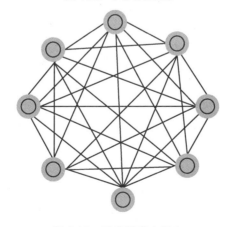

图 1.29　网络的稳定状态

Hopfield 神经网络（见图 1.30）根据输入样本的不同，可以分为两种类型：连续型和离散型。前者适合于处理输入为模拟量的样本，主要用于分布存储；后者适合于处理输入为二值逻辑的样本，主要用于联想记忆。前者使用一组非线性微分方程来描述神经网络状态的演变过程；后者使用一组非线性差分方程来描述神经网络状态的演变过程。

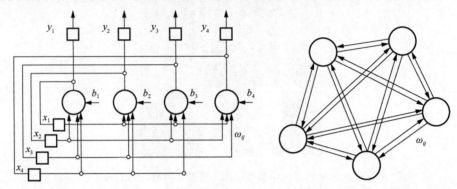

图 1.30　Hopfield 神经网络

离散型 Hopfield 神经网络（见图 1.31）是一种全反馈式网络，其特点是任一神经元的输出均通过连接权重反馈到所有神经元作为输入，其目的是让任一神经元的输出都能受所有神经元输出的控制，从而使各神经元的输出能够相互制约。

连续型 Hopfield 神经网络（见图 1.32）的拓扑结构与离散型 Hopfield 神经网络相似，不同之处在于，连续型 Hopfield 神经网络中节点的状态为模拟值且连续变化。

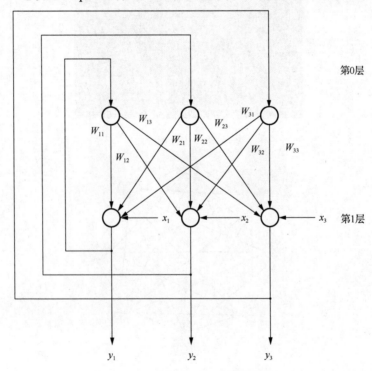

图 1.31　离散型 Hopfield 神经网络

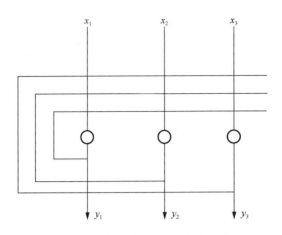

图 1.32 连续型 Hopfield 神经网络

1.4.2 辛顿与玻尔兹曼机

1984 年，辛顿（G. Hinton，见图 1.33）等人将模拟退火算法运用到人工神经网络中，并提出了玻尔兹曼（Boltzmann）机。

图 1.33 玻尔兹曼机提出者之一辛顿（1947—　　）

玻尔兹曼机是一种随机性的循环神经网络。它可以被看作是 Hopfield 神经网络的随机生成产物。它是第一个能够学习内部表示的神经网络，能够表示和解决困难的组合问题。作为机器学习算法的一种，玻尔兹曼机的学习目标是使得玻尔兹曼机在训练集中分配给二进制向量概率的乘积最大化。这相当于最大化玻尔兹曼机分配给训练向量的对数概率之和。

辛顿表示，他热衷于研究规模比十亿个连接的神经网络规模大一千倍的神经网络。当你拥有了一万亿个参量时，你就可以真正让神经网络去理解一些事物。

辛顿认为,构建关于文件的神经网络模型和改进谷歌语音识别功能、搜索功能是一样的。他表示,拿到一份文件,并不单把它看作文件,而是理解文件的内容,弄明白是关于什么的文件才是真的理解。人工智能很大一部分就是解决这类问题的。

1.4.3 麦克莱伦德和鲁梅尔哈特与反向传播算法

1986年,以麦克莱伦德(J. L. McClelland)和鲁梅尔哈特(D. E. Rumelhart)为首的科学家小组提出了以误差为主导的反向传播算法,即BP算法,旨在得到最优的全局参数矩阵,进而将多层神经网络应用到分类或回归任务中。正向传播传递输入信号直至输出产生误差,反向传播以误差信息更新权重矩阵。这很好地形容了信息的流动方向,权重得以在信息双向流动中优化。

反向传播算法是自动控制领域中应用最多的算法之一,采用多层神经网络进行训练,具有推导过程严谨、通用性强、理论依据坚实等优点。但是在实际使用中,该算法有局部极小、收敛速度缓慢等缺点。

在反向传播算法中,学习过程由信号的正向传播与误差的反向传播两个过程组成(见图1.34)。

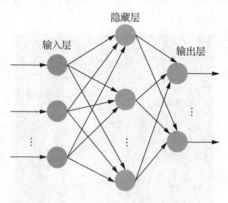

图 1.34 正向传播和反向传播

(1)正向传播过程:输入样本→输入层→各隐藏层(处理)→输出层。

若输出层的实际输出与期望输出不符,则转入步骤(2),即误差反向传播过程。

(2)误差反向传播过程:输出误差(某种形式)→各隐藏层(逐层)→输入层。

步骤(2)的主要目的是通过将输出误差反传,将误差分摊给各层所有单元,从而获得各层单元的误差信号,进而修正各单元的权值,即权值调整的过程。权值调整的过程,也就是网络的学习训练过程。

下面通过三人猜数字的游戏来描绘一个带有隐藏层的三层神经网络,如图1.35所示。在图中,小女孩代表隐藏层节点,小男孩代表输出层节点,小女孩左侧接收输入信号,经过隐藏层节点产生输出结果,哆啦A梦代表了误差,指导参数往更优的方向调整。由于哆啦A梦可以直接将误差反馈给小男孩,因此与小男孩直接相连的左侧参数矩阵可以直接通过误差进行参数优化(实线);而与小女孩直接相连的左侧参数矩阵由于不能得到哆啦A

梦的直接反馈而不能直接被优化（虚线）。但由于反向传播算法使得哆啦 A 梦的反馈可以被传递给小女孩进而产生间接误差，因此与小女孩直接相连的左侧权重矩阵可以通过间接误差得到权重更新，迭代几轮，误差会降低到最小。

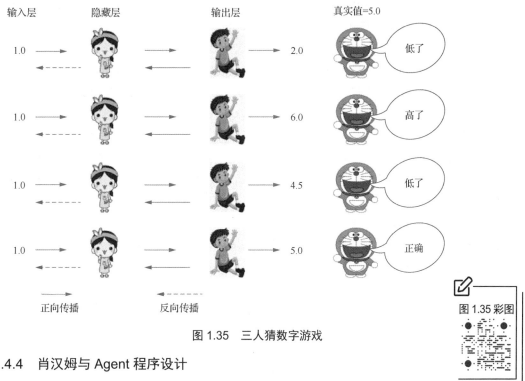

图 1.35　三人猜数字游戏

1.4.4　肖汉姆与 Agent 程序设计

1993 年，美国斯坦福大学教授肖汉姆（Y. Shoham）提出了面向 Agent 的程序设计（Agent-Oriented Programming，AOP）。这种程序设计是一种以计算的社会观为基础的新型程序设计规范，Agent 之间的合作是完成系统计算任务的关键所在。目前，AOP 还没有形成公认的模式，肖汉姆提出的 AOP 框架理论中，将 Agent 定义为包含了诸如信念（Belief）、承诺（Commitment）、能力（Capability）和决定（Decision）等精神状态（Mental State）的实体，并利用基于显式时间点的逻辑语言对精神状态进行了形式化定义。

肖汉姆认为 AOP 理论框架包含 3 个基本元素：Agent 形式化定义、Agent 编程语言和 Agent 形成器（用于将中性元素转化为可编程的 Agent）。而从工程的观点来看，AOP 是面向对象程序设计的特例，一个计算由相互之间进行通知、请求、提供、接受、拒绝、竞争和帮助等言语行为（Speech Act）的 Agent 组成。肖汉姆对 AOP 框架理论中的前两个元素进行了深入讨论，提出了一种 AOP 语言及其解释器，但框架的第 3 个元素尚未深入研究。

有关 AOP 的研究还有许多。例如，一些学者从协同分布式问题求解（Cooperative Distributed Problem Solving，CDPS）应用出发，提出了相应的 Agent 模型/语言以及 Agent 关系模型，为 CDPS 系统的设计与开发提供了支持。这方面的工作主要是针对 CDPS 系统中 Agent 的构造与协作来进行，很难推广到同时包含了人类 Agent 与软件 Agent 的应用环境中。例如，计算机支持协同工作（Computer Supported Cooperative Work，CSCW）和软件过程等研究领域就同时包含了人类 Agent 与软件 Agent，为此有人提出了人机协同工作（Human Computer Cooperative Work，HCCW）的概念，但尚未形成统一认识，有待进一步的研究。另外，现有成果在深层理解系统结构特点方面没有提供足够的支持。

1.4.5 瓦普尼克与支持向量机

1995 年，瓦普尼克（V. N. Vapnik）依据统计学理论提出支持向量机（Support Vector Machine，SVM）理论。支持向量机是主要针对分类和预测（有时也称回归）、小样本数据进行学习的一种方法，可以处理神经网络不能处理的学习问题。

支持向量机是一类按监督学习（Supervised Learning）方式对数据进行二分类（Binary Classification）的广义线性分类器（Generalized Linear Classifier）（见图 1.36），其决策边界是对学习样本求解的最大边距超平面（Maximum Margin Hyperplane）。

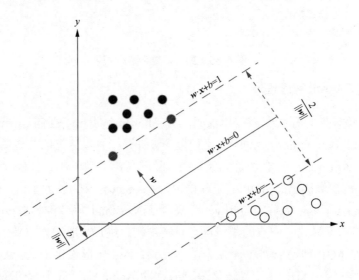

图 1.36　广义线性分类器

支持向量机是一个具有稳健性和稀疏性的分类器，它通过使用铰链损失（Hinge Loss）函数来计算经验风险（Empirical Risk），并在求解系统中加入了正则化项以优化结构风险（Structural Risk）。图 1.37 和图 1.38 分别显示了用支持向量机进行双螺旋分类和聚类分析的实例。目前，支持向量机在文本分类（Text Categorization）、人脸识别（Face Recognition）等模式识别（Pattern Recognition）方面中得到广泛应用。

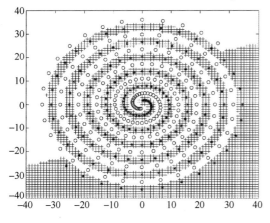
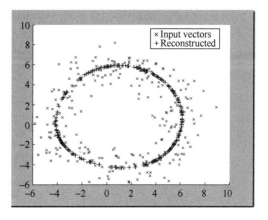

图 1.37 双螺旋分类实例　　　　　图 1.38 聚类分析实例

1.4.6 麦昆与定理证明系统

1997 年，麦昆（W. McCune）提出定理证明系统，并成功证明了数学难题 Robbins 猜想。

Robbins 猜想是 1933 年由数学家罗宾斯（Robbins）提出的一个猜想：Robbins 代数必定是布尔代数。

自动定理证明是人工智能研究领域中的一个非常重要的课题，其任务是对数学中提出的定理或猜想寻找一种证明或反证的方法。因此，智能系统不仅需要具有根据假设进行演绎的能力，而且需要一定的判定技巧，如用谓词演算公式描述的事实即证明系统中的公理（Axiom）。证明系统（Proof System）是应用公理演绎出定理（Theorem）的合法演绎规则的集合。演绎也称归约（Deduction），是对证明系统中合法推理规则的一次应用。在一个简单的演绎步骤中，可以从公理导出结论（Conclusion），中间可以利用这些公理规则演绎出的定理。

证明是一个语句序列，以每个语句得到证明而结束，即每个句子要么演绎成公理，要么演绎成此前导出的定理。一个证明若有 N 个语句（命题）则称 N 步证明，反驳（Refutation）是一个语句的反向证明。它证明一个语句是矛盾的，即不合乎给定的公理。

同一命题的正向证明和反驳有时会有天壤之别，证明长度和复杂性差别很大。构造一个证明或反驳要有深入的洞察、联想，还要有灵感。

一个语句若能从公理出发推演出来，则称合法语句。任何合法语句都称为定理。从某一公理集合导出的所有定理集合称为理论（Theory）。一般来说，理论具有一致性，它不包含相互矛盾的定理。

1.4.7 当代人工智能领域的领军人物

乔丹（M. I. Jordan）是美国国家科学院、美国国家工程院、美国艺术与科学院三院院士，是机器学习领域目前唯一获此殊荣的科学家。由于帮助推广普及了贝叶斯网络在机器学习应用中的使用，因此他常常被誉为让大家意识到机器学习与统计学之间联系的原创思想家之一。他桃李满天下，如深度学习领域权威吉本奥（Y. Bengio）、贝叶斯学习领域权威 Zoubin Ghahramani、百度前首席科学家吴恩达（Andrew Ng）等都是他的学生。2017年 5 月，他受邀成为蚂蚁金服科学智囊团主席、蚂蚁金服首位技术顾问。

邢波（Eric Xing）是卡耐基-梅隆大学教授，2014 年曾担任国际机器学习大会（International Conference on Machine Learning，ICML）主席。他的研究领域主要集中在机器学习和统计学习方法论及理论的发展、大规模计算系统和架构的开发。他创办了 Petuum 公司，这是一家专注于人工智能和机器学习的解决方案研发公司。

辛顿（G. Hinton）是多伦多大学计算机科学系教授，被誉为人工智能领域的三大奠基人之一，他还被称为"深度学习之父""神经网络之父"。1986 年，辛顿等人提出的反向传播为人工智能的发展奠定了基础。在 2012 年 ImageNet 图像识别竞赛上，辛顿采用深度学习的方法将图片识别的准确率提高了一个档次，开启了深度学习和 AI（Artificial Intelligence，人工智能）热潮。2013 年，谷歌收购了辛顿参与创立的 DNNResearch 公司。自那之后，辛顿就一直从事"大脑神经网络项目"相关的工作，在他的帮助下，谷歌的图像识别和安卓系统的音频识别能力有了大幅提升。

乐昆（Y. LeCun）是人工智能领域三大奠基人之一。20 世纪 80 年代中期，乐昆与辛顿等科学家一起提出了反向传播，而后乐昆在贝尔实验室将 BP 应用于卷积神经网络中，并将其推广到各种与图像的相关任务中，可以说是他让人工智能能够用类似人眼、人脑的方式获取信息。2003 年，乐昆被纽约大学聘为计算机科学和神经科学的教授。2013 年，乐昆加入 Facebook，担任 Facebook 首席人工智能科学家。

本吉奥（J. Bengio）也是人工智能领域三大奠基人之一，目前是加拿大蒙特利尔大学计算机科学和运筹学系教授。他的研究工作主要聚焦在高级机器学习方面，致力于用高级机器解决人工智能方面的问题。2016 年年末，本吉奥启动了一个名为 Element AI 的创业孵化器，为企业提供了 AI 解决方案。

特隆（S. Thrun）是谷歌副总裁兼研究员、Udacity 的首席执行官、斯坦福大学计算机科学系教授。特隆主要凭借在机器人技术领域的研究成果而闻名，他主持开发的自动驾驶汽车"斯坦利"（Stanley）在 2005 年无人驾驶机器人超级挑战赛（DARPA Grand Challenge）上赢得冠军。特隆和自己的团队为"斯坦利"中的软件编写了 10 万行代码，它可以对传感器数据进行解读，并负责为车辆导航。特隆目前是谷歌自动驾驶汽车项目的负责人，被称为"谷歌无人车之父"。

哈萨比斯（D. Hassabis）是英国人工智能研究专家、神经学家、电脑游戏设计师和国际象棋大师。曾经引起轰动的围棋人工智能 AlphaGo 就出自他的手。哈萨比斯是 DeepMind 的联合创始人，DeepMind 公司的部分 AI 研发项目已经在能源、医疗、水资源改善、区块链等领域里得到了应用。2014 年，DeepMind 被谷歌收购。目前，哈萨比斯担任谷歌人工智能项目的工程副总裁。

施米德休伯（J. Schmidhuber）是瑞士人工智能实验室主任，被誉为将会被首批拥有自我意识的机器人称作父亲的人。他凭借对深度学习和神经网络的开拓性贡献，成为 2016

年电气电子工程师学会（Institute of Electrical and Electronics Engineers，IEEE）计算智能协会神经网络先锋奖（Neural Networks Pioneer Award）的得主。我们所使用的智能手机语音识别功能就来自他的研究成果，如今，超过 10 亿人正在使用 IDSIA（Istituto Dalle Molle di Studi Sull Intelligenza Artificiale，Dalle Molle 人工智能研究所）开发的算法，比如通过智能手机上的谷歌语音识别功能。

李飞飞（Fei-Fei Li）是斯坦福大学教授、斯坦福大学人工智能实验室与视觉实验室负责人、谷歌云人工智能和机器学习首席科学家。她是 ImageNet 项目的创始人。ImageNet 是一个计算机视觉系统识别项目，是目前世界上图像识别最大的数据库。这一数据库被用于训练深度学习图片的识别算法。

吴恩达（Andrew Ng）是斯坦福大学计算机科学系和电子工程系副教授、斯坦福大学人工智能实验室主任。他是世界上第一个赋予机器"识别猫"这项技能的人，并被誉为人工智能和机器学习领域最权威的学者之一。吴恩达曾担任百度公司首席科学家，同时曾创建谷歌深度学习研究团队 Google Brain 以及在线学习教育平台 Coursera。

张钹是清华大学人工智能研究院首任院长、中国科学院院士、微软亚洲研究院技术顾问，2015 年获得 2014 中国计算机学会（China Computer Federation，CCF）终身成就奖。张钹院士主要从事人工智能理论、人工神经网络、遗传算法、分形和小波等理论研究，以及把上述理论应用于模式识别、知识工程、智能机器人与智能控制等领域的应用技术研究。张钹院士认为人工智能未来的发展有三个趋势：第一，建立可解释性与鲁棒性的人工智能理论和方法；第二，打造安全、可靠、可信的人工智能技术；第三，开创创新的人工智能应用。

周志华是南京大学计算机科学与技术系副主任，机器学习与数据挖掘研究所所长。2019 年，周志华教授担任国际人工智能领域顶级会议——AAAI（Association for the Advancement of Artificial Intelligence，国际人工智能协会）2019 的程序委员会主席；2021 年，周志华教授担任国际人工智能领域顶级会议——IJCAI（International Joint Conference on Artificial Intelligence，人工智能国际联合会议）2021 的程序委员会主席。目前，周志华教授是 ACM、AAAI、IEEE、IAPR（The International Association for Pattern Recognition，国际模式识别学会）、IET/IEE、CCF 等协会的会员，著有《机器学习》（*Ensemble Methods: Foundations and Algorithms*、*Evolutionary Learning: Advances in Theories and Algorithms*）。2017 年，周志华教授提出了"深度森林"（gcForest）的概念，这是一种基于决策树森林而非神经网络的深度学习模型。深度森林不使用反向传播，也不使用梯度，所以，从学术研究的角度讲，研究深度森林这样不依赖梯度的深度模型将会是机器学习的重要分支。2018 年，周志华教授领导的研究团队又提出了多层梯度提升决策树模型，它通过堆叠多个回归梯度增强决策树（Gradient Boosting Decision Trees，GBDT）层作为构建块，并探索了其学习层级表征的能力。

1.5 本章小结

本章介绍了人工智能的四个发展阶段，以及每个阶段的代表人物和他们在人工智能领域的主要贡献。为了使本章内容更富趣味性，增加了一些人物的趣事。为了让大家更好地追踪人工智能的前沿动态，介绍了部分当代人工智能领域的领军人物。通过对本章的学习，有助于读者对人工智能建立起一个的总体概念，了解人工智能的发展历史和人工智能领域的主要技术手段等，为后续章节的学习打下基础。

习 题

一、单选题

1. 人工智能是研究、开发用于模拟、延伸和扩展（ ）智能的理论、方法、技术及应用系统的一门新技术科学。
   A. 机器人　　　　B. 生物　　　　C. 人类　　　　D. 计算

2. （ ）把信息中排除了冗余后的平均信息量称为"信息熵"，并给出了计算信息熵的数学表达式。
   A. 香农　　　　B. 布尔　　　　C. 图灵　　　　D. 冯·诺依曼

3. 1948年，（ ）创立控制论，这是一门研究动物（包括人类）和机器内部的控制与通信的一般规律的学科，着重于研究过程中的数学关系。
   A. 维纳　　　　B. 亚里士多德　　　　C. 莱布尼茨　　　　D. 皮兹

4. 1957年，（ ）首次提出完整的人工神经网络模型——著名的感知机（Perceptron）模型。
   A. 西蒙　　　　B. 罗森布拉特　　　　C. 王浩　　　　D. 麦卡锡和明斯基

5. 1958年，（ ）设计了三个逻辑定理证明程序。
   A. 西蒙　　　　B. 罗森布拉特　　　　C. 王浩　　　　D. 麦卡锡和明斯基

6. （ ）与同学埃德蒙兹建造了世界上第一台神经网络计算机，并命名为SNARC。
   A. 西蒙　　　　B. 罗森布拉特　　　　C. 麦卡锡　　　　D. 明斯基

二、填空题

1. 人工智能发展的四个阶段分别是第一阶段人工智能的孕育期，第二阶段人工智能基础技术的研究和形成，第三阶段人工智能的发展和实用化，第四阶段_____。

2. 莱布尼茨的逻辑原理和他的整个哲学可被归约为两点：①所有的观念都是由非常小数目的_____观念复合而成，它们形成了人类思维的字母；②复杂的观念来自这些_____的观念，是由它们通过模拟算术运算的统一和对称的组合。

3. 冯·诺依曼架构有五个组成部分，分别是_____、逻辑控制装置、存储器、输入系统、输出系统。

4．1960 年，西蒙夫妇做了一个有趣的心理学实验，这个实验表明人类解决问题的过程是一个搜索的过程，其效率取决于_____。

5．1962 年，霍夫和美国工程师威德罗提出了_____，掀起了人工神经网络研究的第一次热潮。

6．1975 年，美国密歇根大学教授霍兰德提出了_____算法。

7．1974 年，韦伯斯在他的博士论文中提出，将隐含层的学习算法加入感知机，从而解决了_____网络中隐含节点的学习问题。

8．_____在 1968 年开发了世界上第一个化学分析专家系统 DENDRAL。

9．布尔代数只能保证推理过程正确，无法保证推理所依据的_____是否正确。

10．世界上第一个神经计算模型是_____。

11．知识工程的概念是由费根鲍姆在 1977 年的第五届国际智能联合会议上提出的，从此人工智能的研究从以基于推理为主的模型转向以基于_____为主的模型。

三、简答题

1．采用亚里士多德的三段论来描述你一定可以学会人工智能的知识。

2．简述图灵测试的核心思想。

3．请说出五位当代人工智能领域的领军人物。

第 2 章
机 器 学 习

导读

机器学习是一门多领域的交叉学科，涉及概率论、统计学、逼近论、凸分析、算法复杂度理论等，专门研究计算机怎样模拟或实现人类的学习行为，以获取新的知识或技能，重新组织已有的知识结构使之不断地改善自身的性能。本章重点介绍机器学习过程中的 11 种方法及其应用，然后通过一些实例演示这些机器学习方法的实施过程。通过本章学习，希望读者能够理解这些方法的原理及其应用方式。

学习目标和要求

- 了解机器学习的概念。
- 掌握机器学习的 11 种学习方法，包括时间序列分析与预测、结构方程、因子分析法、信度与效度分析、K-means 聚类算法、回归分析、混合线下效应模型、朴素贝叶斯、马尔可夫过程、数据缺失及其填补方法、统计推断。

第2章 机器学习

思维导图

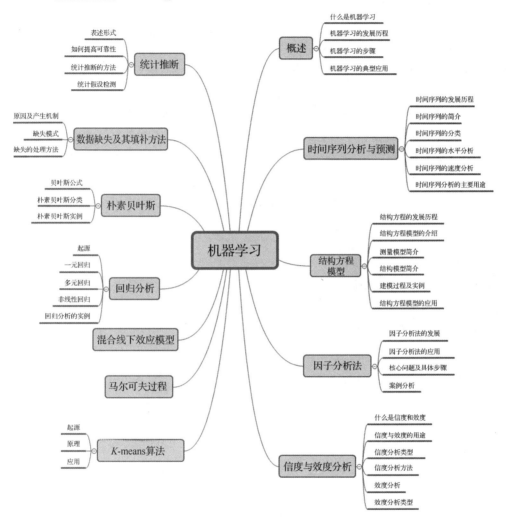

引例

2018年，一篇内容为 *Google is training machines to predict when a patient will die* 的报道被刷屏。人们议论纷纷，谷歌公司开发了一种新的智能算法，可以预测很多病人的结果，包括他们的住院时间，再住院时间的概率及短期内死亡的概率。这是谷歌"医学大脑"团队训练AI预测疾病和预测死亡的结果。谷歌对患者进行了病例数据采集，再运用机器学习的方法对海量数据进行分析，测算病患死亡的概率。

2.1 机器学习概述

2.1.1 机器学习与人类学习

机器学习是让计算机拥有人类的学习能力。人类的学习能力有许多种，包括推理、决策、识别等。计算机编程一般都由程序员输入具体程序，计算机根据程序进行执行。而现在的机器学习就像一个初生的婴儿一样，通过大量的学习，来实现触类旁通。婴儿是通过与家人和社会的接触来进行学习的，如进行声音的辨别、人脸的识别等。而机器学习是基于大量的数据，借助大量的数据训练，进行数据建模，使得计算机可以通过数据来获取新的知识和技能，并且在数据不断更新下，不断提高自身性能。人类学习是通过与世界的互动，让知识在大脑内形成并不断更新的过程，结果体现在人类知识、行为和观念等的改变。

人类学习与机器学习有相同之处也有不同之处，如图2.1所示。两者的相同之处是可以举一反三，具有推理能力；两者的不同之处是人类学习具有更多的自主能动性，而机器学习是由人类赋予机器学习的能力。

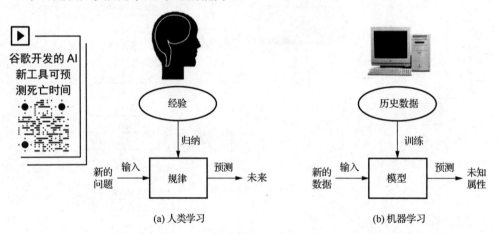

图2.1 人类学习与机器学习的区别

2.1.2 机器学习的发展历程

机器学习是现阶段解决很多人工智能问题的主流方法。机器学习的发展可以分为四个阶段，分别为奠定基础阶段、停滞不前阶段、重拾希望阶段以及蓬勃发展阶段。

对于机器学习的研究，最早可追溯到1949年Hebb提出的学习规则。这种学习规则是按照对象的相似程度将其分为若干类，这种分类方法与人类学习的方法极为相似，人类学习方法便是将相似的物品进行分类，这样可以极大地提高人类学习的能力，思维导图便是如此。而这与当代机器学习的数据分类再训练有相似性，通过大量的数据训练就类似于激发神经元，可以使机器记住这类数据从而进行新的学习。1952年，IBM公司的塞缪尔开发了一个跳棋程序，同时创造了"机器学习"这个概念，并将其定义为"可以提供计算机能力而无须显式编程的研究领域"，这已经与现代机器学习的定义极为相似了，所以该阶段称为奠定基础阶段。停滞不前阶段为20世纪60年代中期到70年代末期，这个阶段的研究目标是模拟人类的概念学习过程。20世纪70年代末至21世纪初是重拾希望阶段，人类开始探索不同的学习策略。1986年，昆兰提出"决策树算法"，这为后期机器学习的预测功能奠定了基础。从21世纪初到现在是机器学习的蓬勃发展阶段，在众多科技概念被提出的现在，机器学习仍占据主导地位。目前，机器学习的研究主要分为浅层学习和深度学习两个方面。

2.1.3 机器学习的步骤

机器学习大致可分为七个步骤。第一步是搜集数据，因为在训练中需要一定的数据参与训练。第二步是数据准备，在搜集完数据之后，需要将数据进行整合，保存在一个适当的地方，以备后期训练模型使用。第三步是训练模型，用前两步得到的数据对模型进行一定的训练，让机器了解该模型，这是机器学习中最重要的一步。第四步是评估模型，在对模型训练完数据后，要对得到的模型进行评估，因为训练后得到的结果不一定是准确的，需要评估其准确性。第五步是参数微调，在模型评估结束后，要对参数进行一定的调整。因为在训练中可能会有一些假设，需要验证假设，从而提高精度，所以要进行参数微调。第六步是预测，机器学习最大的工作就是预测功能，这是机器学习实现其价值最为关键的一步。第七步是触类旁通，到第六步时机器学习可以预测数据，而机器学习更为强大之处在于像人脑一样可以把一件事应用到另一件事上，即做到举一反三。下面通过实例来介绍这七个步骤。

【例2.1】辨别液体是红酒还是啤酒的七个步骤。

第一步：搜集数据。

对于辨别酒的种类而言，啤酒和红酒有两个非常显而易见的不同点，就是啤酒和红酒的颜色不同，以及啤酒的冒泡数比红酒的多，因此应该搜集的数据为样本的颜色以及酒精的浓度。

第二步：数据准备。

将第一步搜集到的数据存储在一个合适的地方，以备后期模型训练的时候使用。再将数据存放的顺序打乱以提高其精确性，因为数据的顺序不会影响对红酒、啤酒的评判。对打乱顺序的数据进行可视化分析，如绘制为表格、散点图之类的图表，可以更为直观地了解数据之间的关系，更明确每个数据的作用。最后将数据进行分类，因为数据不能全部用来训练模型，所以应该将数据分为两部分，一部分用于训练模型，另一部分用于检查模型是否准确。

第三步：训练模型。

这一步是机器学习中最重要的一步，因为经过数据准备后的数据都是为训练模型所服务的，而模型是机器学习的基础。机器学习类似于人的学习，起初人对某一个新知识一无所知，而通过学习后会对这个知识的理解越来越准确，机器学习中的训练模型也是如此。数据的输入相当于人对知识的汲取，模型的训练相当于人掌握某种新技能的方法。经过多个数据的训练，从而得到训练后的模型。在对模型进行训练时，分别有输入和输出，所以需要训练两个参数变量 Weights（权重）和 Biases（偏差）。在训练的一开始，会赋予这两个参数变量一定的初值，后期再用之前的数据进行预测。也许刚开始的结果会不尽如人意，但是经过长期训练并修改参数后，会得到比较准确的预测。

$$\text{Weights} = \begin{matrix} w_{1,1} & w_{1,2} \\ w_{2,1} & w_{2,2} \\ w_{3,1} & w_{3,2} \end{matrix} \qquad \text{Biases} = \begin{matrix} b_{1,1} & b_{1,2} \\ b_{2,1} & b_{2,2} \\ b_{3,1} & b_{3,2} \end{matrix}$$

第四步：评估模型。

在训练模型完成后，需要对模型进行评估。可以将数据分成两部分，分别用于模型训练和模型评估。由于模型评估的数据并没有参加数据的训练，因此可将模型评估的数据输入模型，再将得到的输出结果与正确的结果进行对比，从而评估模型。一般情况下，进行模型评估的数据为训练模型数据的四分之一，但是具体两者数据如何安排，要看初始获得的数据数量。

第五步：参数微调。

在模型评估结束后，得到的结果与我们的预期可能相差甚远，因此，为了增加模型的精确度，需要对一些参数进行调整，从而提高模型的准确性。在模型训练中，可能需要做一些假设，这些假设在现实生活中未必会成立。在参数微调中，我们还需要考虑这些假设并验证这些假设；改变一些参数也可以调整训练的次数，从而提高训练模型的精确度。

第六步：预测。

参数微调完成后，一个比较精准的模型就初步完成了。机器学习有一个十分重要的预测功能，这是体现机器学习价值的一步。通过预测，可以发现一些未知的现象。

第七步：触类旁通。

一个优秀的机器学习算法应该像人一样可以做到举一反三，而不是故步自封。

通过以上七步，机器学习就可以判断出酒的种类，而不需要经过人的亲自品尝和判断。

2.1.4 机器学习的典型应用

1. 预测天气

利用机器学习预测天气可以大幅提高天气预报的准确率，主要是通过训练各种气象数据，如通过云图分析等对天气进行预测。图 2.2 所示为运用 AI 评估的气象模型。

2. 预测股票价格

由于股票价格受市场影响较大，长期股票和短期股票价格幅度变动也大不相同，因此预测股票价格需要大量的数据，如全球宏观经济指标、股票在之前不同时点的价格、股票 K 线、指数平滑异同移动平均线等，通过对这些数据进行分析、建模训练后，可以了解股票价格的变动情况，从而更好地预测股票价格。图 2.3 所示为基于线性回归的股价预测。

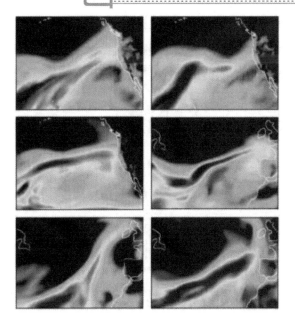

图 2.2 运用 AI 评估的气象模型

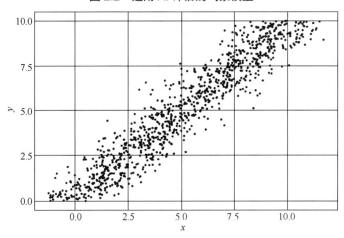

图 2.3 基于线性回归的股价预测

3. 挖掘社交情绪

现在的交友软件比较多,用户在不同的交友软件上可以发表自己对不同事件的看法,而这些用户的看法及情绪都可以成为数据。通过训练这些数据,可以了解公众对各种舆论事件的态度。

2.1.5 机器学习的相关技术

1. 监督式学习

在监督式学习条件下,如果输入数据,那么这个过程称为训练数据,每组训练数据会有一个明确的标记或结果。例如,为了防止骚扰,电话系统中将电话标记为"推销电话"

和"重要电话"。总而言之，监督式学习主要是建立一个有关于学习的过程。机器学习的主要目的是预测结果。机器学习的过程就是不断将结果进行比较和调整，从而达到比较高的预测准确率。监督式学习的常见算法有逻辑回归、反向传递神经网络等。

2. 无监督式学习

在无监督式学习条件下，数据没有明确的标记。因为在实际情况中，有时无法提前知道样本的属性，或者没有要训练的样本，所以只能从没有样本标签的样本集开始进行分类器设计，称为无监督的学习方法。无监督式学习的常见算法有 Apriori 算法、K-means 算法等。

3. 半监督式学习

半监督式学习主要是因为数据标记不完整，有些数据是有标记的，有些数据是无标记的。由于部分数据是未被标记的，因此模型需要学习数据的一些内部结构以便更合理地进行预测。半监督式学习的常用算法有图论推理算法、拉普拉斯支持向量机等。

4. 强化学习

强化学习是指操作者输入数据，这些数据作为对模型的反馈。而监督式学习，输入数据只是用于检查对错，即模型确定后，通过实际数据来确定模型是否正确。在强化模型下，输入的数据是直接反馈到模型中的，因此模型必须对此立即做出一些调整。一些常见的应用场景是动态系统以及机器人的控制。强化学习的常见算法有 Q-Learning、时间差分学习等。

2.2 时间序列分析与预测

2.2.1 时间序列的发展历程

在距今七千余年的古埃及，人们想要更好地种植农作物以及选择居所，会参考他们记录的尼罗河涨落情况。而正是因为古埃及人每天对尼罗河的情况进行记录，发现了一系列的涨落规律，才使其农业发展更上一层楼。这可能是最早的时间序列记录。19世纪，在时间序列记录的基础上，德国的一位业余天文学家便使用时间序列方法，年复一年地观测太阳黑子的运动，每日进行记录并编制为图表，在他坚持不懈的努力下，终于发现了太阳黑子的活动周期为11年左右。

时间序列是概率统计学的一个分支，现在人们一般都认为时间序列的起源于英国统计学家 G.u.Yule 提出的 AR 模型。AR 模型与之后 G.T.Walker 提出的 MA 模型和 ARMA 模型构成了时间序列分析的基础，至今仍被大量的运用。之后时间序列分析逐渐发展，也有许多统计学家或者其他领域的研究者发现了时间序列的其他模型。通过对其进行可视化处理，可以更加直观地了解事件背后的客观规律。时间序列方法不断完善，其运用范围也不断扩大。时间序列分析理论已经应用于天文、地理、生物、物理、经济等众多领域,并且取得了许多重要成果,为科学发展做出了重大贡献。

2.2.2 时间序列的简介

时间序列是指某一个现象在不同时间上所形成的一系列数据。表2.1所示为各个年份的国内生产总值、年末总人口、人口自然增长率、居民消费水平构成的时间序列。

表2.1 国内生产总值等时间序列

年份	国内生产总值/亿元	年末总人口/万人	人口自然增长率(%)	居民消费水平/元
1990	18 548.9	114 333	14.39	803
1991	21 617.8	115 823	12.98	896
1992	26 638.1	117 171	11.60	1 070
1993	34 634.4	118 517	11.45	1 331
1994	46 759.4	119 850	11.21	1 781
1995	58 478.1	121 121	10.55	2 311
1996	67 884.6	122 389	10.42	2 726
1997	74 772.4	123 626	10.06	2 944
1998	79 552.8	124 810	9.53	3 094

时间序列一般都可以通过一系列的函数进行拟合,称为一系列具有某一种关系的数字,从而可以更直观地得出规律。一般时间序列都有趋势部分,用于描绘时间的主要趋势,比如上升趋势、下降趋势等。由于时间序列由现象和时间组成,而且时间具有周期性,因此时间序列也具有周期性。时间序列也会有随机噪声,如前文所述,时间序列一般都可以通过一系列的函数进行拟合,在拟合的过程中必然会对数据进行一些近似化处理,所以在处理的过程中一般会出现一些随机噪声。

2.2.3 时间序列的分类

时间序列按指标的性质可以分为绝对数时间序列、相对数时间序列和平均数时间序列。而绝对数时间序列又可分为时期序列和时点序列。以表2.2中的数据为例,某个公司给职工发放工资,每年的工资总额分别为10万元、13万元、14万元以及18万元,这是时期序列。工资金额可以相加和改变时间周期,如将一年变为两年,工资总额会随着时间间隔的变大而变大。时期序列的另一个特点是,采用连续统计的方式获得。某个公司在每一年年末的职工人数分别为10人、15人、16人、9人,这是时点序列。职工人数这几个数字加起来毫无意义,职工人数与时间一般也没有直接关系,时点序列是采用间断统计的方式来获得的。

相对数时间序列是指某种数据占另一种数据的比例,如职工工资占支出总额的比例。平均数时间序列是由一系列平均数构成的,如连续几年职工的平均工资。

表 2.2　时间序列举例

序列类型	参数	年份			
		2001	2002	2003	2004
时期序列	职工工资总额/万元	10	13	14	18
时点序列	年末职工人数/个	10	15	16	9
相对数时间序列	年末工资占工资额的比率（%）	78.5	67.9	54.3	67.0
平均数时间序列	职工平均工资/元	10 000	8 666	8 750	20 000

时间序列按指标的平稳性可以分为随机时间序列、平稳时间序列和非平稳时间序列。随机时间序列是指指标值随着随机因素的变动而变动，如随时间变化的彩票中奖号码并不存在规律，因此可以称随时间变化的彩票中奖号码为随机时间序列。平稳时间序列是指指标值都在某个范围内波动，变动十分小。如一个优秀班级学生的平均分一直在 600 分上下波动，这可以称为平稳时间序列。非平稳时间序列是指指标值受到不同因素的影响而发生比较大的波动，如由于季节性的影响，夏天雪糕的销售量就会远远大于冬天雪糕的销售量，雪糕销售量随着时间而变化，这可以称为非平稳时间序列。

2.2.4　时间序列的水平分析

时间序列的水平指标分为发展水平和增长水平。发展水平可以理解为某个现象在其所属时间内的发展水平。例如，1991—1996 年的国内生产总值，1991 年的国内生产总值为最初水平，1992—1995 年的为中间水平，1996 年的为最末水平。当进行比较时，需要比较基期水平和报告期水平。基期水平一般为最初水平，报告期水平指要观察的某个时期的水平。平均发展水平是指以一个数来代表一段时间的发展水平，简单来说就是对一段时间的发展水平取平均数。平均发展水平又称序时平均数。平均发展水平可以解决一些对比性问题，如通过对比两家企业某一产品的平均产量来选择企业等。平均发展水平的计算一般使用算术平均法，计算公式如下。

$$Y = \frac{Y_1 + Y_2 + \cdots + Y_n}{n} \tag{2-1}$$

增长水平分为增长量和平均增长量。增长量为报告期水平减去基期水平，逐期增长量是指报告期比前一期增长的量，累计增长量是指比固定时期长期总增长的量。平均增长量是指观察期内各期增长量的平均数，计算公式如下。

$$平均增长量 = \frac{逐年增长量之和}{逐期增长量数} \tag{2-2}$$

2.2.5　时间序列的速度分析

时间序列的速度分为发展速度、增长速度和平均增长速度。

1. 发展速度

发展速度是指报告期的水平与基期水平的比值。报告期水平是想要观察时期的数值，基期水平是选择对比时期的数值。发展速度可以说明该现象在某一个时间段变化的速度。

发展速度可以分为环比发展速度和定基发展速度。

环比发展速度是报告期水平与前一期水平之比。其计算公式如下。

$$R_t = \frac{Y_t}{Y_{t-1}} \quad (t=1,2,\cdots,n) \tag{2-3}$$

定基发展速度是报告期水平与某一固定时期水平之比。其计算公式如下。

$$R_t = \frac{Y_t}{Y_0} \quad (t=1,2,\cdots,n) \tag{2-4}$$

2. 增长速度

增长速度是指增长量与基期水平的比值,又称增长率,其计算公式如下。

$$增长速度 = \frac{增长量}{基期水平} = \frac{报告期水平-基期水平}{基期水平} = 发展速度-1 \tag{2-5}$$

环比增长速度是增长量与前一时期水平之比。其计算公式如下。

$$G_t = \frac{Y_t - Y_{t-1}}{Y_{t-1}} \quad (t=1,2,\cdots,n) \tag{2-6}$$

定基增长速度是增长量与某一固定时期水平之比。其计算公式如下。

$$G_t = \frac{Y_t - Y_0}{Y_0} \quad (t=1,2,\cdots,n) \tag{2-7}$$

3. 平均增长速度

平均增长速度是指观察期内各环比发展速度的平均数,说明现象在整个观察期内平均发展变化的程度,通常采用水平法计算。其计算公式如下。

$$R = \sqrt[t]{\frac{Y_1}{Y_0} \cdot \frac{Y_2}{Y_1} \cdot \cdots \cdot \frac{Y_t}{Y_{t-1}}} \quad (t=1,2,\cdots,n) \tag{2-8}$$

2.2.6 时间序列分析的主要用途

时间序列分析在许多领域都有着广阔的用途,如国民经济宏观控制、市场潜力的预测、天气预报等方面。时间序列分析主要有以下用途。

(1) 系统描述。因为拥有了一系列数据,可以使用曲线拟合形成函数,使得数据可视化,让需求者更清楚地了解某一个现象发生的原因。

(2) 系统分析。如果观测值不止有一个变量,那么可以用一个时间序列的变化去说明另一个时间序列的变化,这种方法广泛用于经济学中,因为在市场经济的条件下,影响因素众多。时间序列分析还可以用于分析市场情况,如分析客户的偏好如何影响产品销量等。

(3) 预测未来。利用 ARMA 模型可以预测时间序列的未来值,因此 ARMA 模型可以应用到一些需要预测的领域,如天气预报。

(4) 决策和控制的用途。因为时间序列模型可以调整其输入变量为我们想要达到的目标值,所以可以进行决策,当过分偏离目标值时,需要进行一定程度的控制。

2.3 结构方程模型

2.3.1 结构方程模型的发展历程

结构方程模型（Structural Equation Model，SEM）是一种拥有许多统计方法的多元模型，常用于社会科学领域的研究。结构方程模型最早起源于 20 世纪初，是斯皮尔曼（C. E. Spearman，见图 2.4）为"智力"研究而建立的。智力包括很多方面，如动手能力、语言能力、空间能力等，斯皮尔曼便想将这些能力以同一个变量来替代，他选择了一般智力这个变量。因此，一般智力的水平就是各个方面水平的反应，也决定了各个方面的能力，这也标志着"因子分析"的诞生。由于将多个方面归结于一般智力水平会出现比较大的偏差，因此智力并不是由单一因素影响的，而是由多个因素共同影响的，从而产生了多因子分析的模型。

大约在同一时期，赖特（S. Wright，见图 2.5）在研究路径模型。路径模型的基础是各个变量之间的线性相关，简单地说，如果一组数据是线性相关的就可以进行路径分析。变量之间的相关程度越高，结果越准确。

图 2.4 斯皮尔曼（1863—1945 年）

图 2.5 赖特（1889—1988 年）

20 世纪 70 年代，约雷斯科格（Jöreskog）将因子分析与路径分析结合起来，从而诞生了结构方程模型。结构方程模型中的因子分析可以评估模型的准确性，而路径分析可以对变量进行拟合建模。

2.3.2 结构方程模型的介绍

结构方程模型是一种验证性的计数，主要用于多元统计分析，其作用是将数据拟合成函数，即使用线性方程表示观测的变量和潜变量之间关系或者潜变量之间关系的一种方法。

结构方程模型假设了一组潜变量的因果关系，即一系列无法直接观测的变量之间的关系。这在现代生活中有许多应用，因为很多社会或心理学中涉及的变量都不可以直接测量，如一个人对生活的满意度等。当遇到这些问题的时候，只能退而求其次，用其他的方法来测量，如测量生活满意度这个潜变量的时候，可以将生活兴趣等作为生活满意度的指标。如果使用传统的统计方法就不能更好地描述这些潜变量，而结构方程模型可以同时处理潜变量及其指标。

简而言之，结构方程模型就是测量方程和结构方程。测量方程描述潜变量和指标之间的关系。例如，工作自主权是潜变量，无法直接进行测量；工作方式的选择是可以直接测量的指标，而工作方式的选择可以从侧面反映工作自主权。所以测量方程可以描述工作方式选择与工作自主权之间的关系。而结构方程主要描述潜变量之间的关系，如工作自主权和工作满意度之间的关系。因为工作满意度也是无法直接测量的变量，所以称为潜变量。

1. 测量变量

图 2.6 显示了测量变量和潜变量之间的关系。

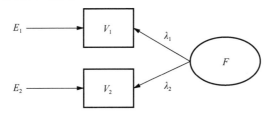

图 2.6 测量变量和潜变量之间的关系

在图 2.6 中，V_1、V_2 为测量变量，F 为潜变量，E_1、E_2 为误差。而潜变量分为两种：外源潜变量和内生潜变量。外源潜变量是不受其他变量影响的潜变量，如一个人的工作自主权。而内生潜变量是指受其他变量影响的潜变量，如一个人的工作满意度。所以对于指标和潜变量，测量模型有以下测量方程。

$$x = \Lambda_x \xi + \delta \qquad (2\text{-}9)$$
$$y = \Lambda_y \eta + \varepsilon \qquad (2\text{-}10)$$

式中，x 是外源指标，是反映工作自主权的指标，可以是由工作选择方式等组成的向量；y 是内生指标，是反映工作满意度的指标，可以是由工作兴趣等组成的向量；ξ 是外源潜变量，可以是由工作自主权组成的向量；η 是内生潜变量，可以是由工作满意度组成的向量；Λ_x 是外源指标和外源潜变量之间的关系；Λ_y 是内生指标和内生潜变量之间的关系。

2. 潜变量间的关系（结构模型）

结构模型主要是指潜变量之间的关系，如前文所述的工作自主权和工作满意度之间的关系。可用如下公式描述。

$$\eta = B\eta + \Gamma\xi + \varsigma \qquad (2\text{-}11)$$

式中，B 是指内生潜变量之间的关系，如其他内生潜变量与工作满意度之间的关系；η 是内生潜变量；Γ 是指外源潜变量对内生潜变量的影响，如工作自主权对工作满意度的影响；ξ 是外源潜变量；ς 是残项差，反映了方程中未能被解释的部分。由于潜变量之间的关系称为结构模型，是研究的重点，因此整个分析也称为结构方程模型。

2.3.3 结构方程的建模过程及实例

结构方程的建模过程主要分为四步。第一步是模型建构。这一步的主要工作是找出指标和潜变量之间的关系，指标通常是题目，而潜变量通常为概念，再找出各个潜变量之间的关系，即指定的一些潜变量的直接关系和间接关系。第二步是模型拟合。这一步主要是要进行模型参数的计算，即变量之间的关系。第三步是模型评价。对上一步模型拟合是否正确，结构方程的解是否恰当等进行评价。模型评价的标准是相关系数应在-1和+1之间。还需要判断参数与预计模型的关系是否合理，即判断是否和假设相符，如果不相符，就不合格。最后要检验拟合指数，观察各项拟合优度指标是否达到要求，如果未达到要求，也不合格。还有许多指标检验可以进行模型评价，这里不一一阐述。第四步是模型修正。根据理论或假设提出几个合理的先验模型，对于每一个模型，都要检查各种拟合指数，据此修改模型。

【例2.2】员工的工作满意度的测量。

概念模型的提出：有许多因素会影响员工的工作满意度。

员工对工作本身的满意度包括工作内容的奖励价值、多样性以及学习机会等，所以假设如下。

假设一：工作自主权越高，工作满意度越高。

假设二：工作负荷越高，工作满意度越低。

假设三：工作单调性越高，工作满意度越低。

建模过程如下。

步骤一：模型建构。

由以上的几个假设可以画出员工的工作满意度概念模型，如图2.7所示。

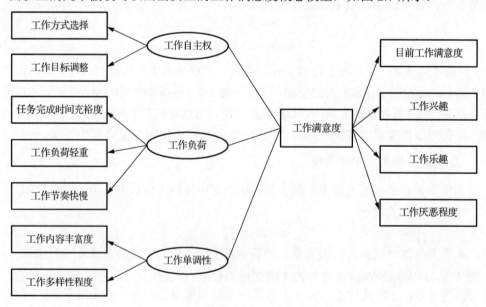

图 2.7 员工的工作满意度概念模型

步骤二：模型拟合。

在图 2.8 的概念模型中，工作满意度为 η、工作自主权为 ε_1、工作负荷为 ε_2、工作单调性为 ε_3。对模型进行计算（如用 LISREL 软件编程），得到标准化路径系数（N=351），如表 2.3 所示。

表 2.3　标准化路径系数（N=351）

变量	变量间关系	工作满意度	
		标准化路径系数	t 检验值
工作自主权	$\varepsilon_1 - \eta$	0.206	2.562
工作负荷	$\varepsilon_2 - \eta$	−0.212	−1.575
工作单调性	$\varepsilon_3 - \eta$	−0.378	−2.857

说明：t 检验值>1.96 表示通过显著性检验，且在 0.05 显著水平下。

步骤三：模型评价。

若结构方程的解是恰当的，则其相关系数，即标准化路径系数应该在−1 到+1 之间。还可以验证参数与预计模型的关系是否合理，即检验结果与模型的假设是否相符。

对于前面提出的三个假设，检验如下。

假设一：工作自主权越高，工作满意度越高。由于 t 的绝对值大于 1.96，因此通过检验。

假设二：工作负荷越高，工作满意度越低。未通过 t 检验。

假设三：工作单调性越高，工作满意度越低。未通过 t 检验。

除了使用以上两种方法进行模型评价外，还可以检验不同类型的整体拟合指数，即判断各项拟合优度指标是否达到要求，如表 2.4 所示。

表 2.4　衡量模型与数据拟合程度的指标

指标	DF	x^2	P	NFI	NNFI	IFI	GFI	AGFI	RFI
指标值	687	1 386.64	0.0	0.901	0.937	0.950	0.861	0.817	0.045 7

在表 2.4 中，$\dfrac{x^2}{DF} \approx 2.018$，即卡方统计量与自由度的比值为 2.018：1，一般认为卡方值与自由度之比在 2：1 到 3：1 之间是可以接受的。第二个指标是 P 值，一般要求 P 值小于 1。其他指标分别为规范拟合指数（Normative Fitting Index，NFI）、不规范拟合指数（Non Normative Fitting Index，NNFI）、比较拟合指数（Comparative Fitting Index，CFI）、增量拟合指数（Incremental Fitting Index，IFI）、拟合优度指数（Goodness of Fitting Index，GFI）、调整后的拟合优度指数（Adjusted Goodness of Fitting Index，AGFI）、相对拟合指数（Relative Fitting Index，RFI）。这些指标主要用来衡量模型与数据的拟合程度。

步骤四：模型修正。

对于每一个模型，都应该检查标准误差、t 值、标准化残差、修正指数以及各种拟合指数，以此为根据修改模型，然后重复这一步。最好用另外一个样本进行检验。

2.3.4 结构方程模型的应用

1. 顾客满意度结构方程模型

顾客满意度是指商家提供的产品或服务是否达到顾客的需求。可使用结构方程模型（见图 2.8）来探讨顾客满意度。

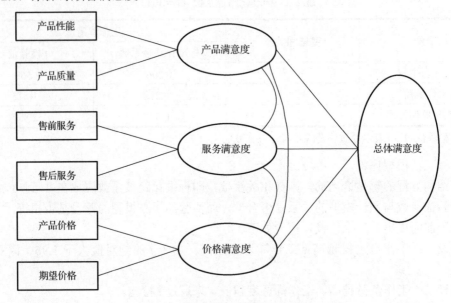

图 2.8　顾客满意度结构方程模型

建立模型。产品满意度分为产品性能和产品质量；服务满意度分为售前服务和售后服务；价格满意度分为产品价格和顾客的期望价格；产品满意度、服务满意度和价格满意度构成了顾客的总体满意度。产品性能、产品质量、售前服务、售后服务、产品价格和期望价格为观测变量。

模型中有两类变量：观测变量和结构变量。观测变量用图 2.8 中的矩形框表示，因为这种变量可以通过许多方式得到，如通过调查顾客的想法、进行访谈得到观测变量。结构变量又称潜变量，是无法直接通过观测得到的变量，用图 2.8 中的椭圆形框表示。

每个变量之间存在或多或少的关系，而这种关系是可以通过计算确定的，计算出来的值就是参数。参数对应着顾客的满意度，而顾客的满意度与顾客是否要购买产品十分相关。所以，测算出比较准确的参数数值，就可以确定是哪些因素影响顾客的满意度，然后引导企业进行改进，达到提升顾客满意度，增大销售量的最终目的。

2. SEM 案例分析

某通信分公司业绩屡次位居行业榜尾，于是痛下决心进行改革。该分公司有三类业务：固话业务、手机业务和上网业务。围绕这三类业务产品的销售，该通信分公司还提供了售前、售中和售后三个环节的服务。结合该通信分公司的主要产品情况，从顾客满意度着手，重点分析并找出影响顾客满意度的关键因素，从而为制订有效的顾客满意度提升方案提供数据支持。

第一步设计顾客满意度结构方程模型。根据该公司的业务情况,设计出顾客满意度模型,如图 2.9 所示。在图 2.9 中,x_n 是等待构建的测量指标;b 是各个指标对上一级影响程度的强弱;a 和 c 是误差,指影响模型的外部因素,如价格满意度等因素对顾客满意度的影响。

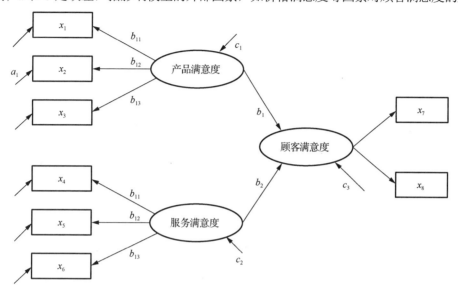

图 2.9　某通信分公司顾客满意度结构方程模型

第二步构建具体测量指标。基于建立的顾客满意度结构方程模型,围绕固话业务、手机业务和上网业务,以及这些业务产品的售前、售中和售后三个环节的服务,构建具体的观测指标(变量),如表 2.5 所示。

表 2.5　顾客满意度观测指标

潜变量	观测变量
产品满意度	对产品质量的总体评价 对固话质量的感知 对上网业务质量的感知 对手机业务的感知
服务满意度	对服务质量的总体评价
售前服务	对企业形象的评价 对业务宣传的评价 对业务咨询的评价
售中服务	对营业窗口服务的评价 对业务办理过程的感知 对客户热线使用的感知
售后服务	对缴费服务的评价 对故障处理相关过程的感知 对投诉处理方面的评价
顾客满意度	总体满意度

第三步调查取样。前面两步明确了要调查的指标，接下来需要对这些指标进行实际的调查（如问卷调查），了解顾客对于这些指标的评价。其具体步骤如下。

（1）进行部分过滤，设计一些过滤的问题，来确保受访者是采访的目标群体。

（2）对受访者提出一系列问题，如为公司服务的满意度打分。

（3）了解顾客对产品的了解和认知情况，以避免顾客由于对产品不了解而造成的满意度偏差。顾客可以对产品、服务、价格等各个方面进行评分（10 分制）。从顾客给出的评分中，获知顾客满意度的大致情况。然后通过结构方程模型分析，找出影响顾客满意度的一系列的因素。

（4）了解顾客的大致资料，如顾客的生活方式等，用这些信息来分析，如某一特定群体的满意度是否比其他群体的满意度更低。

第四步借用软件实现满意度调查。将模型转移到软件中，输入通过调查问卷获得的数据，得到影响服务满意度的关键因素，如图 2.10 所示。

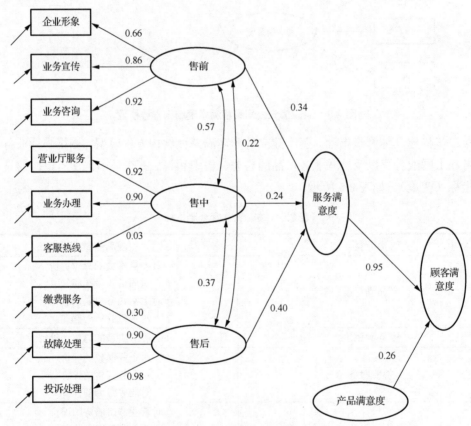

图 2.10　影响服务满意度的关键因素

在图 2.10 中，两个指标之间的值就是统计出来的参数，该参数的意义就是一个指标对其上一级指标的影响，这个影响也被称为贡献值。如果贡献值较大，则顾客对公司的满意度就较大，否则，顾客对于公司的满意度较小。

由图 2.10 可以看出，售后服务的值比售前、售中服务的值要大。所以对于顾客满意度来说，售后服务越好，顾客满意度最高。在售后服务中，投诉处理值为 0.98，比缴费服务和故障处理的值高，所以投诉处理是售后服务中最影响顾客满意度的因素。又因为服务满意度值为 0.95，产品满意度值为 0.26，所以服务满意度远高于产品满意度，说明该公司重服务而轻产品，因此该公司应该着重改善顾客对产品的满意度。

2.4 因子分析法

2.4.1 因子分析法的发展

英国心理学家斯皮尔曼提出因子分析法，该方法是从许多变量中提取拥有相同特性的因子的统计技术。最早斯皮尔曼发现学生的各科成绩之间有一定的相关性。例如，某一科成绩比较优异的学生，在其他的科目上也十分优秀，斯皮尔曼便是从这里猜想是否存在某些潜在的相同特性的因子，而正是这些因子影响学生的学习成绩。因子分析是指通过分析许多变量，从中找出一些隐藏在内部的但是极具代表性的因子。因子中包含一些本质相同的变量，从而会使得变量的数目减少。

因子分析的主要目的是要找出隐藏的变量，而这些隐形变量又无法直接测量。例如，要测量一个人的工作积极性，可以从考勤情况以及工作贡献度来反映。而工作能力可以从为公司带来的效益来反映，在这里，工作积极性和工作能力无法直接用一个问题测量，必须要使用一组测量方法来测量，最后把测量结果结合起来才能更准确地进行把握。即这些变量无法直接测量，可以直接测量的只是一个部分。因子分析法可以应用到社会的许多方面，不止在工作方面，在评判学生学习成绩与能力的关系等问题的时候也可以使用。

2.4.2 因子分析法的应用

因子分析法主要应用于以下几个方面。第一，可以作为个体的综合评价，因子的综合评价可以综合因子的得分来对事件因子进行排序，从而得出一个个体的综合评价。第二，可以对因子进行降维处理，通过对一些结果进行打分，因子会有一系列的得分，通过这些得分进行一系列的分析。第三，可以进行调查问卷的质量分析，因为我们可以将问卷所列出的一系列问题作为变量，通过因子的命名判断该问卷的架构质量。

在因子分析法中，因子是不可直接观测的，也不是具体的某一个变量。因子分析就是用数量比较少的因子去描述更多因素之间的关系，即将一些关系比较密切的变量归在同一个类中，而每一个类便是一个因子。通过这种技术可以找出消费者的购买偏好，可以得出产品销售与时间的关系等具体问题，甚至可以为市场的进一步划分进行前期分析。

因子分析是对数据降维处理的一种技术。因子分析主要发现各个指标的潜在内部结构，从而分解外部可以观测的指标。举个例子，现在市面上流行的智能手机拥有许多指标，如尺寸、质量、配置等。对智能手机进行因子分析，假定提出两个因子，第一个因子的指标具有共同性，如手机性能和流畅度，可以归结为与科技有关的因子；第二个因子主要是体验，可以归结为个性因子，如有人喜欢尺寸大的手机，有人觉得黑色手机更酷。如果有的因子没有什么实际含义，则需要对其进行一定程度的变换，使其变得合理和现实。

2.4.3 因子分析的核心问题及具体步骤

因子分析主要有两个核心问题，首先是构造因子变量的方法，其次是需要对构造出的因子变量进行命名解释。因子分析通常有以下四个基本步骤。

（1）确认待分析的原变量是否适合进行因子分析。

确认要分析的变量是不是有较强的相关关系。例如，工作积极性是否与工作考勤有较强的关系。此时可以采用计算相关系数矩阵、KMO（Kaiser Meyer Olkin）检验等方法来验证一系列的数据是否适合作为因子来进行分析。此时的主要任务是把原来信息的重叠部分提取成因子，将重叠部分提取成因子后变量的个数就会减少。如果要达到这个目的，那么原变量之间的关系应该有较强的相关性。

（2）构造因子变量。

构造因子变量是因子分析的核心内容，由样本数据求解因子载荷矩阵。因子载荷的意义就是第 i 个变量在第 j 个公共因子的负荷，反映了第 i 个变量对于第 j 个因子的重要性。而因子载荷矩阵的求解方法有极大似然估计法等。

（3）利用旋转因子法使因子变量更具有可解释性。

因为将变量综合成少数几个因子后，若因子的实际含义不清楚，后期的分析便不方便进行，所以可以先通过因子旋转的方式（通常有正交旋转和斜交旋转），使得一个变量在尽可能少的因子里有比较高的载荷，这样后期的分析便会比较容易进行。

（4）计算因子变量得分。

在因子确定后，需要开始计算每个因子在不同样本上的具体数值，而这些数值便是因子得分。当解决实际问题想要采用适当方法时，应该想到对问题进行多方面考虑。举个例子，如果要建立一个预报的模型，首先根据生物学等原理，确定模型设计，其次提炼资料结果，再次应用统计方法研究变量之间的关系，最后应用于实际。

2.4.4 案例分析

【例 2.3】奥运会十项全能运动项目得分数据的因子分析。

记百米跑成绩为 X_1，跳远成绩为 X_2，铅球成绩为 X_3，跳高成绩为 X_4，400 米跑成绩为 X_5，百米跨栏成绩为 X_6，铁饼成绩为 X_7，撑竿跳高成绩为 X_8，标枪成绩为 X_9，1500 米跑成绩为 X_{10}。

首先使用求解因子载荷矩阵的方法确定矩阵［可以采用统计产品与服务解决方案（Statistical Product and Service Solutions，SPSS）分析获得］，见表 2.6。

表 2.6 使用求解因子载荷矩阵的方法确定矩阵

变量	F_1	F_2	F_3	F_4	共同度
X_1	0.691	0.217	−0.58	−0.206	0.84
X_2	0.789	0.184	0.193	0.092	0.70
X_3	0.702	0.535	0.047	−0.175	0.80
X_4	0.674	0.134	0.139	0.396	0.65
X_5	0.620	0.551	−0.084	−0.419	0.87
X_6	0.687	0.042	−0.161	0.345	0.62
X_7	0.621	−0.521	0.109	−0.234	0.72
X_8	0.538	0.087	0.411	0.44	0.66
X_9	0.434	−0.439	0.372	−0.235	0.57
X_{10}	0.147	0.596	0.658	−0.279	0.89

从因子载荷矩阵可以看出,除了 F_1 中所有变量在公共因子上具有比较大的正载荷,即可以称为一般运动因子,其他的 3 个因子 F_2、F_3、F_4 不太容易被解释,所以需要旋转因子,使得变量更具有解释性。

经过旋转后,每个因子就具有了明确的含义,更方便后期进行分析。假定因子旋转后如表 2.7 所示,其中,百米跑成绩 X_1、跳远成绩 X_2 和 400 米跑成绩 X_5,需要有十足的爆发力,这三个项目在 F_1 中具有较大的载荷,所以 F_1 可以称为短跑速度因子;铅球成绩 X_3、铁饼成绩 X_7 和标枪成绩 X_9 在 F_2 中具有比较大的载荷,这三个项目都需要比较强大的

表 2.7 因子旋转后的数据

变量	F_1	F_2	F_3	F_4	共同度
X_1	0.884	0.136	0.156	−0.113	0.84
X_2	0.631	0.194	0.515	−0.006	0.70
X_3	0.245	0.825	0.223	−0.148	0.80
X_4	0.239	0.150	0.750	0.076	0.65
X_5	0.797	0.075	0.102	0.468	0.87
X_6	0.404	0.153	0.635	−0.17	0.62
X_7	0.186	0.814	0.147	−0.079	0.72
X_8	−0.036	0.176	0.762	0.217	0.66
X_9	−0.048	0.735	0.110	0.141	0.57
X_{10}	0.045	−0.041	0.112	0.934	0.89

臂力，所以可以将 F_2 称为爆发臂力因子；百米跨栏成绩 X_6、撑竿跳高成绩 X_8、跳远成绩 X_2 和跳高成绩 X_4 在 F_3 中载荷较高，这四个项目需要比较强大的腿力，所以可以称 F_3 为爆发腿力因子；1500 米跑成绩 X_{10} 需要较强的耐力，在 F_4 中载荷较高，所以最后一个 F_4 为长跑耐力因子。

然后计算因子变量得分，根据变量 X 来反推因子的值，X 的值都是可以观测的，即所有的成绩都可以测出来，就可以得出以因子为指标的结果。

最后对结果进行聚类分析等。

2.5 信度与效度分析

2.5.1 信度和效度的概念

信度代表的是数据的一致性程度和可靠性程度，它能够反映一组或多组数据的稳定性和集中程度。效度是指测量工具能够准确测量出事物真实情况的能力，它能够反映数据的准确性。信度与效度的区别和联系可以用图 2.11 表示。

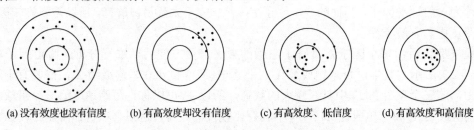

(a) 没有效度也没有信度　　(b) 有高效度却没有信度　　(c) 有高效度、低信度　　(d) 有高效度和高信度

图 2.11　信度与效度的区别和联系

在图 2.11 中，图 2.11（a）的弹孔是散布在整个靶图上的，有两个特点：点与点之间的距离很大，说明运动员的稳定性差；几乎没有弹孔落在靶心，说明运动员的准确性也差。如果将每个弹孔看作一个数据信息（个案），那么该数据集合是既没有信度（稳定性）也没有效度（准确性）。

图 2.11（b）的弹孔密集地落在一个狭小的区域内，但是偏离了靶心，说明运动员的射击稳定性很好，但是准确性不足。同样地，如果将每个弹孔看作一个数据信息（个案），那么该数据集合的特点是具有高效度，却没有信度。

图 2.11（c）的弹孔是分散的，但是大部分的弹孔落在了靶心，说明运动员的稳定性不足，但是准确性还是不错的。如果用于形容数据集合，那么该数据集合是高效度、低信度的。

图 2.11（d）的弹孔密集地落在了靶心，说明运动员的稳定性和准确性都很好。如果用于形容数据集合，那么该数据集合是高信度和高效度的。

举一个例子，我们说一个人工作时很可靠，是基于他过去的表现是稳定和始终如一的，也就是说他的信度很好；如果说一个人工作时不仅可靠而且让人满意，那么这个人应该是不仅能够及时完成工作,而且能够将工作完成得很好,超出预期,也就是说他的信度和效度都很好。信度针对的是行为或结果的重复性,而效度针对的则是行为或结果的有效性。

2.5.2 信度与效度的用途

信度与效度可用于以下方面。

1. 仪器设备的表现评价

在购买仪器设备时,会对仪器设备的信度和效度进行评价和测量,希望购买的仪器设备能够稳定长久地准确测量或生产优质的产品。功能稳定、使用时间长代表信度,准确测量和生产效率、生产质量代表效度。在制造业的质量管理科学中,信度和效度是它们跟踪和追求的指标。在一些学科中,信度和效度有另外的名称,如重复性、再现性等,但是它们的理论基础是一致的。

2. 评分

5个裁判打分,信度表示5个裁判的打分情况是否稳定及相似;效度表示分数是否真实反映出运动员或考生的真正实力。

3. 问卷评价

问卷的信度主要在于评价收集上来的数据是否真实可靠,也就是检查填写问卷的人是不是认真、客观地填写了问卷,而不是随意胡乱填写的。如果一个人胡乱地填写数据,他给出的答案很可能与其他人的答案南辕北辙,差异很大,那么就会影响到整份问卷的信度。因此,在收集问卷数据时,应该想办法让大家能够认真回答。

问卷的效度主要用来研究题目的设置是否能够有效地测量和体现问卷设计者当初设计的初衷,也就是说,检验问卷题目的设置是否合理。如果题目是合理的,那么它就能够有效地反映出问卷设计者的设计目的和初衷。

2.5.3 信度分析方法

信度就是可靠性的程度,它是指通过相同的方法重复测量同一物体的结果的一致性程度。一般而言,两次测量的结果越一致,误差越小,可靠性越高。一个好的测量工具重复测量同一个物体,结果应始终保持不变才是可信的。可靠性指标通常由相关系数表示,相关系数可大致分为3类:稳定性系数(跨时间的一致性)、等值系数(跨形式的一致性)和内在一致性系数(跨项目的一致性)。信度分析的方法主要有重测信度法、复本信度法、折半信度法和 α 信度系数法四种。

1. 重测信度法

重测信度法是先测试一组调查对象,使用相同的测量工具在一段时间后再次测试这组调查对象，获得两个测试结果，观察这两个结果之间的相关程度。可以通过以下两种方式检查重测信度。

（1）计算两次测试结果的相关系数，两次测试结果的相关系数在 0.7 以上，这个测量工具的重测可信度能接受。

重测信度系数的计算公式如下。

$$r = \frac{\sum XY - \frac{(\sum X)(\sum Y)}{n}}{\sqrt{\left(\sum X^2 - \frac{(\sum X)^2}{n}\right)\left(\sum Y^2 - \frac{(\sum Y)^2}{n}\right)}} \quad (2\text{-}12)$$

（2）通过对两个相关样本之间差异的统计分析来测试两个重复测试的结果。如果差异很大，则认为测量工具的可靠性较低；否则，认为测量工具的可靠性很高。

重测信度法特别适用于基于事实的问卷，如性别、出生地等，两次测试的结果没有区别。大多数受访者的爱好和习惯等在短时间内也不会发生太大变化。如果受访者的态度和意见没有发生突然变化，这种方法也可以应用于态度和意见类调查问卷。由于重测信度法需要对同一样本进行两次测试，且受访者容易受到各种事件、活动和其他人的影响，间隔时间也有限制，因此重测信度法在实施中存在一定的困难。

2. 复本信度法

复本信度法是要求同一组受访者一次填写两份问卷，然后计算两份问卷的相关系数。除了表达方式不同外，要求两份问卷的内容、结构、难易程度和相应主题的问题方向都要相同。然而，在实际调查中，很难设计出这样的问卷，因此并不常用复本信度法。

3. 折半信度法

折半信度法通常用于无法进行重复调查的情况。其计算方法是将调查项目分为两部分，计算两部分结果的相关系数，然后估计整个量表的可靠性。折半信度法是一个内在的一致性系数，它衡量两部分得分之间的一致性。这种方法一般不适合基于事实的问卷（如性别和年龄无法比较），而常用于态度和意见问卷的可靠性分析中。在问卷调查中，最常见的态度测量形式是 5 级李克特量表。进行折半信度分析时，如果李克特量表中存在反意题项，则应反向处理反意题项的分数，以确保每个题项的评分方向的一致性。然后根据奇偶或前后将所有题项分成尽可能相等的两部分，并计算它们之间的相关系数（r_{hh}，即半个李克特量表的信度系数），最后用斯皮尔曼-布朗（Spearman-Brown）公式计算出整个李克特量表的信度系数（r_u）。

$$r_u = \frac{2r_{hh}}{1+r_{hh}} \quad (2\text{-}13)$$

4. α信度系数法

α信度系数又称克朗巴哈系数，它克服了部分折半信度法的缺点，是目前最常用的信度分析方法。

α信度系数的计算公式如下。

$$\alpha = \frac{K}{K-1}\left(1 - \frac{\sum_{i=1}^{k}\sigma_i^2}{\sigma_T^2}\right) \quad (2\text{-}14)$$

式中，K 为量表中题项的总数；σ_i^2 为第 i 题得分的题内方差；σ_T^2 为全部题项得分（总得分）的方差。

从式（2-14）中可以看出，α信度系数评价的是李克特量表中各题项得分间的一致性，属于内在一致性系数。这种方法适用于态度和意见调查问卷的可靠性分析。

李克特总量表的可靠性系数最好优于 0.8，0.7～0.8 为可接受；李克特子量表的可靠性系数最好优于 0.7，0.6～0.7 为可接受；α系数如果在 0.6 以下就要考虑重新编制问卷了。

2.5.4 效度分析类型

效度就是指有效性，它意味着测量工具能够准确地测出测量对象的程度，测量结果反映了要考察内容的程度。测量结果与要考察的内容越一致，说明有效性越高；反之，说明有效性越低。效度可分为 3 种类型：内容效度、准则效度和结构效度。

1. 内容效度

内容效度也称表面效度或逻辑效度，是指问卷设计中的题项是否能代表要测量的内容或主题。逻辑分析和统计分析相结合的方法通常用于评估内容的有效性。

研究人员或专家通常使用逻辑分析来确定所选主题是否"看起来"满足测量的要求。统计分析主要采用单项与总和相关分析得到评价结果，即计算各项评分与总分之间的相关系数，并根据相关程度判断其是否有效。

2. 准则效度

准则效度也称标准效度或预测效度。准则效度分析基于已经建立的某种理论，它选择一种指标或测量工具作为分析问卷题项与标准之间关系的标准。在问卷的效度分析中，选择合适的标准往往很困难，因此该方法的应用范围非常狭窄。

3. 结构效度

结构效度是指测量结果所显示的某种结构与测量值之间的对应程度。结构效度分析基于因子分析。因子分析的主要功能是从李克特量表的所有变量（项）中提取一些公共因子，每个公共因子与一组特定变量密切相关，这些公共因子代表了李克特量表的基本结构。当研究人员设计调查问卷时，因子分析可用于确定问卷是否可以衡量假设的基本结构。

2.6 K-means 算法

2.6.1 K-means 算法的起源

E.W. Forgy 发表的 Lloyd-Forgy 算法与后来的 K-means 算法是类似的。麦奎因（J. MacQueen）在论文《用于多变量观测分类和分析的一些方法》中首次提出"K-means"这一术语。J. A. Hartigan 和 M. A. Wong 在论文 *Algorithm AS 136: A K-means Clustering Algorithm* 中提出了高效的 K-means 算法。之后美国贝尔实验室将 K-means 算法用于脉冲编码调制。

2.6.2 K-means 算法的原理

K-means 算法是聚类算法之一，其中 K 表示类别的数量，即需要将数据分成几个类别，means 表示均值。K 值决定了初始质心（通常是随机选择的中心）的数量。简而言之，K-means 算法是一种通过均值聚类数据点的算法。

1. K-means 算法的求解过程

（1）输入 K 的值，将数据集分为 K 个类别。

（2）从这组数据中随机选择 K 个数据点作为初始质心，其他数据点都作为待分配的对象。

（3）对数据集中每一个对象（非质心），计算其与每一个质心的距离，离哪个质心距离最近，就分配给哪个质心。

（4）当对象被全部分配，每一个质心下都聚集了一些对象时，重新计算，选出新的质心。

（5）如果新质心和旧质心之间的距离很小或为 0，则计算结束（可以认为聚类已经达到期望的结果，算法终止）。

（6）如果新质心和旧质心之间的距离很大，需要重新选出新质心，分配对象（重复 3~5 次）。

2. K-means 算法举例

【例 2.4】有一组用户的年龄数据为：15，15，16，19，19，20，22，28，35 和 40。

（1）设定 K 值为 2，并随机选择 16 和 22 作为初始质心。

（2）分别计算每一个对象与初始质心的距离后，划分聚类，距离相同的随机划分，如表 2.8 所示。

表 2.8　第一次划分聚类

所有数据	与 16 距离	与 22 距离	聚类 1（16）	聚类 2（22）
15	1	7	16	22
15	1	7	15	20

续表

所有数据	与16距离	与22距离	聚类1（16）	聚类2（22）
16	0	6	16	28
19	3	3	19	35
19	3	3	19	40
20	4	2		
22	6	0		
28	12	6		
35	19	13		
40	24	18		

（3）分别计算两个聚类的均值，把均值选为新质心。聚类1的均值为16.8，聚类2的均值为29，则用新质心代替旧质心，并重复之前的操作计算每一个对象与新质心的距离，再次划分聚类，如表2.9所示。

表2.9 第二次划分聚类

所有数据	与16.8距离	与29距离	聚类1（16.8）	聚类2（29）
15	1.8	14	15	28
15	1.8	14	15	35
16	0.8	13	16	40
19	2.2	10	19	
19	2.2	10	19	
20	3.2	9	20	
22	5.2	7	22	
28	11.2	1		
35	18.2	6		
40	23.2	11		

（4）此时聚类1均值为18，聚类2均值为34.33，选出新质心，重复划分聚类，如表2.10所示。

表2.10 第三次划分聚类

所有数据	与18距离	与34.33距离	聚类1（18）	聚类2（34.33）
15	3	19.33	15	28
15	3	19.33	15	35
16	2	18.33	16	40
19	1	18.33	19	
19	1	18.33	19	

续表

所有数据	距18距离	距34.33距离	聚类1（18）	聚类2（34.33）
20	2	14.33	20	
22	4	12.33	22	
28	10	6.33		
35	17	0.67		
40	22	5.67		

（5）计算均值，聚类1均值为18，聚类2均值为34.33，此时新质心和旧质心距离为0，计算结束。

最后，年龄数据被划分为两类，15～22为一类，28～40为一类。注意，在实际应用中，还需要增加两个步骤，即标准化和欧氏距离求解。标准化就是将所有结果的值转换到[0,1]区间。欧氏距离求解则是采用两个向量对应元素之间的平方差之和再开平方，其计算公式如下。

$$d(x,y) = \sqrt{\sum_{i=1}^{n}(x_i - y_j)^2} \tag{2-15}$$

2.6.3 K-means 算法的应用

1. 文档分类器

根据标签、主题和文档内容将文档分为多个不同的种类。这是一个非常标准且经典的K-means算法分类问题。首先需要对文档进行初始化处理，用矢量表示每个文档，使用术语频率来识别常用术语并进行文档分类。然后对文档向量进行聚类以识别文档组中的相似性。

2. 物品传输优化

在采用无人机投递快递时，使用K-means算法的组合找到无人机最佳出发位置和使用遗传算法来解决无人机的行车路线问题，优化无人机进行物品传输的过程。

3. 识别犯罪地点

使用城市中特定地区的相关犯罪数据，分析犯罪类型、犯罪地点以及两者之间的联系，可以对城市中容易犯罪的地区进行高效的侦查。

4. 客户分类

聚类能够帮助营销人员改善他们的客户群（在其目标区域内工作），并根据客户的购买历史、兴趣或活动监控来对客户类别做进一步的细分。例如，电信运营商将预付费客户分为充值模式、发送短信和浏览网站几个类别。对客户进行分类有助于公司针对特定客户群设计特定的广告。

5. 球员状态分析

分析球员的状态一直是体育界关注的一个重点。随着竞争越来越激烈,机器学习在这个领域也扮演着至关重要的角色。如果创建一支优秀的球队并且喜欢根据球员的状态来识别类似的球员,那么 K-means 算法是一个很好的选择。

6. 保险欺诈检测

机器学习在汽车、医疗保险和保险欺诈检测领域中应用广泛。利用以往欺诈性索赔的历史数据,根据它和欺诈性模式聚类的相似性来识别新的欺诈索赔。由于保险欺诈可能会对保险公司造成严重的经济损失,因此保险欺诈检测对保险公司来说至关重要。

7. 乘车数据分析

面向大众公开的乘车信息的数据集,为人们提供了大量关于交通线路、运输时间、高峰乘车地点等有价值的数据集。分析这些数据有助于人们对城市的交通模式进行深入的了解,有助于城市进行未来交通路线的规划。

8. 网络分析犯罪分子

网络分析是从个人和团体中收集数据来识别二者之间的重要关系的过程。网络分析源自犯罪档案,该档案提供了调查部门的信息,由此对犯罪现场的罪犯进行分类。

9. 呼叫详细记录分析

呼叫详细记录是电信公司收集的关于用户呼叫、短消息和网络活动等信息的集合。将通话详细记录与客户个人资料结合在一起,能帮助电信公司对客户需求做更多的预测。

10. IT 警报的自动化聚类

大型企业 IT 基础架构技术组件(如网络、存储或数据库)会生成大量的警报信息。由于警报信息可以指向具体的操作,因此必须对警报信息进行手动筛选,确保后续过程的优先级。对数据进行聚类可以对警报类别和平均修复时间做深入了解,有助于对未来故障进行预测。

2.7 回归分析

2.7.1 回归分析的起源

回归,最初是遗传学中的一个术语,是由生物学家兼统计学家高尔顿(F. Galton,见图 2.12)在人类遗传问题研究中首次提出的。为了研究父代与子代的身高关系,高尔顿搜集了 1078 对父子的身高数据。他发现这些数据的散点图大致呈直线状态,也就是说,总的趋势是父亲的身高增加时,儿子的身高也倾向于增加。但是,高尔顿对数据进行了深入的分析,发现了一个很有趣的现象——回归效应。当父亲身高高于平均身高时,他们的儿子不太可能比他们更高；当父亲身高低于平均身高时，他们的儿子不太可能比他们更矮。这反映了一个规律，即这两种身高（父亲和儿子的身高），往往会回归到父母的平均身高。对于这个一般结论的解释是：大自然具有一种约束力，使人类身高的分布相对稳定而不产生两极分化，这就是回归效应。

图 2.12　高尔顿（1822—1911 年）

2.7.2　回归分析的类型

1. 一元线性回归

如果回归分析中只有一个自变量和一个因变量，并且它们之间的关系可以用一条直线近似表示，则此回归分析就称为一元线性回归分析。图 2.13 所示为一元线性回归图形。

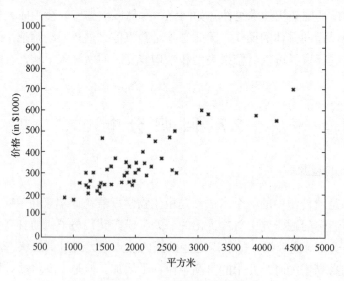

图 2.13　一元线性回归图形

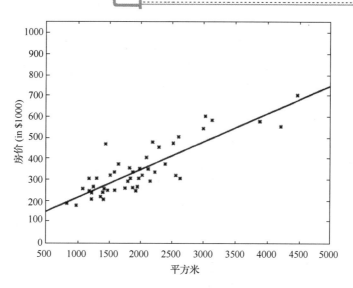

图 2.13 一元线性回归图形（续）

一元线性回归分析法是利用最小二乘法——"偏差平方和最小"的原理确定回归直线方程，从而计算出 a（截距）和 b（斜率），再通过 $y=a+bx$ 这个数学模型来进行相应计算的方法。

在方程 $y=a+bx$ 中，参数 a 与 b 的计算公式如下。

$$a=\frac{\sum y - b\sum x}{n}=\bar{y}-b\bar{x} \tag{2-16}$$

$$b=\frac{n\sum xy - \sum x\sum y}{n\sum x^2 - (\sum x)^2}=\frac{\sum xy - \bar{x}\sum y}{\sum x^2 - \bar{x}\sum x} \tag{2-17}$$

式中，$\bar{x}$ 与 $\bar{y}$ 分别是 x_i 与 y_i 的算术平均值，即

$$\bar{x}=\frac{\sum x}{n}$$

$$\bar{y}=\frac{\sum y}{n} \tag{2-18}$$

为了保证预测模型的可靠性，必须对所建立的模型进行统计检验，以检验自变量与因变量之间线性关系的强弱程度。检验是通过计算方程的相关系数 r 进行的。其计算公式如下。

$$r=\frac{\sum xy - \bar{x}\sum y}{\sqrt{(\sum x^2 - \bar{x}\sum x)(\sum y^2 - \bar{y}\sum y)}} \tag{2-19}$$

当 r 的绝对值越接近于 1 时，表明自变量与因变量之间的线性关系越强，所建立的预测模型越可靠。当 $r=1$ 时，说明自变量与因变量呈正相关，二者之间存在正比例关系；当 $r=-1$ 时，说明自变量与因变量呈负相关，二者之间存在反比例关系。反之，如果 r 的绝对值越接近于 0，情况刚好相反。

2. 多元线性回归

一元线性回归仅包含一个自变量和一个因变量，多元线性回归则包含两个或两个以上的自变量。社会和经济现象的变化往往受到诸多因素的影响，因此，通常需要进行多元线性回归分析。

多元线性回归方程如下。

$$y=b_0+b_1x_1+b_2x_2+\cdots+b_nx_n$$

其中，b_0 为常数项；$b_1,b_2,b_3,\cdots,b_n$ 称为 y 对应于 $x_1,x_2,x_3,\cdots,x_n$ 的偏回归系数。多元线性回归得到一条最大限度地拟合所有点的直线、曲线或曲面，如图 2.14 所示。

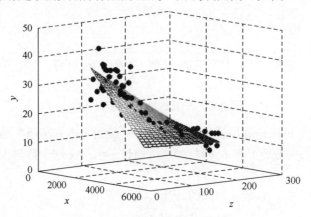

图 2.14 多元线性回归图形

3. 非线性回归

很多时候，线性模型因无法很好地拟合所有的数据点，而扭曲了数据，更糟糕的情况是强行线性回归的结果可能不仅改变了原来数据的正态性，而且改变了数据的方差齐性和独立性。此时，应该考虑引入非线性回归模型。就像人的身高和体重，在人的青少年时期，身高和体重基本呈线性关系；随着年龄的增长，成年人身高一般固定下来了，而体重一般会变化，则其关系呈现为曲线关系。

两个现象变量之间的相关性不是线性的，而是呈现出一些非线性曲线关系，如双曲线、二次曲线等，根据这些变量之间的曲线相关关系，拟合相应的回归曲线，建立非线性回归方程，进行回归分析称为非线性回归分析。

常见的非线性回归曲线如下。

（1）双曲线 $\dfrac{1}{y}=a+\dfrac{b}{x}$。

（2）二次曲线。

（3）三次曲线。

（4）幂函数曲线。

（5）指数函数曲线。

（6）倒指数曲线 $y=a\mathrm{e}^{\frac{b}{x}}$，其中 $a>0$。

（7）S 形曲线 $y = \dfrac{1}{a + be^{-x}}$。

（8）对数曲线 $y=a+b\log x, x>0$。

（9）指数曲线 $y=a^{e^{bx}}$，其中参数 $a>0$。

2.7.3 回归分析的实例

【例 2.5】数据库中存储了一些大一新生的体测信息，随机取出 12 名女生的体重和肺活量数据，如表 2.11 所示。分析体重和肺活量之间是否存在相关关系。

表 2.11　12 名大一女生体重和肺活量数据

编号	体重/kg	肺活量/L
1	42	2.55
2	42	2.2
3	46	2.75
4	46	2.4
5	46	2.8
6	50	2.81
7	50	3.41
8	50	3.1
9	52	3.46
10	52	2.85
11	58	3.5
12	58	3

如果要分析肺活量是否随体重变化而变化，就要用到回归分析。设体重为 x，肺活量为 y，根据表中数据绘制散点图，可以看出 x 与 y 呈线性关系，如图 2.15 所示。

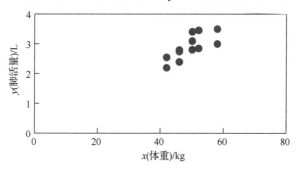

图 2.15　x（体重）与 y（肺活量）的散点图

设 x 与 y 之间的关系为 $y=a+bx$，采用统计学软件（如 SPSS）绘制散点图和获得回归方程，输入一系列 x 值和 y 值，输出 a 值和 b 值。由图 2.15 获得了回归方程 $y = 0.058\,826x + 0.000\,419$，即肺活量与体重之间的关系。

在表 2.11 的基础上，将 12 名女生的身高数据导入，如表 2.12 所示，分析肺活量是否随体重和身高变化而变化；判断体重和身高，哪个指标对肺活量的影响更大。

表 2.12　12 名大一女生身高、体重和肺活量数据

编号	身高/cm	体重/kg	肺活量/L
1	161	42	2.55
2	162	42	2.2
3	165	46	2.75
4	162	46	2.4
5	166	46	2.8
6	167	50	2.81
7	165	50	3.41
8	166	50	3.1
9	168	52	3.46
10	165	52	2.85
11	170	58	3.5
12	168	58	3

现在，自变量增加了一个，变为两个，分别为身高（设为 x_1）和体重（设为 x_2），因变量还是肺活量（设为 y），所以应该用到多元线性回归分析的方法。设这个多元线性回归方程为 $y = a + b_1x_1 + b_2x_2$，利用 SPSS 软件计算得到 a=-0.565 7，b_1=0.005 017，b_2=0.054 06，则方程为 $y = -0.565\ 7 + 0.005\ 017\ x_1 + 0.054\ 06\ x_2$。

b_1=0.005 017，意味着在 x_2（体重）不变的情况下，身高每增加 1cm，肺活量就增加 0.005 017L；b_2=0.054 06，意味着在 x_1（身高）不变的情况下，体重每增加 1kg，肺活量就增加 0.054 06L，由此可以看出体重对肺活量的影响更大。

不是所有的自变量都对因变量有意义。例如，在例 2.5 中再引入一组血压数据，血压与肺活量完全风马牛不相及，所以不能作为自变量。

2.8　朴素贝叶斯

2.8.1　贝叶斯公式

贝叶斯公式由英国数学家贝叶斯（T. Bayes，1702—1761 年）提出，用来描述两个条件概率之间的关系，如 $P(A|B)$ 和 $P(B|A)$。按照乘法法则，可以导出 $P(A \cap B) = P(A)P(B|A) = P(B)P(A|B)$。该公式也可变形为 $P(A|B) = P(B|A)P(A)/P(B)$。由于贝叶斯方法建立在坚实的数学基础上，因此这种方法的误判率是很低的。贝叶斯方法的特点是结合先验概率和后验概率，既避免了只使用先验概率的主观偏见，又避免了单独使用样本信息的过拟合现象。贝叶斯分法在数据集较大的情况下表现出较高的准确率，同时算法本身也比较简单。

贝叶斯在数学方面主要研究概率论。他将归纳推理法用于概率论基础理论，并创立了贝叶斯统计理论，对于统计决策函数、统计推断、统计的估算等做出了贡献。贝叶斯所提出的许多术语沿用至今，这使得贝叶斯思想和方法对概率统计的发展产生了深远的影响。目前，贝叶斯思想和方法在许多领域都有着广泛的应用。

2.8.2 朴素贝叶斯分类

朴素贝叶斯分类是基于贝叶斯概率的思想，假设属性之间相互独立，求得各特征的概率，最后取较大值的一个概率作为预测结果。虽然这个简化方式在一定程度上降低了贝叶斯分类算法的分类效果，但是在实际的应用场景中，极大地简化了贝叶斯算法的复杂性。简而言之，朴素贝叶斯是较为简单的一种分类器。

属性独立性是指事件 B 的发生不对事件 A 的发生造成影响，这样的两个事件称为相互独立事件。然而属性独立性假设在现实世界中大多不能成立。

A 和 B 中至少有一件事情发生用 $A \cup B$ 表示；A 与 B 同时发生用 $A \cap B$(或 AB)表示。如果 $P(AB)=P(A)P(B)$，则称 A 和 B 相互独立。从数学上说，若 N ($N \geqslant 2$)个事件相互独立，则必须满足这样的条件：其中任意 k ($2 \leqslant k \leqslant N$)个事件同时发生的概率等于该 k 个事件单独发生时概率的乘积。

例如，假设事件相互独立，$P(A)= 0.2$，$P(B)= 0.8$，则 $P(AB)= 0.2 \times 0.8 = 0.16$。

逻辑回归通过拟合曲线(或学习超平面)实现分类；决策树通过寻找最佳划分特征实现学习样本路径分类；支持向量机通过寻找分类超平面实现最大化类别间隔分类。相比之下，朴素贝叶斯另辟蹊径，通过考虑特征概率来预测分类。

例如，现在有 100 个人，鱼龙混杂，好人和坏人的人数都差不多。现在要利用他们来训练一个"坏蛋识别器"。这时应该怎么办呢？假设只从他们的外表来识别，也就是说，在区别好人与坏人时，只考虑他们的样貌特征。比如说"笑"这个特征，它可以是"甜美地笑""随和地笑""憨厚地笑"等，这些更可能是"好人的笑"；也可以是"阴险地笑""不怀好意地笑""皮笑肉不笑"等，这些更可能是"坏人的笑"。单单就"笑"这个特征来说，一个好人发出"好人的笑"的概率更大，频率更高；而坏人发出"坏人的笑"的概率更大，频率更高。

朴素贝叶斯把类似"笑"这样的特征概率化，构成一个人的样貌特征向量以及对应的"好人/坏人标签"，训练出一个标准的"好人模型"和"坏人模型"，这些模型是由各个样貌特征概率构成的。这样，当一个品行未知的人来了以后，可以获取其样貌特征向量，分别输入"好人模型"和"坏人模型"，输出两个概率值。如果"坏人模型"输出的概率值大一些，那这个人很有可能就是一个坏人。

贝叶斯概率

2.8.3 朴素贝叶斯实例

【例 2.6】某社区医院早上收了六个门诊病人，如表 2.13 所示。

表 2.13 样本数据

症状	职业	疾病
打喷嚏	售票员	感冒
打喷嚏	农民	过敏
头痛	工人	脑震荡
头痛	工人	感冒
打喷嚏	教师	感冒
头痛	教师	脑震荡

中午,社区医院新来了一位打喷嚏的工人,请问他患上感冒的概率是多少?

这是一个经典的分类问题,转换为数学问题就是计算 P(感冒|打喷嚏,工人)的概率。依据朴素贝叶斯公式:

$P(A|B) = P(B|A)P(A)/P(B)$,

我们可以得到:

P(感冒|打喷嚏,工人)
= P(打喷嚏,工人|感冒)×P(感冒)/ P(打喷嚏,工人)

由于打喷嚏和工人之间是两个独立的事件,因此存在:

P(打喷嚏,工人|感冒)
= P(打喷嚏|感冒)×P(工人|感冒)

和

P(打喷嚏,工人)
= P(打喷嚏)×P(工人)

因此,我们可以得到

P(感冒|打喷嚏,工人)
= P(打喷嚏|感冒)×(工人|感冒)×P(感冒)/ P(打喷嚏)×P(工人)

由表 2.13 可知,在 6 个症状中打喷嚏占了一半,即 P(打喷嚏)=$\frac{1}{2}$,工人在职业中占了 $\frac{1}{3}$,即 P(工人)=$\frac{1}{3}$,感冒在疾病中占了一半,即 P(感冒)=$\frac{1}{2}$。

现在需要求解条件概率 P(打喷嚏|感冒)和 P(工人|感冒),为此,我们构造了表 2.14。

表 2.14 感冒的样本数据

症状	职业	疾病
打喷嚏	售票员	感冒
头痛	工人	感冒
打喷嚏	教师	感冒

由表 2.14 可知，在感冒症状下存在打喷嚏的概率是 $\frac{2}{3}$，即 $P(打喷嚏|感冒)=\frac{2}{3}$，在感冒症状下是工人的概率是 $\frac{1}{3}$，即 $P(工人|感冒)=\frac{1}{3}$。因此，我们可以得到

$P(感冒|打喷嚏，工人)$
$=P(打喷嚏|感冒)×P(工人|感冒)×P(感冒)/ P(打喷嚏)×P(工人)$
$=(\frac{2}{3}×\frac{1}{3}×\frac{1}{2})/(\frac{1}{2}×\frac{1}{3})$

$≈ 0.67$

所以，社区医院来得第七位病人有 66%的概率是得了感冒。

2.9 马尔可夫过程

马尔可夫是彼得堡数学学派的代表人物，他在数论和概率论方面的贡献卓著，代表作有《概率演算》等。马尔可夫研究了连分数和二次不定式理论，解决了许多数论方面的难题。在概率论方面，他发展了矩阵法，扩大了大数律和中心极限定理的应用范围。1906—1912 年，马尔可夫提出了一种能用数学分析方法研究自然过程的一般图式——马尔可夫链，他开创了对一种无后效性的随机过程的研究，被称为马尔可夫过程。

马尔可夫经多次试验观察发现，一个系统的状态转换过程中第 n 次转换获得的状态通常决定于前一次（第 n-1 次）试验的结果。马尔可夫根据这一发现，进行多次的深入研究后指出，对于一个系统，由一个状态转至另一个状态的过程中，存在着转移概率，关于这一转移概率，它可以依据其紧接的前一种状态推算出来，而与该系统的原始状态和此次转移前的马尔可夫过程无关。现在，马尔可夫过程理论与方法已经被人们广泛应用于多个方面，如自然科学、工程技术和公用事业等。

生活中很多事情的发展都属于马尔可夫过程：之前到达这一刻的路径并不重要，千百种可能的过往路径归结为此刻的现实，而此刻的现实又是对未来做出判断的依据。

举个例子，假设你的闲暇时间只用来做两件事，读书和玩手机。在此，读书是一种状态，玩手机是另一种状态。再假设，你在这两种状态之间相互切换的概率是固定的，如果你正在读书，那就有 6 成概率会继续读下去，而有 4 成概率会切换为玩手机；如果你正在玩手机，那就有 9 成概率继续玩下去，而只有 1 成概率会切换为读书。

因此，马尔可夫过程需要具备四个前提。

（1）状态的数量是有限的。在上面的例子中只有两种状态，玩手机和读书。

（2）状态之间切换的概率是一个固定值。在上面的例子中指的是你玩手机时切换为读书的概率或是读书时切换为玩手机的概率，都是固定的。

（3）遍历性，也就是所有状态都可能会出现。

（4）非周期性，它不会是单一的一个过程反复循环，周而复始。

马尔可夫过程的四个前提如果同时成立，那么，不论最初你在读书和玩手机上怎么分

配时间，也不论后来经过了多长时间，有多少次反复，最终都只有一个结果：80%的时间用于玩手机，20%的时间用于读书。

只要是一个马尔可夫过程，总是会结束于一个统计均衡。在这个意义上，因为无论初始状态是什么，无论过程中作何干预，无论路径怎样展开，最后都会落入模型设定的长期均衡。未来与历史无关，因为不论历史是怎么发生的，未来已经注定。对马尔可夫过程的理解，不能缺少了这一环。要想改变现在的状态，关键不是从哪里出发，也不是过程中要作哪些干预，而是要改变转移的概率。

所谓转移概率就是你面临的选择的概率，即读书切换为玩手机和玩手机切换为读书，这两件事的概率。不改变这两个概率，你起初花再多的时间来读书，过程中你拿起书的次数再多，最终玩手机的时间还是会长于看书的时间。

【例2.7】本例介绍一个有趣的隐马尔可夫模型（Hidden Markov Models，HMM）的应用——采用天气模型来预测女友的行为。HMM存在马尔可夫链并且服从马尔可夫性质，即无记忆性。也就是说，这一时刻的状态，受且只受前一时刻的影响，而不受更往前时刻状态的影响。

假如女友在北京工作，而我在上海工作。每天下班后，她会根据天气情况安排相应的活动：商场购物、公园散步或是回家收拾房间。我们有时候会通电话，她会告诉我她这几天做了什么，而我则要通过她的行为猜测这几天对应的天气最有可能是什么样的。

这是一个简单的HMM，天气情况属于状态序列，女友的行为则属于观测序列，天气情况的转换是一个马尔可夫序列，而根据天气的不同，有相对应的概率产生不同的行为。为了简化推测过程，把天气情况简单归结为晴天和雨天两种情况。雨天，她选择去散步、购物、收拾的概率分别是0.1、0.4、0.5；晴天，她选择去散步、购物、收拾的概率分别是0.6、0.3、0.1。天气的转换情况如下。

- 第一天是雨天，则第二天依然是雨天的概率是0.7，转换成晴天的概率是0.3。
- 第一天是晴天，则第二天依然是晴天的概率是0.6，转换成雨天的概率是0.4。

同时还存在一个初始概率，也就是第一天是雨天的概率是0.6，晴天的概率是0.4。
女友在雨天和晴天的活动概率如图2.16所示。

隐马尔可夫模型

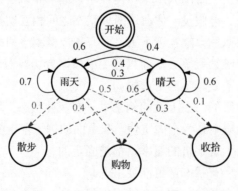

图2.16　女友在雨天和晴天的活动概率图

现在，我们需要解决三个问题。

问题1：已知整个模型，女友告诉我，连续三天，她下班后做的事情分别是散步、购物、收拾。那么，根据模型，计算产生这些行为的概率是多少？

问题2：同样知晓这个模型，同样是这三件事，女友要我猜，这三天她下班后北京的天气是怎样的，这三天怎样的天气才最有可能让她做这样的事情？

问题3：女友只告诉我这三天她分别做了这三件事，而未告知其他信息。她要求我建立一个晴雨转换概率模型，计算第一天天气情况的概率分布，根据天气情况她选择做某件事的概率分布。

要解决这些问题，学者们已经找到了对应的算法。问题1可采用向前算法（Forward Algorithm）或向后算法（Backward Algorithm）。问题2可采用维特比算法（Viterbi Algorithm）。问题3则可以采用鲍姆-韦尔奇算法（Baum-Welch Algorithm）。

问题1的解答如下。

要计算产生这些行为的概率，需要把每一种天气情况下产生这些行为的概率都罗列出来，所有情况的和就是这个概率。有三天，每天有两种可能的天气情况，则总共有8（2^3=8）种情况。

第一种情况是雨天、雨天、雨天。

P（雨天，雨天，雨天，散步，购物，收拾）

=P（第一天是雨天）P（雨天去散步）P（第二天还是雨天）P（雨天去购物）P（第三天还是雨天）P（雨天回家收拾）

=0.6×0.1×0.7×0.4×0.7×0.5=0.005 88

注意，P（第二天还是雨天）是指已知第一天是雨天的情况下，第二天为雨天的概率为0.7。

第二种情况是雨天、雨天、晴天。

P（雨天，雨天，晴天，散步，购物，收拾）

=P（第一天是雨天）P（雨天去散步）P（第二天还是雨天）P（雨天去购物）P（第三天是晴天）P（晴天回家收拾）

=0.6×0.1×0.7×0.4×0.3×0.1=0.000 504

第三种情况是雨天、晴天、雨天。

P（雨天，晴天，雨天，散步，购物，收拾）

=P（第一天是雨天）P（雨天去散步）P（第二天是晴天）P（晴天去购物）P（第三天是雨天）P（雨天回家收拾）

=0.6×0.1×0.3×0.3×0.4×0.5=0.001 08

第四种情况是雨天、晴天、晴天。

P（雨天，晴天，晴天，散步，购物，收拾）

=P（第一天是雨天）P（雨天去散步）P（第二天是晴天）P（晴天去购物）P（第三天晴天）P（晴天回家收拾）

=0.6×0.1×0.3×0.3×0.6×0.1=0.000 324

类似的，可以求出其他情况的概率。

P（晴天，雨天，雨天，散步，购物，收拾）=0.4×0.6×0.4×0.4×0.7×0.5=0.013 44
P（晴天，雨天，晴天，散步，购物，收拾）=0.4×0.6×0.4×0.4×0.3×0.1=0.001 152
P（晴天，晴天，雨天，散步，购物，收拾）=0.4×0.6×0.6×0.3×0.4×0.5=0.008 64
P（晴天，晴天，晴天，散步，购物，收拾）=0.4×0.6×0.6×0.3×0.6×0.1=0.002 592

将以上8种情况相加可得出，连续三天，下班后做的事件为{散步，购物，收拾}的可能性是0.033 612。看似简单易计算，但是一旦观察序列变长，计算量就会非常庞大。

问题2的解答如下。

在问题1的解答过程中，我们知道 P（晴天，雨天，雨天，散步，购物，收拾）概率是所有产生行为概率中最大的，因此，女友分别散步、购物、收拾的三天天气最可能是晴天、雨天和雨天。

问题3的解答如下。

假设女友在雨天和晴天活动的未知概率图如图2.17所示。

由于女友三天的活动依次是散步、购物和收拾，三天的天气为<雨天，雨天，雨天>、<雨天，雨天，晴天>、<雨天，晴天，雨天>、<雨天，晴天，晴天>、<晴天，雨天，雨天>、<晴天，雨天，晴天>、<晴天，晴天，雨天>、<晴天，晴天，晴天>。为了让女友三天散步、

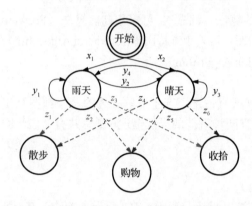

图2.17 女友在雨天和晴天活动的未知概率图

购物、收拾的概率最高，采用鲍姆-韦尔奇算法（其本质就是最大期望算法）来解决这个问题。在讲解这个算法之前，需要讲解极大似然估计法和最大期望算法。

（1）极大似然估计（Maximum Likelihood Estimate，MLE）法的原理是，在模型已定，而参数未知时，若所有采样是独立同分布的，则

$$f(x_1, x_2, \cdots, x_n | \theta) \tag{2-20}$$

可以定义似然函数为

$$L(\theta | x_1, x_2, \cdots, x_n) = f(x_1, x_2, \cdots, x_n | \theta) \tag{2-21}$$

使函数值最大化（对 θ 取一阶导数）的 θ 值就是 θ 的极大似然估计值。由于所有采样独立同分布，则

$$L(\theta | x_1, x_2, \cdots, x_n) = f(x_1, x_2, \cdots, x_n | \theta) = \prod_{i=1}^{n} f(x_i | \theta) \tag{2-22}$$

如果直接对上面的等式求导，等式右边会变得非常复杂，不易求解，为此，首先对两边取对数。

$$\ln L(\theta | x_1, x_2, \cdots, x_n) = \sum_{i=1}^{n} \ln f(x_i | \theta) \tag{2-23}$$

然后对参数 θ 求导，令一阶导数为零，则极大似然估计值 $\hat{\theta}$ 为

$$\hat{\theta} = \arg\max \frac{1}{n} \ln L \tag{2-24}$$

其中，arg max 就是使其后面的式子达到最大值时的变量取值。

我们以抛硬币为例，讲解上述极大似然估计值的求解过程。抛硬币时，硬币正面朝上记为 1，反面朝上记为 0，对一枚硬币连续抛 10 次的结果为 1101110011。

随后运用极大似然估计法求解，令

$$\begin{cases} P(x=1) = p \\ P(x=0) = 1-p \end{cases}$$

则

$$L(p) = pp(1-p)ppp(1-p)^2 pp = p^7(1-p)^3$$

两边取对数，得

$$\ln L(p) = 7\ln p + 3\ln(1-p)$$

等式两端对 p 求导，得

$$\frac{\partial \ln L(p)}{\partial p} = \frac{7}{p} - \frac{3}{(1-p)}$$

令导数为零，则

$$\frac{7}{p} - \frac{3}{(1-p)} = 0$$

可以得到 p=0.7。

这是抛一枚硬币的结果，如果抛两枚硬币应该如何考虑呢？为了解决这个问题，需要应用最大期望算法。

（2）最大期望（Expectation Maximization，EM）算法是一种迭代优化策略，它的每一次计算都分为两步（可以采用计算机方法中的递归或数学方法中的迭代方式实现），其中一个为期望步（E 步），另一个为极大步（M 步）。EM 算法最初是为了解决数据缺失情况下的参数估计问题。1977 年，Dempster、Laird 和 Rubin 三人在论文 *Maximum likelihood from incomplete data via the EM algorithm* 中对算法收敛的有效性等问题进行了详细的阐述。其基本思想是：首先根据已经给出的观测数据，估计出模型参数的值；然后依据上一步估计出的参数值估计缺失数据的值；再根据估计出的缺失数据加上之前已经观测到的数据重新对参数值进行估计，反复迭代，直至最后收敛，迭代结束。

假设两枚硬币分别为 A 和 B，在抛硬币之前，先随机选择一枚硬币 A 或 B，选中硬币后，将该硬币抛 10 次。重复以上过程 5 次，也就是说共随机选了 5 次硬币，然后在选中硬币的基础上，每次抛了 10 次，一共得到 50 次抛硬币的结果，如表 2.15 所示。

表 2.15　硬币 A 或 B 被选中后抛 50 次的结果

选择硬币次数	结果
1	1000110101
2	1111011111
3	1011111011

续表

选择硬币次数	结果
4	1010001100
5	0111011101

此时，由于不知道每次选中硬币 A 和 B 的概率（隐性变量），也不知道 A 和 B 分别抛正反面的概率，因此可以采用 EM 算法来求解这个问题。

EM 算法的求解过程如下。

① 初始化抛硬币 A 和 B 的概率。假定选中 A 硬币的概率是 $\hat{\theta}_A = p(y = A)$，选中 B 硬币的概率是 $\hat{\theta}_B = p(y = B)$。

② E 步（期望步）过程。抛硬币属于二项分布，可根据公式计算得到每一次抛硬币的概率。

$$p_i(k) = \binom{10}{k} \hat{\theta}_i^k (1-\hat{\theta}_i)^{10-k}$$

式中，i 表示硬币 A 或 B。

假定已经获得了重复选 A 或 B 抛 10 次的结果（见表 2.15），则抛出序列的概率结果如表 2.16 所示。

表 2.16　随机选择硬币抛出序列的概率和结果

次数	硬币序列（结果）	选中硬币 A 抛出序列的概率	选中硬币 B 抛出序列的概率
1	1000110101	$\hat{\theta}_A^5(1-\hat{\theta}_A)^5$	$\hat{\theta}_B^5(1-\hat{\theta}_B)^5$
2	1111011111	$\hat{\theta}_A^9(1-\hat{\theta}_A)$	$\hat{\theta}_B^9(1-\hat{\theta}_B)$
3	1011111011	$\hat{\theta}_A^8(1-\hat{\theta}_A)^2$	$\hat{\theta}_B^8(1-\hat{\theta}_B)^2$
4	1010001100	$\hat{\theta}_A^4(1-\hat{\theta}_A)^6$	$\hat{\theta}_B^4(1-\hat{\theta}_B)^6$
5	0111011101	$\hat{\theta}_A^7(1-\hat{\theta}_A)^3$	$\hat{\theta}_B^7(1-\hat{\theta}_B)^3$

注意，实际应用过程中需要用到标准化函数 nor，如 $\text{nor}\left[\hat{\theta}_A^5(1-\hat{\theta}_A)^5\right]$。其作用就是对原始数据进行处理，使其结果满足标准正态分布，即均值为 0，标准差为 1。另外，也可以获得所选硬币正面朝上的结果，如表 2.17 所示。

表 2.17　随机选择硬币抛出正面朝上的结果

次数	硬币序列（结果）	硬币 A 抛出正面朝上的个数	硬币 B 抛出正面朝上的个数
1	1000110101	$5 \times \hat{\theta}_A^5(1-\hat{\theta}_A)^5$	$5 \times \hat{\theta}_B^5(1-\hat{\theta}_B)^5$
2	1111011111	$9 \times \hat{\theta}_A^9(1-\hat{\theta}_A)$	$9 \times \hat{\theta}_B^9(1-\hat{\theta}_B)$

续表

次数	硬币序列（结果）	硬币 A 抛出正面朝上的个数	硬币 B 抛出正面朝上的个数
3	1011111011	$8\times\hat{\theta}_A^8\left(1-\hat{\theta}_A\right)^2$	$8\times\hat{\theta}_B^8\left(1-\hat{\theta}_B\right)^2$
4	1010001100	$4\times\hat{\theta}_A^4\left(1-\hat{\theta}_A\right)^6$	$4\times\hat{\theta}_B^4\left(1-\hat{\theta}_B\right)^6$
5	0111011101	$7\times\hat{\theta}_A^7\left(1-\hat{\theta}_A\right)^3$	$7\times\hat{\theta}_B^7\left(1-\hat{\theta}_B\right)^3$

③ M 步（极大步）过程。采用极大似然估计法估计两个新值 $\hat{\theta}_A = p(y=A)$ 和 $\hat{\theta}_B = p(y=B)$。

重复步骤②和③，直到 $\hat{\theta}_A = p(y=A)$ 和 $\hat{\theta}_B = p(y=B)$ 收敛，即下一次采用极大似然估计法获得的 $\hat{\theta}_A$ 和 $\hat{\theta}_B$ 值不再变化，或者值变化非常小。

M 步具体是怎么实现的呢？先假设 $\hat{\theta}_A = 0.7$ 和 $\hat{\theta}_B = 0.3$，然后依据极大似然估计法求出表 2.16 的结果，如表 2.18 所示。

表 2.18　随机选择硬币抛出序列的极大似然值

次数	硬币序列（结果）	选中硬币 A 抛出序列概率的极大似然值（√为符合预期概率）	选中硬币 B 抛出序列概率的极大似然值（√为符合预期概率）
1	1000110101	0.5	0.5　√
2	1111011111	0.9　√	0.9
3	1011111011	0.8　√	0.8
4	1010001100	0.4	0.4　√
5	0111011101	0.7　√	0.7

由表 2.18 可知，符合硬币 A 被选中概率的有 {0.9, 0.8, 0.7}，符合硬币 B 被选中概率的有 {0.5, 0.4}。因此，可以利用平均值的方法获得新的概率，如 $\hat{\theta}_A = 0.8$，则 $\hat{\theta}_B = 0.2$。再次调整符合预期概率，则符合硬币 A 被选中概率的还是 {0.9, 0.8, 0.7}，符合硬币 B 被选中概率的还是 {0.5, 0.4}。因此，新的概率值 $\hat{\theta}_A = 0.8$ 不变，则 M 步停止。当然，也可以用硬币 B 被选中的概率求解。采用类似的方法我们可以求解之前提到的第三个问题，得到三天的天气情况最可能是雨天、晴天、雨天。

Python 代码

2.10　数据缺失及其填补方法

数据缺失是指在数据采集的过程中由于一些原因应该得到却没有得到的数据，它指的是现有数据集中某个或某些属性的数据是不完全、不完整的。在社会调查资料中，最为常见的问题就是数据缺失。通常失访、无响应或者回答问题不合格等都会造成数据缺失。统计学上，将含有缺失数据的记录称为不完全观测。缺失数据或不完全观测对调查研究的影响是很大的。为了能够充分利用已经得到的数据，国内外许多学者和专家都对缺失数据的处理方法提出了自己独到的见解，挽救有缺失的调查数据，保证调查结果更加准确，让研究工作顺利进行。

2.10.1 数据缺失的原因以及产生机制

在统计调查过程中，数据缺失是不可避免的，造成这种现象的原因是多方面的，主要有以下几种。

（1）在存储数据的过程中，由于机器的损坏造成数据存储失败。

（2）调查员在采集数据这一阶段中，由于主观判断等人为因素，认为某些数据无用或者不重要，私自丢弃部分数据。

（3）调查员信息录入失误。

（4）受访者拒绝透露被调查信息或回答错误信息。

（5）受访者选取失误。例如，调查工资情况，选取的受访者是婴幼儿。

表 2.19 描述了数据缺失的产生机制。其中，MCAR 表示数据的缺失与不完全变量和完全变量无关；MAR 表示数据的缺失仅仅依赖于完全变量；MNAR 表示不完全变量中数据的缺失依赖于不完全变量本身，这种缺失是不可忽略的。

表 2.19　数据缺失的产生机制

缺失机制	缩写	统计影响
完全随机缺失	MCAR	可忽略
随机缺失	MAR	可忽略
非随机缺失	MNAR	不可忽略

2.10.2 数据缺失模式

数据缺失模式主要研究哪些变量缺失。更确切地说，关注的是缺失数据矩阵 R 的分布。当一维目标变量出现缺失数据时，在数据处理过程中要考虑缺失数据产生机制，而对于多维目标变量而言，除了考虑缺失数据产生机制外，还要判断数据的缺失模式。

假设完全数据矩阵 y 是由 m 个观测、n 个变量组成的 $m \times n$ 矩阵，通过分析这个矩阵的特点，可以推断出数据缺失模式。数据缺失模式的分析过程如表 2.20 所示。

表 2.20　数据缺失模式的分析过程

样本单位	单变量缺失模式					多变量缺失模式					单调缺失模式				
	变量					变量					变量				
	y_1	y_2	y_3	y_4	y_5	y_1	y_2	y_3	y_4	y_5	y_1	y_2	y_3	y_4	y_5
1	1	1	1	1	1	1	1	1	1	1	1	1	1	1	1
2	1	1	1	1	1	1	1	1	1	1	1	1	1	1	0
3	1	1	1	1	0	1	1	0	0	0	1	1	1	0	0
4	1	1	1	1	0	1	1	0	0	0	1	1	0	0	0
…	…					…					…				
m	1	1	1	1	0	1	1	0	0	0	1	0	0	0	0

续表

样本单位	一般模式 变量 $y_1\ y_2\ y_3\ y_4\ y_5$	文件匹配模式 变量 $y_1\ y_2\ y_3$	因素分析模式 变量 $x\ y$
1	1 1 0 0 1	1 1 0	0 1
2	1 1 0 1 0	1 1 0	0 1
3	1 0 1 0 1	1 1 0	0 1
4	1 0 1 1 0	1 0 1	0 1
5	1 1 1 1 1	1 0 1	0 1
…	…	…	…
m	1 1 0 1 0	1 0 1	0 1

注："1"表示观察值；"0"表示缺失值。为方便起见，在此设 $n=5$。

2.10.3 数据缺失的处理方法

图 2.18 所示为常用的数据缺失处理方法。

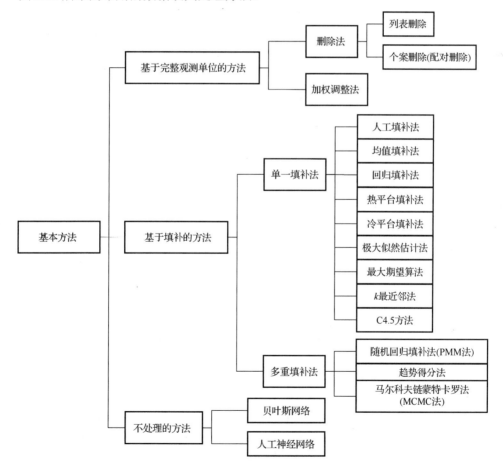

图 2.18 常用的数据缺失的处理方法

数据填补往往是一项烦琐且细致的工作,许多常用的统计软件以及专门为其编写的应用软件(见表 2.21)都能完成这项工作,但是每个软件的着重点不一样,使用效果也不相同,在使用的时候要根据实际需要做出选择。

表 2.21 常用数据填补软件

软件名称	采用填补方法	假设数据缺失机制	评价
Amelia	多重填补法	MAR	适用于中等专业人员
SPSS	均值填补法、最大期望算法	MCAR, MAR	简单易用
AMOS	极大似然估计法	MAR	简单易用,参数估计,标准误差和全局性,检验结果可靠
MX	极大似然估计法	MAR	不易使用
NORM	多重填补法	MAR	中等难度,但有详尽的帮助
SOLAS	多重填补法、热平台填补法、回归填补法	MAR, MCAR	菜单操作,界面简单易用
SAS	均值填补法、多重填补法、最大期望算法、混合模型填补	MAR, MCAR	不适用于新手,难以完全掌握

可以根据图 2.19 和表 2.22 来选择数据缺失的处理方法。对于数据缺失问题,国内外学者已进行了深入研究,但已提出的处理方法都有不尽如人意之处,并且缺乏普遍适用性。目前各种新兴方法层出不穷,如人工神经网络、机器智能模型等。在面对各种实际问题时,关键在于要注意分清问题的实质,并选择运用合适的处理方法。此外,融合相关领域和相关学科的优秀算法,实现发展性的创新,是针对具体问题的高效解决方式。

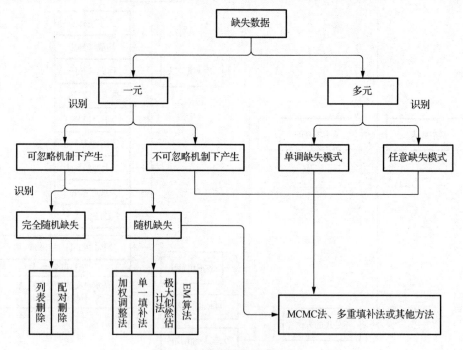

图 2.19 数据缺失处理方法一

表 2.22 数据缺失处理方法二

缺失数据处理方法	前提	信息利用程度	难易	适用范围	稳健性	偏差
配对删除	MCAR	删除缺失数据	易	缺失 5%以内	很差	偏差大
均值填补法	MCAR	局限于回答信息	易	几乎不用	很差	偏差大
回归填补法	MCAR	局限于回答信息	易	少用	很差	低估方差及抽样误差
冷平台填补法	MAR	局限于回答信息	较难	广泛	差	低估方差及抽样误差
热平台填补法	MAR	利用了过去信息	易	少用	差	低估方差及抽样误差
随机回归填补法	MAR	局限于回答信息	易	广泛	差	方差估计较好及抽样误差
极大似然估计法	MCAR	局限于回答信息	难	少用	差	误差不易控制
多重填补法	多元正态分布	信息利用充分	难	大样本	很好	偏差较小

2.11 混合线性模型

混合线性模型是 20 世纪 80 年代初针对统计资料的非独立性而发展起来的。混合线性模型的理论起源有很多，根据所从事的不同领域或模型用途，又可称为多水平模型（MultiLevel Model，MLM）、随机系数模型（Random Coefficients Model，RCM）、多层线性模型（Hierarchical Linear Model，HLM）等，甚至和广义估计方程也有很大的交叉。充分考虑了数据聚集性问题后，此模型可以在数据存在聚集特性时对影响因素进行合理估计及假设检验。还可以对变异的影响因素加以具体分析，即哪些因素导致了数据间聚集性的出现，哪些因素又会引起个体间变异的增大。由于该模型成功地解决了长期困扰统计学界的数据聚集性问题，几十年来研究人员的努力更使其得到了长远发展，如今已成为 SPSS（Statistical Product and Service Solutions，统计产品与服务解决方案）等权威统计软件的标准统计分析方法之一。

在传统的线性模型（$Y=bX+e$）中，除 X 与 Y 之间的线性关系外，对反应变量 Y 还有三个假定条件：①正态性，即 Y 来自正态分布总体；②独立性，Y 的不同观察值之间的相关系数为零；③方差齐性，各 Y 值的方差相等。但在实际研究中，经常会遇到一些数据，它们并不能完全满足上述三个条件。例如，当 Y 为分类反应变量时，如性别分为男、女，婚姻状态为已婚、未婚，学生成绩是及格、不及格等，不能满足条件①。当 Y 具有群体特性时，如在抽样调查中，被调查者会来自不同的城市、不同的学校，这就形成一个层次结构，高层为城市、中层为学校、低层为学生。显然，同一城市或同一学校的学生各方面的特征应当更加相似，也就是说，基本的观察单位聚集在更高层次的不同单位中，如同一城市的学生数据具有相关性，不能满足条件②。当自变量 X 具有随机误差时，这种误差会传递给 Y，使得 Y 不能满足条件③。

如果对不满足正态性、独立性、方差齐性三个假定条件的数据采用传统的分析方法，对所有样本一视同仁，建立回归方程，就会带来以下问题。

（1）参数估计值不再具有最小方差线性无偏性。

（2）会严重低估回归系数的标准误差。

（3）容易导致估计值过高，使常用的检验失效，从而增加统计检验Ⅰ型错误发生的概率。

对不同的群体分别建立各自的回归模型时，当群体数较少且群体内样本容量较大时，则传统的分析方法可能是有效的；或者仅对这些群体分别做一些统计推断时，也适合用这种方法。如果把这些群体看成是从总体中抽取出来的一个样本（如多阶段抽样和重复测度数据），并想分析不同群体之间的总体差异，那么简单地使用传统的统计方法是不够的。同样，如果一些群体包含的样本容量较少，对这些群体做出的推断也不可靠。因此，需要把这些群体看成是从总体中抽取出来的样本，并使用样本总体的信息进行推断。

而混合线性模型既保留了传统线性模型中的正态性假定条件，又对独立性和方差齐性不作要求，从而扩大了传统线性模型的适用范围。

混合线性模型就是自变量中既有固定效应又有随机效应的模型，当存在随机效应时使用。例如，做农田试验时，大家关心的是品种，不同的土质上会栽种所有的试验品种，这时品种就是固定效应，土质就是随机效应。

因为试验用的土质是在所有的土质中抽取出来的一个样本，我们并不关心某个土质怎么样，只关心可能的土质情况对品种参数估计的影响；最后估计出有固定效应的参数值和随机效应的方差。

【例 2.8】假设你想知道男性和女性之间的音高是否存在差别，倘若存在差别，那么差别究竟有多大？为解决这一问题，可以考虑使用线性混合模型。

通过选择一部分男性和女性作为试验对象，并且让试验对象说一个单词，如"吃饭"，测量每个试验对象的音高。最终得到的试验数据如表 2.23 所示。

表 2.23 试验数据

个体	性别	音高（Hz）
1	女	233
2	女	204
3	女	242
4	男	130
5	男	112
6	男	142

由表 2.23 中的数据可知,女性的音高明显比男性的高。事实上,男性和女性的音高可能是相同的。因此,这个结果可能是在试验过程中,偶尔选择了音高比较高的女性和音高比较低的男性。直观地看,表 2.23 中的数据结构似乎很简单,但需要一个更准确的方法估计男性和女性音高之间的差异,同时需要得到男性和女性之间音高的差异由取样效应所引起的概率是多少。

此时,线性混合模型就派上用场了。在这种情况下,它的任务是给出一些关于男性和女性音高的值、一些概率值,以及这些值的可能性。

需要确定变量之间的关系,即音高(P)~性别(S)。该关系可以表述为"根据性别预测音高"或"音高作为性别的关系"。通常,将式子左边的变量如"音高"表述为依变量(Dependent Variable)或响应变量,右边的变量如"性别"表述为自变量(Independent Variable)、解释变量(Explanatory Variable)或者预测变量(Predictor Variable)。

但是,现实中的音高并非完全由性别所决定,同时还受到其他因子的影响,如语言、个性、年龄等。即使我们考虑了所有可能的影响因子,但是仍然有其他的影响因子是无法控制的。例如,数据中的一个试验对象在录音的那天早上有宿醉(导致声音比平时低),或者这个试验对象在录音那天很紧张(导致声音变高)。由于无法测量和控制所有的影响因子,因此,可以在方程中添加随机因子(Random Factors)。

$$P \sim S + \varepsilon \tag{2-25}$$

式中,ε 是一个误差变量,代表了所有影响音高的其他因子。

式(2-25)就是需要建立的线性混合模型。注意,式子的右边包括了所测量的因子(固定效应因子,性别)和无法测量的因子(随机因子,ε)。可以将 S 称为模型的结构或系统部分;ε 称为模型的随机或概率部分。

线性混合模型需要满足以下条件。

(1)变量与响应变量之间的关系是线性的。

(2)变量之间无显著共线性。

(3)同方差性或无异方差性。

(4)残差的正态性。

(5)无奇异点。

(6)变量之间是独立的,对于变量之间不是独立的数据结构,则需要使用混合效应模型。

需要明确的是,即使相同的一组数据,根据研究目的的不同,固定变量和随机变量的选择可能也是不同的。因此,随机变量和固定变量之间并没有显著的区分方法,只能根据试验设计和具体的问题进行确定。

下面通过列举两个例子简单说明如何确定随机变量以及模型中的随机截距[见图 2.20(a)]和随机斜率[见图 2.20(b)]。

在图 2.20 的混合线性模型中,每条不同颜色的直线代表对数据中随机变量各组内的数据进行拟合。

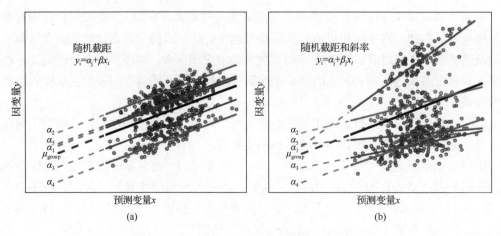

图 2.20 混合线性模型

【例 2.9】验证假说：动物繁殖成功的概率与动物自身的体重有关。

为了验证该假说，可以在不同的样点选择一定数量的动物个体，测量每个个体的体重以及繁殖率。在该数据中，同一个样点内所测的动物体重并非是独立的，所有测量动物个体的体重可能受到取样点动物所需食物资源的影响。因此，可以将选择的样点作为随机效应变量（即每个样点相当于图 2.20 中的一个组），从而估计繁殖率与体重（固定效应因子）之间的斜率。建立模型如下。

```
M3<-glmer(successful.breed~body.mass + (1|sample.site), family=binomial)
```

该模型中，(1|sample.site) 表示不同样点内繁殖率与体重关系的斜率是相同的，仅用于检验繁殖率和体重之间的关系。

【例 2.10】验证假说：动物体重对繁殖成功率的影响（斜率）的强度取决于取样位置。即 1 单位体重变化的繁殖成功率变化在各取样点之间不一致。

建立模型如下。

```
M4<-glmer(successful.breed ~ body.mass+(body.mass|sample.site), family=binomial)
```

该模型中，(body.mass|sample.site) 表示将身体重量 body.mass 添加到随机效应中（即 "|" 之前），认为在不同取样位置（sample.site）内（各组），繁殖率与体重关系之间的斜率是不一致的，受到取样点的影响。但在生态学研究中，拟合随机的斜率模型并不是非常常见的。

根据上面的两个例子可以看出，在模型中引入随机效应变量，主要目的是控制数据点之间的非独立性。复杂的生物数据通常是嵌套和/或层次的结构。例如，在单位时间内或不同单位时间对生物个体的重复测量。随机效应可以通过控制非独立单位（units）这一方法，具有相同的截距和/或斜率，进而确保测量变量之间的非独立性。如果仅是截距的随机，可以允许不同组之间的平均值不同，并且假设所有的群组对于固定效应变量具有相同的斜率；如果是截距和斜率的随机，可以允许不同预测变量的斜率是不同的。

另外，在随机效应变量的选择中，还需要确定随机效应变量之间是交叉的（crossed）还是嵌套的（nested）。在现实研究中，随机变量之间的关系需要根据具体的试验设计确定。例如，在一个研究中，需要分析何种因子会影响雀形目鸟类的窝卵质量（clutch mass）。为解决这一问题，分别在 5 个林地中各选择 30 个巢箱，在繁殖期每周测量雌鸟的觅食率和觅食以后的窝卵质量。有些雌鸟在一个季节中会搭建多个窝，因此具有多个数据点。在这里，雌鸟的窝是嵌套在林地中的，即每个林地包含了多个仅在该林地中存在的雌鸟（假设这些雌鸟并不会在选择的林地间移动）。

```
Clutch Mass ～ Foraging Rate +(1|Woodland/Female ID)
```

该模型中，（1|Woodland/Female ID）说明具体的每个雌鸟窝（Female ID）是嵌套在林地中的。这种嵌套的随机效应保证了来自同一个雌鸟的窝之间的非独立性；在同一个林地中的雌鸟可能比其他林地中的雌鸟具有更加相似的窝。

如果该研究是一个长期研究，连续 5 年对窝卵质量进行长期的监测。此时，研究的年份可以被认为是一个交叉随机效应，因为数据中每个林地在每年出现了多次，并且调查年份存活的雌鸟也会在多个年份出现。

```
Clutch Mass ～ Foraging Rate +(1|Woodland/Female ID)+(1|Year)
```

该模型中，（1|Year）和（1|Woodland/Female ID）表示将年份和林地作为交叉的随机效应。

在混合线性模型中，使用随机效应变量时，需要注意以下几点。

（1）需要大量的数据，至少需要 5 组（group）数据作为随机截距项，才能获得随机变量组间的变异较为可靠的估计。如果少于 5 组数据，混合线性模型将不能精确地估计组间变异，此时，混合线性模型等价于简单的线性模型。

（2）如果各随机效应变量组间的数据量变化很大，如个别组具有很少的数据点，此时，模型是不稳定的，尤其是对于涉及随机斜率的模型。

（3）随机效应变量很难确定不同组间的变异是否具有显著性差异。

（4）随机效应变量的非正确选择可能会产生与完全忽略随机效应时同样不可靠的模型估计。例如，没有考虑嵌套结构中数据的非独立性，如上述例子中不同的鸟窝由同一只雌鸟搭建。

2.12 统计推断

统计推断（Statistical Inference）是数理统计学的主要组成和关键内容。它的基本方法是通过所得到的具有随机性的观测数据或观测样本、针对题目的既定条件、问题模型来对未知的事物做出一个基本判断，其形式是以概率表述的。这样的一套理论以及方法科学地组成了数理统计学的大部分内容。概括来说，统计推断是从部分随机性样本的数据通过系统分析，对总体进行合理的判断，是具有一定的概率性的科学的推测。

统计推断的基本问题可以分为两大类：一类是参数估计问题；另一类是假设检验问题。

在质量活动和管理实践中,人们关心的是特定产品的质量水平,如产品质量特性的平均值、不合格产品率等。这些都需要从总体中抽取一些样本,研究员通过对样本观察值分析来进行推断和估计,即根据样本推断总体分布的未知参数,此过程称为参数估计。参数估计有两种基本形式:点估计和区间估计。

统计推断的一个基本特点是,其所依据的条件中包含带有随机性的观测数据。以随机现象为研究对象的概率论,是统计推断的理论基础。

2.12.1 统计推断的表述形式

统计推断是数理统计学的主要理论和方法,表述形式是:研究一个确定的总体时,通过对已知样本进行数据分析,得到总体分布的某些结论。以人群身高为例,将这群人的身高作为研究的总体,通常认为身高是符合正态分布的,只需要对群体中部分人的身高进行测量,分析数据结果,便可以得到群体的平均身高,这是一种数理推断形式,称为参数估计。如果我们更感兴趣的是平均身高是否超过了1.7m,则需要用另一种推断形式——假设检验,通过样本来检验命题的正确性。统计推断是由样本推断整体,进而得到结论,这种推断并不能说完全的精确,其结论要以概率的形式呈现。统计推断的目的是利用对问题的基本假设以及部分抽取样品的分析数据,使结果更加准确。

2.12.2 统计推断的可靠性

个体是总体的一部分,局部的特性能反映全局的特点,但是,由于总体的不均匀性和样本的随机性,又使得样本不能精确地反映总体。因此,抽取部分个体分析得出有关总体的结论存在着差错。从理论上讲,有两种途径可以消除和减少这种差错。

(1) 尽量均匀。

总体是我们需要研究的未知事物,我们往往不能改变它的均匀性,因此只能使其尽量均匀。如果能够使其达到理想的均匀,说明已经完全掌握了它,完全没有研究的必要了。

(2) 确保抽样的代表性。

采取适当的抽样方法确保抽样的代表性,可有效地控制和提高统计推断的可靠性和正确性。

2.12.3 统计抽样的方法

1. 简单随机抽样

简单随机抽样是指独立进行且抽到总体中的每个个体的概率必须相等的一种抽样方法。随机抽样与随便抽取是不同的,后者受主观影响大,难以保证概率的均等。为保证结果的准确性,多采用抽签、掷骰子或查随机数表实现抽样的随机性。例如,从总体的100件产品中抽取10件组成研究的样本,只需要将总体的100件样品编号为1~100,再从1~100中采用抓阄的方式抽取10个编号,编号对应的10件产品组成了要研究的样本。

此种抽样方法的优点是抽样误差小,缺点是手续繁杂。在实践中真正做到每个个体被抽到的机会相等是不容易的。

2. 周期系统抽样

周期系统抽样又称机械抽样或等距抽样，就是将总体按照顺序编号，再利用抽签或查随机数表的方法确定首件，进而按等距原则依次抽取样本。例如，从 100 个零件中取 5 个做样本，先按生产顺序给产品编号，用简单随机抽样确定首件，然后按每隔 20（由 100÷5=20 得出）个号码抽取一个，共抽取 5 个组成样本。这种方法特别适用于流水线上取样，其操作简便，可靠性强。但抽样起点一旦确定，整个样本就完全确定了。当总体质量特性含有某种周期性变化，且抽样间隔恰好与质量特性变化周期吻合时，就可能得到一个与实际偏差很小的样本。

3. 分层抽样法

分层抽样法就是从一个可以分成不同的子总体的整体中，按照规定的比例抽取个体的方法，最重要的是"随机"。当在不同生产条件下生产同一种产品时，由于条件差别，得到的产品质量可能有很大的差别，为了使所抽取的样本具有一定的代表性，可以将不同条件下生产的产品组成小组，让同一组内产品尽可能做到质量均匀，然后在各组内按比例随机抽取样品组成一个样本。这种抽样方法得到的样本代表性比较好，抽样误差较小，缺点是抽样手续繁杂，常用于产品质量检验。

4. 整群抽样法

整群抽样法就是先将总体按照一定的方式分成多个组，然后在其中随机地抽取若干组，这些组中的所有个体组成样本。例如，按照生产过程，将 1 000 个零件分别装入 20 个箱子中，每个箱子中有 50 个零件，然后随机抽取其中一箱，由这个箱子中的 50 个零件组成样本。这种抽样方法实施起来很方便，节约了许多时间，但样本来自个别群体，不是均匀分布在总体中，因而代表性差，抽样的误差较大。

2.12.4 统计假设测验

先假设真实差异不存在，表面差异全部为测验误差，然后计算这一假设出现的概率，根据小概率事件实际不可能性原理，判断假设是否正确。这是对样本所属总体所做假设是否正确的统计证明，称为统计假设测验。

统计假设测验的基本步骤如下。

（1）对样本所属总体提出假设（包括 H_0 和 H_A）。

（2）确定显著水平 α。

（3）在 H_0 正确的前提下，按照统计数的抽样分布，计算实际差异由误差造成的概率。

（4）将计算得出的概率与 α 相比较，根据小概率事件实际不可能性原理做出是接受还是否定 H_0 的推断。

统计推断原理又称小概率事件原理，即一个小概率事件 A 在一次测验或观察时被认为是不会发生的，如果在一种假设（H）下，小概率事件 A 在一次测验或观察时发生了，则推断原假设 H 为假。

这个原理类似于几何学中的反证法。反证法是做了一种假设，按照几何学的定义、定理推证下去，如果发生矛盾，则原假设为假。反证法是针对确定性事物的一个命题，论证是否正确是按逻辑学的排中律来论断的。排中律的基本内容是，在同一个思维过程中，两个互相否定的思想，必定有一个是真的。而统计推断原理用于非确定事物中的随机现象，可以论证一个假设的真谬。

【例 2.11】狄青掷钱鼓士气。北宋仁宗皇祐四年（1052 年），广源州（今广西）首领侬智高自立为"仁惠皇帝"叛乱，宋仁宗次年派大将狄青率兵南下平叛。狄青为鼓舞士兵士气，行军至某一寺庙，听说该寺庙供奉的神佛相当灵验，便在寺庙前举行誓师仪式。狄青命人取来 100 枚铜钱，说："祈求神灵保佑我军取胜，我军如能旗开得胜，我撒出的所有铜钱带有年号的一面都朝上。"结果撒出的所有铜钱一律年号面朝上，全军见后欢呼雀跃，士气大增。狄青命人又拿来百枚钉子，逐个将铜钱钉住，覆盖上红绸封好保存。大军到昆仑关前宾州逢上元节，狄青命驻军畅饮庆贺三天，侬智高经侦查确认后亦令守军同庆。此实为狄青的疑兵之计，上元节夜暗派精兵攻破昆仑关，杀侬智高弟及军师，歼敌 7 200 人，侬智高逃往大理，平叛大捷。在班师回朝的路上，大军经过那座寺庙时，狄青命人去掉红绸取回铜钱，结果发现百枚铜钱是狄青特制的，两面均是带年号的。

【分析】一枚正常的铜钱应该是材质均匀，一面是年号，一面是币值。掷一枚铜钱年号面朝上的概率为 0.5，100 枚铜钱掷出年号面都朝上的概率是 0.5 的 100 次方，即 $0.5^{100} \approx 7.89 \times 10^{-31}$，这是一个很小的数。"百枚铜钱年号面都朝上"是一个概率极小的事件，在试验中认为它不可能发生，但是现在狄青做了一次试验，它却竟然发生了，说明事先所做的"铜钱应该是材质均匀，一面是年号，一面是币值"的假设为假，果然，这百枚铜钱是狄青预先铸造的两面都是年号的道具。

【例 2.12】屠夫不娶公主。齐王欲将公主下嫁给一屠夫，并陪送丰厚的嫁妆，屠夫听说后，惶恐不安。自己既不是一表人才，才智又不出类拔萃，从未为国建功立业受封获赏，平凡的家族与王族无瓜葛，自己是家无佳宅、地无一垄，只有一把尖刀和解牛之艺，空长一个健硕如牛的身板，自愧何德何能受齐王的青睐，坚决不受，极力辞婚，并进而远走他乡避而不出。友人不解问之："何而不受？"屠夫答："公主是国君之女，理应嫁与邻国王子或者贵胄，下嫁我一介平民屠夫，岂非怪哉，公主肯定是非残即丑，我万万不可接受这门婚事。"后来友人偶见公主，的确长相奇丑无比，被屠夫言中。

【分析】根据统计规律，公主下嫁屠夫是小概率事件，一般来说，公主应该是雍容华贵、面容姣好、美若天仙的。现在齐王要将公主许配给屠夫，这一概率很小的事件发生了，说明原假设"公主应该是雍容华贵、面容姣好、美若天仙"不是真的。屠夫不自觉地运用了统计推断原理，断定"公主非残即丑"是贴题的。

这类实例在生活中会遇到很多，对确定事物进行判断其依据是逻辑学的排中律，对不确定事物的判断其依据是统计推断原理，只不过我们并未觉察。同时也说明一个道理：理论不是人们凭空臆造的，是来源于现实生活的，从实际抽象出来，却又高于实际，最后又应用到实际当中去。

2.13 本章小结

机器学习的本质是使用算法解析数据,从数据中学习到一些有价值的内容,从而对某些事情做出决定和预测。机器学习包括三类:监督式学习、无监督式学习和强化学习。本章从机器学习中常用的算法出发,讲解了 11 种机器学习方法,并通过一些案例演示了这些方法的应用。

习 题

一、单选题

1. 下列( )方法需要人工对结果进行比较调整,以达到较高的准确率。
   A. 监督式学习   B. 无监督式学习
   C. K-means 算法   D. 强化学习
2. 如果数据没有被标识,则通常采用的机器学习方法是( )。
   A. 监督式学习   B. 无监督式学习
   C. 反向传递神经网络   D. 强化学习
3. ( )是指操作者输入数据,并将输入数据作为对模型的反馈。
   A. 监督式学习   B. 无监督式学习
   C. 半监督式学习   D. 强化学习
4. 在马尔可夫过程中,一个系统的状态转换过程中第 99 次转换获得的状态通常决定于第( )次试验的结果。
   A. 1   B. 100   C. 99   D. 98

二、填空题

1. _____描述了某个现象在不同时间呈现出的不同状态。
2. 使用线性方程表示观测的变量和潜在变量之间,或者潜在变量之间的关系,一般是采用_____。
3. 因子分析的主要目的是要找出_____的变量,而这些变量又无法直接测量。
4. 问卷调查过程中,如果有人胡乱地填写数据,则会影响问卷的_____。
5. 问卷能够反映设计者的初衷是由问卷的_____决定的。
6. 一元线性回归仅包含_____自变量和_____因变量,多元线性回归则包含_____或_____以上的自变量。
7. 贝叶斯方法存在的一个前提条件是_____。

三、简答题

1. 简述 K-means 算法的求解过程。
2. 某购房的网站上已有 8 个客户,其信息如表 2.24 所示。

表 2.24 购房信息

用户 ID	年龄	性别	年收入/万元	婚姻状况	是否买房
1	27	男	15	否	否
2	47	女	30	是	是
3	32	男	12	否	否
4	24	男	45	否	是
5	45	男	30	是	否
6	56	男	32	是	是
7	31	男	15	否	否
8	23	女	30	是	否

这时来了一个新客户，还没买房，其信息为：年龄 34 岁，性别女，年收入 31 万元，婚姻状况否。请用贝叶斯方法判断这个客户买房的概率。

3. 简述数据缺失的处理方法主要有哪些。

4. 有哪两种途径可以消除或减少抽样与总体之间的差错？

四、判断题

抽取部分个体经分析得出有关总体的结论存在着差错和不可靠。（   ）

第3章 计 算 智 能

导读

  计算智能是以生物进化的观点认识和模拟智能，它是人工智能体系的一个分支，既是对通用计算的延续与升华，又是应对 AI 趋势的新计算形态。计算智能以"从大自然中获取智慧"为理念，通过人们对自然界独特规律的认知，提取适合获取知识的一套计算工具。

  计算智能方法具备自学习、自组织、自适应的特征，具有简单、通用、鲁棒性强、适于并行处理的优点。在并行搜索、联想记忆、模式识别、知识自动获取等方面得到了广泛的应用。

  计算智能的代表算法有遗传算法、粒子群算法、蚁群算法、人工鱼群算法、免疫算法、模拟退火算法等。本章以常用的遗传算法、粒子群算法、蚁群算法、人工鱼群算法为例，分别介绍它们的算法寻优机制、算法原理及主要应用。

学习目标和要求

- 掌握遗传算法的原理与应用。
- 掌握粒子群算法的原理与应用。
- 掌握蚁群算法的原理与应用。
- 掌握人工鱼群算法的原理与应用。
- 能够分析四种算法的特点和应用场合。

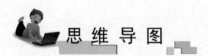

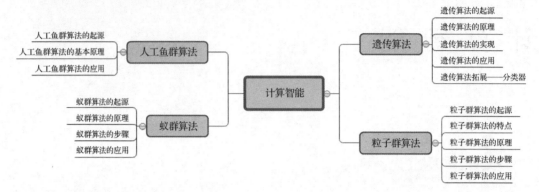

一直以来，人们认为智能是人类独一无二的天赋，是大自然赋予人类的独特礼物。然而大自然的智慧、生物界的进化规律和生物群体行为赋予了人工智能新的思路。

1986 年，美国计算机科学家，人工生命领域创始人之一，兰顿（C.Langton）提出了一个蚂蚁模拟游戏（见图 3.1），在二维黑白格世界中遵循三个原则就创建了极为复杂的图形。

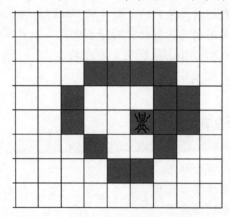

图 3.1　兰顿提出的蚂蚁模拟游戏示意

一只蚂蚁不停地向前爬行，每次一格。

如果爬到白色格子，那么就向右转身 90°，同时把脚下的格子变成黑色。

如果爬到黑色格子，那么就向左转身 90°，同时把脚下的格子变成白色。

神奇的是，当蚂蚁爬行步数足够多，往往是上万步以后，蚂蚁就会自发地找到一条高速路，停止盲目乱爬，而是沿着高速路向固定方向爬过去。

这个游戏给智能计算带来了启发，模拟达尔文的生物进化论、蚁群行为、鸟类行为和鱼群行为，相继产生了遗传算法、蚁群算法、粒子群算法和人工鱼群算法。1992 年，美国学者 James 首次提出计算智能（Computational Intelligence，CI）的概念。1994 年，IEEE 召开了一次规模空前的计算智能大会，论文总数超过 1 600 篇。计算智能方法得到越来越多学者的研究和完善，使得 AI 研究与应用呈现向上的发展趋势，计算智能作为人工智能新发展的主流地位就确立了。

3.1 遗传算法

3.1.1 遗传算法的起源

1. 遗传算法的发展历程

20 世纪 40 年代，随着计算机的兴起，生物模拟技术的研究也转向了新的方向，学者试图利用计算机模拟生物的进化、遗传等过程，更有一些科学家尝试将生物进化的思想引入工程问题；20 世纪 50 年代末，生物进化过程尝试性地从生物学角度进行生物进化过程的模拟，并在计算机中用于优化问题求解……这些开拓性的研究工作形成了遗传算法的雏形。

但当时缺少一种通用的编码方式，人们只能通过变异改变基因结构，并未加入交叉思想，无形中增加了算法的迭代次数，而当时的计算机无法满足算法本身需要的巨大计算量，仿生过程技术的发展受到了限制，研究进展缓慢，成效甚微。20 世纪 60 年代，美国密歇根大学的遗传算法之父霍兰德教授（见图 3.2）提出了适用于遗传算法中变异和交叉操作的位串编码技术，并和他的学生创造性地提出遗传算法。

霍兰德教授简介

图 3.2 霍兰德教授（1929—   ）

遗传算法（Genetic Algorithm，GA）是模仿生物遗传学和自然选择机理，通过人工方式构造的一类优化搜索算法，是一种通过模拟自然进化过程搜索最优解的方法。

遗传算法借鉴了达尔文的自然选择学说（见图3.3）和孟德尔的遗传学说（见图3.4）。该算法模拟生物界中的基因遗传与进化过程，认为优良基因的个体具有更强的竞争力，更容易存活，更容易把优良的基因传给下一代。即采用"优胜劣汰，适者生存"的原则，在潜在的解决方案中逐步产生近似最优的方案，应用分离定律与自由组合定律（生物体细胞中，控制同一性状的遗传因子成对存在，互相融合，在形成配子时，成对的遗传因子彼此分离，并进入不同配子，随着配子遗传给后代；控制不同性状的遗传因子的分离和组合互不干扰，在形成配子时自由组合），通过复制、交叉、变异（变异可防止局部收敛，从而能在更大的空间中获得质量较高的优化解）等方法进行筛选，使适应度高的个体被保留下来，组成新的群体，适应度低的个体则消失，新的群体继承上一次的信息又优于上一代。如此周而复始，群体中个体的平均性能不断提高，好的个体被保存并产生下一代，直至达到满足条件的最优解。

图3.3 自然选择

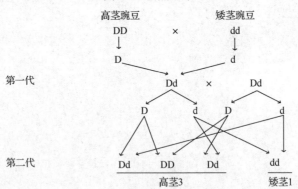

图3.4 孟德尔豌豆杂交实验图解

2. 遗传算法的创立和发展

霍兰德在设计人工适应系统中开创性地使用了一种基于自然演化原理的搜索机制。

1961年7月，霍兰德发表了技术报告《适应性系统逻辑理论之非正式描述》。

1967年，霍兰德的学生巴格利（Bagley）在其博士论文中首次提到"遗传算法"一词，并发表了遗传算法应用方面的第一篇论文，发展了复制、交叉、变异、显性、倒立等遗传算子，在个体编码上使用了双倍体的编码方法。在遗传算法的不同阶段采用了不同的概率，从而创立了自适应遗传算法的概念。

1975年，霍兰德出版了第一本系统论述遗传算法和人工自适应系统的专著《自然系统和人工系统的自适应》（*Adaptation in Natural and Artificial Systems*）。

这些有关遗传算法的基础理论为遗传算法的发展和完善奠定了基础。同时，霍兰德教授的学生德容（De Jong）首次将遗传算法应用于函数优化中，在其博士论文中结合模式定理进行了大量纯数值函数优化计算试验，树立了遗传算法的工作框架，设计了遗传算法执行策略和性能评价指标。德容挑选的5个专门用于遗传算法数值试验的函数至今仍被频繁使用，而其提出的在线（on-line）和离线（off-line）指标仍是目前衡量遗传算法优化性能的主要手段。

戈德伯格（D. E. Goldberg）进一步对遗传算法的寻优原理、算子、编码、现状和应用实例进行了深入分析，1989年出版了专著《搜索、优化和机器学习中的遗传算法》（*Genetic Algorithms in Search, Optimization & Machine Learning*），该书全面地论述了遗传算法的基本原理和应用，奠定了现代遗传算法的科学基础。1991年，戴维斯（Davis）编辑出版了《遗传算法手册》（*Handbook of Genetic Algorithms*），为推广和普及遗传算法的应用起到了重要的指导作用。1992年，科扎（J.R.Koza）将遗传算法应用于计算机程序的优化设计及自动生成，提出了遗传编程的概念，并成功地将遗传编程的方法应用于人工智能、机器学习和符号处理等方面。1997年，丁承民等对遗传算法的原理、应用优势和应用领域做了系统分析。目前，遗传算法已广泛应用于各大领域和行业，如工程应用、函数优化、模式识别、调度和优化等领域。

3.1.2 遗传算法的原理

1. 遗传算法相关概念

种群：初始给定的多个解的集合，它是问题解空间的一个子集。

个体：种群中的单个元素，通常由一个用于描述其基本遗传结构的数据结构来表示，如用0，1组成的串来表示个体。

染色体：对个体进行编码后得到的编码串，也称"串"，对应于生物群体中的生物个体。编码串中的每一个编码单元称为基因，若干基因构成的有效信息段称为基因组。

适应度函数（Fitness Function）：为了体现染色体的适应能力，引入了对每一个染色体都能进行度量的函数。通过计算适应度函数值来决定染色体的优劣程度，它体现了自然进化中的优胜劣汰原则。染色体的适应度函数与问题的目标函数正相关，可对目标函数进行一些变形得到适应度函数。

遗传算法主要通过选择、交叉、变异三种操作来实现自然选择和基因遗传，达到优化目的，找出比较优良的解。

（1）选择。

选择操作通俗地讲就是从群体中选择"优良基因"个体的行为，它体现的是优胜劣汰的思想，也就是根据个体的适应度函数值所度量的优劣程度决定它在下一代是被淘汰还是被遗传的操作。目前，选择算子一般采用轮盘赌选择的方法，采用适应值作为衡量个体优良的指标，在求极大值的情况下，目标函数值就可作为适应值；而如果求极小值，需要对目标函数进行转化，可将目标函数值的倒数或相反数作为适应值。适应值越大，个体被选择的概率越大。设 N 为算法种群规模，$f(x_i)$ 是个体 x_i 的适应值，$P(x_i)$ 为相应的个体选择概率，则

$$P(x_i) = \frac{f(x_i)}{\sum_{j=1}^{N} f(x_j)} \tag{3-1}$$

（2）交叉。

交叉又称交配规则，它是把两个父代个体的部分结构加以替换、重组而生成新个体的操作。就像孩子继承父母的优良特性一样，既有点像父亲，又有点像母亲的规律。通俗地讲，交叉就是两条染色体交换部分（单个、多个）基因（有一定概率）构造下一代形成两条新的染色体，如图 3.5 所示。交叉的方法有很多，常见的有顺序交叉方法、部分匹配交叉方法、循环交叉方法。

```
交叉前：
00000|011100000000|10000
11100|000001111110|00101

交叉后：
00000|000001111110|10000
11100|011100000000|00101
```

图 3.5　交叉示意图

（3）变异。

变异与生物学变异概念相同，体现的是基因突变的特性，即以极小的概率在染色体上随机改变某一点位的操作。变异因为其操作概率极小，相对上述两种操作来说，处于次要地位。它主要是用来防止一些优良因子在经过选择、交叉操作之后丢失，从而可以保持群体的多样性。

变异运算，简而言之是指将个体染色体编码串中的某些基因座上的基因值用该基因座上的其他等位基因来替换，从而形成新的个体，举例如下。

变异前：101101001011001；

变异后：001101011011001。

2. 遗传算法的算子

传统的遗传算法的编码通常是 0、1，这种编码不仅简单，而且利于遗传算法的理论研究和分析，许多人从事这方面的研究工作。其中，德容于 1975 年发表的重要论文中的研究成果可视为遗传算法发展史上的里程碑，促进了遗传算法在调度问题和排序问题优化方面的应用。

（1）遗传算法的选择算子。

在优化问题求解中，选择合理的选择算子是遗传算法设计中至关重要的一个步骤。以下列出常用的几种选择方法。

① 轮盘赌选择（Roulette Wheel Selection）方法。在该选择方法中，主要依据个体在群体中的适应值进行选择，适应值越大，个体被选择的概率越大。大部分遗传算法的设计

采用的是轮盘赌选择方法。若有 3 条染色体，它们的适应度分别为 7、8、10，那么总的适应度为 $F = 7+ 8+ 10 = 25$，各个体被选中的概率如下。

$\alpha_1 =（7 / 25）\times 100\% = 28\%$

$\alpha_2 =（8 / 25）\times 100\% = 32\%$

$\alpha_3 =（10 / 25）\times 100\% = 40\%$

② 最佳保留选择方法，可以把它理解为精英保留策略，即算法在每一代的进化过程中都将历史最优个体保留到下一代种群，这样能够确保算法结束时找到的最优解是在每次迭代过程中的最高适应值个体。它通常与轮盘赌选择方法相结合一起使用。

③ 确定式选择方法，是按照一种确定的方式来进行选择操作。具体过程如下：

a. 计算群体中各个个体在下一代群体中的期望生存数目 Ni；

b. 用 Ni 的整数部分确定各个对应个体在下一代群体中的生存数目；

c. 用 Ni 的小数部分对个体进行降序排列，顺序取前 M 个个体加入下一代群体中。至此可完全确定下一代群体中 M 个个体。

④ 排挤选择方法，是用新生成的子代代替或排挤相似的父代个体，以提高群体的多样性。

（2）遗传算法的交叉算子。

交叉算子是将两个父代个体使用某些规则经过某些交换和变换生成两个新个体的操作，它在遗传算法中起着举足轻重的作用。遗传算法通过交叉算子引导着经过选择操作而遗留下的"精英"不断进行变换和试探，以找寻到问题的最优解。

常用的交叉算子有以下几种。

① 部分匹配交叉，由 Goldberg 等人于 1987 年提出。它在两个父代中同一位置点随机地选择一个子串进行交换，随后进行后续的匹配过程以去掉基因串中的重复基因。假设存在两个父代，其基因串值分别为（１８２４５６７３９）和（２９４３８７５６１），在两个父代向量中，随机选择从第 4 位开始的 3 个长度基因串，即在两个父代中，"456"和"387"分别被选中。随后形成相应的匹配关系：4 匹配 3、5 匹配 8、6 匹配 7，如图 3.6 所示。

首先将"456"与"387"分别加入子代 2 和子代 1 中相应的位置，形成两个串值：(１８２３８７７３９)和(２９４４５６５６１)。

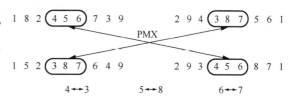

图 3.6 部分匹配交叉示意图

然后将两个串值中除选中基因串外的重复值元素用它们相应的匹配值去替换，如第一个串值中 8、7、3 重复，分别用它们的匹配值 5、6、4 替换，即得到子代 1 的值为（１５２３８７６４９）。按同样的方法得到子代 2 的值为（２９４３５６８７１）。

② 循环交叉，由 Oliver 等人于 1987 年提出。假设存在两个父代，其基因串值分别为（１２３４５６７８９）和（５４６９２３７８１）。首先从父代 1 上随机选择一个基因，本例中选择第一个元素值。然后找到父代 2 相应位置上的基因值 5，再回到父代 1 找到值为 5 的位置，在父代 2 中对应位置值为 2；再回到父代 1 中找到值为 2 的位置，在父代 2 中对应位置值为 4；再回到父代 1 找到值为 4 的位置，在父代 2 中对应位置值为 9；再回到父代 1 中找

到值为 9 的位置，在父代 2 中对应位置值为 1。到此为止，形成一个环 1→5→2→4→9→1，循环结束。环中的所有基因值的位置为父代 1 要保留的位置，即第 1、2、4、5、9 的位置需要保留，如图 3.7 所示。之后将子代 1 中的其他位置，3、6、7、8 用父代 2 对应位置的元素值填充。交叉后的子代 1 即为（126453789），子代 2 的基因串值为（543926781）。由上述交叉过程可知，循环交叉的参数只涉及一个，即父代中随机选择的位置序号，就可完成整个交叉过程。

③ 顺序交叉。假设存在两个父代 A 和 B，其基因串值分别为（182456739）和（152387649）。在父代 A 和父代 B 中，随机选择一段基因串，设"456"和"387"分别被选中，并将它们保留下来不变，分别放入子代 A 和子代 B 中的对应位置。接下来按父代 B 的次序填充到子代 A 中，原父代 A 的次序填充到子代 B 中，并去掉各子代中已保留下来的重复元素。父代 A 中去掉子代 B 中保留下来的位串得到的位串值为（124569），同样父代 B 中剩余子串值为（123879），最后分别将父代 A 和父代 B 剩余子串值按序填充到子代 B 和子代 A 中的空白位置上，得到新的子代 A 和子代 B，如图 3.8 所示。

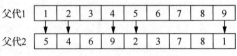

图 3.7 循环交叉示意图

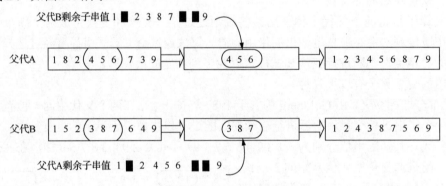

图 3.8 顺序交叉示意图

（3）遗传算法的变异算子。

变异算子的基本内容是对群体中的个体串的某些基因位上的基因值进行变动，以保持种群的多样性。常用的变异算子有以下几种。

① 交换变异，交换随机选定的两个元素的位置。

② 替换变异，在个体串上随机地选取一段子串，把这段子串移到随机选取的位置后。例如：

$$1\ 2\ |3\ 4\ 5|\ 6\ 7\ 8$$
（随机选取的位置）*
$$1\ 2\ 6\ 7\ 3\ 4\ 5\ 8$$

③ 插入变异，把随机选定的元素插在随机选取的位置之后，该方法与 DM 类似，唯一的区别在于它是从父代个体中只选择一个基因，而不是一段子串。

④ 简单逆转变异，把随机选定的两个分割点间的子串颠倒顺序，反接在这两个分割

点间。

⑤ 逆转变异，把随机选取的子串颠倒顺序，插在随机选取的位置上。

⑥ 打乱变异，把随机选取的一个子串的顺序打乱，构成一个新的个体。

3.1.3 遗传算法的实现

一般来说，遗传算法包含以下几个步骤。

（1）随机产生初始种群。

（2）根据策略计算和判断个体的适应度是否符合优化准则，若适应度符合优化准则，输出最佳个体及其最优解，结束；否则，进行下一步。

（3）适应度评估。适应度表明个体或解的优劣性。不同的问题，适应性函数的定义方式也不同。

（4）依据适应度选择父母。适应度高的个体被选中的概率高，适应度低的个体被淘汰。将选择算子作用于群体，把优化的个体直接遗传到下一代，或者通过配对交叉产生新的个体再遗传到下一代。

（5）用父母的染色体按照一定的方法进行交叉，生成子代。

（6）对子代染色体进行变异。

（7）由交叉和变异产生新一代种群，返回步骤（2），直至产生最优解。

图 3.9 所示为标准遗传算法的基本流程。除了选择、交叉和变异算子的设计外，遗传算法的实现还涉及几个重要的步骤，它们的设置也将对遗传算法的性能产生影响。其中，一是初始种群的产生，二是算法参数的设置。

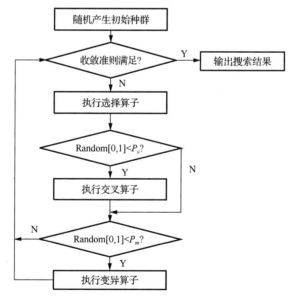

图 3.9　标准遗传算法的基本流程

1. 初始种群的产生

初始种群的产生一般有两种方法。一是用随机的方法产生初始种群，一般采用随机数发生器的方法随机产生基因串的各位置值；二是根据已有的条件和先验知识产生初始种群，这种方法能加快算法的寻优速度。

2. 算法参数的设置

遗传算法涉及的参数主要包括初始种群的大小 n、交叉概率 P_c、变异概率 P_m，有时也包括倒位概率 P_i、最大迭代代数 max_gen 等。这些参数对遗传算法的性能有很重要的影响。

一般来讲，初始种群 n 越大，找到全局最优解的可能性越大。但是，过大的种群数目会增加算法计算的开销，使得每次迭代时间延长。

交叉概率 P_c 越大，进行交叉操作次数越多，算法越有希望收敛到最优解。

变异概率 P_m 通常采用较小的数值。在算法中，变异主要是用来增加种群的多样性，该值越大，种群多样性越好；该值越小，算法越稳定，但是太小的变异概率容易使算法陷入局部最优。

3.1.4 遗传算法的应用

1. 函数极值的求解

如图 3.10 所示的函数图像，存在若干极大值（波峰）和极小值（波谷）。显然，最大值是指定区间的极大值中最大的那个。

神经网络遗传算法玩 Flappy Bird 游戏

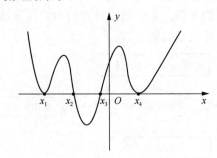

图 3.10 函数图像

若问题是求最大值，那么这些波峰对应着局部最优解，其中有一座山峰是海拔最高的，这座山峰则对应的是全局最优解。遗传算法要做的就是尽量爬到最高峰，而不是困在较低的小山峰上。

假如将每一个解比喻成一只袋鼠，我们则希望它们不断地向高处跳，直至跳到最高的山峰。或许一只袋鼠可以朝着比现在高的地方跳去，它找到了不远处的更高的山峰，但这不一定是最高峰；或许袋鼠没睡醒，它晕晕乎乎没有章法地随机跳，这期间，可能跳到高处，可能原地踏步，也可能跳入谷底，试图找到最高峰。而遗传算法则是袋鼠种群降落到山脉的任意地点，它们并无目的，但每隔几年，不断有袋鼠死于相对海拔较低的地方，只有生活在海拔更高的袋鼠才能活得更久，并繁衍后代。经过许多年，活下来的袋鼠均聚集在高峰，但最终只有聚集在最高峰的袋鼠幸存下来。

综上所述，归纳如下。

（1）寻找一种对问题潜在的解进行"数字化"编码的方案（建立表现型和基因型的映射关系）。

（2）随机初始化一个种群（第一批袋鼠随意地分散在山脉上），种群中的个体就是这些数字化的编码。

（3）通过适当的解码得到袋鼠的位置坐标。

（4）用适应性函数对每一个基因个体做一次适应度评估（袋鼠跳得越高，与预期结果越符合，适应度相应越高）。

（5）使用选择函数按照某种规则择优竞选（每隔一段时间淘汰一些海拔较低处的袋鼠，以保证袋鼠总体数目持平）。

（6）允许个体基因变异，避免收敛（让袋鼠随机地跳，然后产生子代，保证多样性而且可能产生最优解）。

遗传算法不带目的地寻找近似最优解（不必去衡量袋鼠如何跳、跳多高、跳多远），只需要简单地"否定排除"适应度差的个体即可。

遗传算法是从父代群体中选取个体，并使其性状遗传到下一代群体。使用选择操作确定用来重组或交叉的个体。例如，我们希望生活在海拔高的袋鼠存活，并尽可能多地繁衍后代。但在自然界中，适应度低的袋鼠也可能生活在海拔较高处。

2. 遗传算法在宋词自动生成中的应用

由厦门大学和浙江大学的三位学者开发的"宋词自动生成遗传算法"主要针对宋词这种特殊的汉语诗歌体裁，设计了其自动生成算法及实现方法。以下是3个示例（关键词、词牌名、风格）。

① keyword=菊　Ci Pai=清平乐　Style=婉约

相逢缥缈，窗外又拂晓。长忆清弦弄浅笑，只恨人间花少。
黄菊不待清尊，相思飘落无痕。风雨重阳又过，登高多少黄昏。

② keyword=饮酒　Ci Pai=西江月　Style=豪放

饮酒开怀酣畅，洞箫笑语尊前。欲看尽岁岁年年，悠然轻云一片。
赏美景开新酿，人生堪笑欢颜。故人何处向天边，醉里时光渐渐。

③ keyword=佳人　Ci Pai=点绛唇　Style=婉约

人静风清，兰心蕙性盼如许。夜寒疏雨，临水闻娇语。
佳人多情，千里独回首。别离后，泪痕衣袖，惜梦回依旧。

开发者根据宋词的特点设计了基于平仄的编码方式，将"平、仄"与"0、1"编码相对应。例如，词牌《清平乐》平仄分布如下（其中*表示可平可仄）。

*平*仄，*仄平平仄。*仄*平平仄仄，*仄*平*仄。
*平*仄平平，平*仄平平。*仄*平*仄，*平*仄平平。

那么编码方案如下：

```
*0*1，*1001。*1*0011，*1*0*1。
*0*100，*0*100。*1*0*1，*0*100。
```

通过对大量宋词语句构成的分析，可以发现组成句子的有效模式的数目是有限的，并且呈现出了层次化的结构。产生大量的备选组合词语后，逐个进行分析测试，测试通过的词语留下，测试未通过的词语则剔除掉。

宋词的语义计算包括词义相关度计算、词义相似度计算，以及风格情感一致性计算3个方面。

词义相关度表示词语间建立的关联。通过词语相关度发掘词语共现和搭配的可能，保证生成诗词行文和主题上的连贯。对于最终的计算结果，选取两种算法的重叠部分，相关度则用两者各占50%的加权和表示；对于不重叠的部分，可以按相关度从高到低进行排列，并保留相关度大于10的词语。

词义相似度主要用于衡量文本中词语的可替换程度。计算词义相似度可保证所选词紧扣主题，并尽量使诗词的语言表现更丰富，可以对词库中高频（频度自选，前多少位可自行定夺）名词、形容词、近义词集进行计算。随后按照用户输入的关键词（要求输入1~3个关键词）和词牌名自动生成宋词。

例如，取种群大小k1、最大进化代数k2、交叉概率k3、变异操作次数k4、变异概率k5、父代接受概率k6，当输入主题关键词为"菊"，词牌名为《清平乐》时，系统会经过以下运行过程。

首先，系统提取主题关键词"菊"，在词义相似和词义相关库中进行查找，形成词义相似计算结果"黄菊 紫菊 嫩菊 槛菊 兰菊 菊花 金菊 菊蕊 野菊 松菊 晚菊 庭菊 细菊 篱菊 赏菊 丛菊 新菊 菊香 白菊"。接着，系统根据《清平乐》词牌的要求随机生成两个韵部，上阕仄韵"小"，下阕转平韵"魂"，即随机生成了一个仄声韵部和一个平声韵部，并规定每个个体中至少出现一个与主题词词义相似的词。生成的初始种群个体如下（之一）。

```
登临多少，入夜催秋草。憔悴田园添缠绕，携手光阴欢笑。
金菊零落离魂，春风相近黄昏。为我悲秋斜倚，此生天气重门。
```

词义相关计算结果如下。

```
轻寒 登高 秋色 重阳 晓寒 离恨 雁黄 管弦 香 秋 晚秋 微雨 萧疏 零乱 凄然
黯淡 凄楚 憔悴 紫绊 愁颜 梦影 夜 西风 零落 幽怨 微凉 斜日 馨香 鸿雁 金 祝寿
紫 中秋 新酿 东篱 高歌 醉 残 良辰 庭院
情舞 携手 竟 金尊 忆 轻轻 朱阑 残 难忘 红烛 朦胧 寒 烛影 无端 明镜 雁 梧
桐燕 吹 扁舟 故国 潇湘 残荷 露 叠翠 晨星 浩渺 清泪 回首 遥看 人间 笙歌 共舞
冷艳 长亭 相逢 双桨 红颜 暮云 吟 幽愫
```

此外，遗传算法还可应用于函数优化、路径优化、组合优化、生产调度问题（如确定车间工程流程、飞机航线等）、自动控制、图像处理、人工生命、遗传编程（人工智能、机器学习）等领域。例如，在工程、航行中将所需要的资源消耗、时间等权值看作"染色体"，经过上述操作，选择其中较优的方案。

在机器人控制应用中也运用遗传算法，尤其是快速定位、路径规划等。机器人在仿真环境中不断尝试接近目标，路线的优越度随着路线的增长而减少，结合机器人对自身位置的感知，最后得出较优解。

在游戏应用中也能见到遗传算法的影子。例如，在同一场景面对多轮敌人的"生存模式"中，敌人的属性是不断增强的，而有了遗传算法的加持，便可根据自身属性的变化来更改敌人的属性，以个性化（订制化）增强游戏的难度。例如，当一方的法术强度较高，另一方就增加法术防御度；当一方的物理攻击穿透较高时，另一方就增加血量等设定。相比直接增加属性，用户会拥有更好的游戏体验。

3.1.5 遗传算法拓展——分类器

20世纪80年代，霍兰德实现了第一个基于遗传算法的机器学习系统——分类器系统，开创了基于遗传算法的机器学习的新概念。

假设某物种有1 000个基因，每个基因包含两种信息，如果基因之间无关联，自然选择要经过2 000次尝试才能发现使其发展到最强壮的那组基因搭配；如果基因之间有关联，那么需要尝试 $2^{1\,000}$ 次，所花的时间是从宇宙大爆炸到现在的好多倍还不止。因此，这是一个向着无穷无尽的可能性的空间探索的系统。进化的目的是不断改进，那么进化是怎样在无穷无尽的可能性探索中找到有用的基因组合，而不需要搜遍整个领域呢？

一个层次上的建设砖块组合成更高层次上的建设砖块，这似乎是这个世界的基本规律之一，也表现在所有复杂的适应性系统之中。适应性系统通过重组它的建设砖块产生巨大的飞跃，而不是需要逐步地在无限的可能性中缓慢发展。所以，进化过程中的尝试在于发现优良的建设砖块，并将这些建设砖块结合在一起，从而产生许多"优良的后代"。

遗传算法即产生于此。遗传算法的内部机制更像是一个模拟生态系统，其中所有的程序都可以相互竞争、相互交换，朝着设置的目标不断演化。

霍兰德认为，思考和学习是大脑中一个事物的两个方面，而学习是认知的根本。霍兰德说，每一个细胞集合中都包含了一千个到一万个神经元。每一个神经元又有一千个到一万个与其他神经元相连的突触，突触使每一个细胞集合与其他许多细胞集合相互关联。这便意味着激活一个细胞集合就如同在讨论组或群组内部宣布一个公告，而大脑中大多数或所有其他细胞集合都会看到。

霍兰德的规则和公告是一排排1和0的二进制的任意序列，他给这些规则取名为"分类器"。同时，霍兰德还从基于规则的系统的中央控制的常规概念中找出了例外。世界并非如此简单又容易预测，规则也总是在改变，那么就需要让规则由学习而得来。如果两个分类器规则相互意见不能统一，那就让它们在自己表现的基础上去竞争一个结果，而不是通过一个设定好的准则挑选出来。

竞争和合作在某种程度上也是相同事物的两个方面。为实现竞争的机制，霍兰德将宣布公告的过程变为拍卖，每一个循环开始，所有的分类器都扫描公告栏，寻找与自己相关的信息。一旦发现与自己相关的信息，分类器会准备张贴自己的公告。但每一个分类器都会"量力叫价"，对于"经验足"的（每当一个分类器做对了，即可从环境中得到一个正反馈，强化那些与此相关的分类器；而当它做错了，就削弱相关的分类器，同时不去理会那些不相干的分类器）"叫价"更高的系统会收集所有的出价，选择一组赢家，叫价最高的最有可能赢。中选的分类器会张贴它们的公告，循环往复。

所有能够产生有效行动的分类器都会被强化，任何参与布局的分类器都不会被忽略。日积月累，随着整个系统不断汲取经验和从环境中获得反馈，将奖赏从一个分类器传到前一个分类器（类似于神经突触），每一个分类器的强度就会与自己对作用者的真正价值相匹配。但开采式学习与探险式学习之间是有区别的，开采式学习强化作用者已有的分类器，打磨已有的技能，却无法创新。系统会经常性地选择最强的一对分类器来繁衍后代，重组它们的数字化建设砖块，进化分类器。而新生代会取代一对较弱的分类器，通过水桶队列算法使自己更强壮。

将遗传算法作为第三层，置于水桶队列算法和基本的基于规则的系统之上，就可以达到分类目的，分类器系统被应用到了很多方面。1983 年，戈德伯格将此应用于煤气管道的优化，这个系统从一组完全随意的分类器开始，在经过一千天的模拟试验之后，达到控制煤气管道的专家级水平。

自 1980 年起，霍兰德一直与三位密歇根大学的同事，心理学家霍利约克（K. Holyoake）、尼斯比特（R. Nisbett）和哲学家撒加德（P. Thagard）密切合作，致力于创立一个关于学习、推理和知识发掘的认知理论。在 1986 年出版的《归纳法》（*Induction: Processes of Inference, Learning and Discovery*）一书中谈到，这个理论必须建立在三项基本原则上，而这三项基本原则也正是霍兰德的分类器系统的原则。

- 知识能够以类似规则的思维结构来表达。
- 这些规则始终处于竞争之中，经验使得有用的规则越变越强，无用的规则越变越弱。
- 具有说服力的新规则产生于旧规则的组合之中。

分类器系统总是从零起步，它最初的规则完全是在计算机模拟的太初混沌中随意设置的，然而就在这混沌之中，美妙的结构涌现了出来。

遗传算法模拟生物界中的基因遗传与进化过程，采用自然界优胜劣汰的法则，即优良基因的个体具有更强的竞争力，更容易存活，并且把优良的基因传给下一代。遗传算法对参数的编码进行操作，而非参数本身，在优化计算过程中借鉴自然界生物的遗传和进化原理。遗传算法是由很多个体组成的初始群体，进行最优解的搜索过程，具有内在的隐含并行性和更好的全局寻优能力。该算法直接以目标函数作为搜索信息，将目标函数值变换得到适应度函数值，确定进一步的搜索方向和搜索范围，无须导数值等信息。在遗传算法中，采用概率化的寻优方法，不需要确定的规则就能自动获取和指导优化的搜索空间，自适应地调整搜索方向。算法在解空间进行高效启发式搜索，而非盲目地穷举和完全随机搜索。遗传算法中对于待寻优的函数基本无限制，应用范围广，且并行计算，适合大规模复杂问题的优化。目前，遗传算法已广泛应用于各大领域和行业，如工程应用、函数优化、模式识别、调度和优化等。

3.2 粒子群算法

粒子群算法

3.2.1 粒子群算法的起源

自然界中许多生物都具有一定的群体行为与特定的协作模式，并能表现出比个体更加强大的智能现象，如善于协作的蚁群（见图 3.11），能够充分利用空气动力学或流体动力学的鸟群（见图3.12）、鱼群（见图3.13）等。

每一个个体简单的行为规则能导致复杂的群体行为（见图3.14）。据此，人工生命（通过人工模拟生命系统研究生命的领域，涉及计算机科学领域的虚拟生命系统与基因工程技术人工改造生物的工程生物系统）在计算机上通常以几条简单的规则构建群体模型，对复杂的群体行为进行仿真。

图3.13彩图

图 3.11　蚁群

图 3.12　鸟群

图 3.13　鱼群

图 3.14　飞行中的无人机群

生物学家雷诺兹（C. W. Reynolds）（见图3.15）在1987年提出了一个非常有影响力的鸟群聚集模型，此模型非常形象地模拟出鸟群飞行的景象，并使用计算机动画对复杂的群体行为进行仿真。这种模型已被广泛运用到影视动画、图形学、生态学、信息地理学、虚拟现实以及科学仿真等多个学科和研究领域当中。1992年，作为视频图片组的成员，雷诺兹参与了《蝙蝠侠归来》（Batman Returns）电影的制作。

图3.15　生物学家雷诺兹

雷诺兹在仿真中采用三条简单的规则：飞离最近的个体避免碰撞；飞向目标；飞向群体的中心。博伊德（R. Boyd）和里彻森（P. Richerson）从人类的决策过程的研究结果得出，人类在决策时使用两类重要的信息：自身的经验和他人的经验。于是，群体行为、人类决策与鸟群行为形成了粒子群算法的基本概念。

粒子群算法最早由美国社会心理学家肯尼迪（J. Kennedy）和电气工程师埃伯哈特（R. Eberhart）在1995年共同提出。其基本思想受他们早期对鸟类群体行为——觅食行为的建模与仿真结果的启发，模型与仿真算法主要利用了生物学家赫普纳（F. Heppner）的鸟类模型。鸟类在寻找食物时经常会群体性地改变飞行方向，时而聚集时而散开，既表现出组织性、规律性，又有些随机而不可预测。但通过观察研究发现，正是个体之间的规则导致群体的高度一致性。生物群体中，个体间或个体与群体间相互影响、相互作用的行为体现了一种存在于生物群体之中的信息共享机制。利用这种机制，可以使得个体间共享信息，借鉴经验，从而促进整个群体的进步和发展，这样的机制对寻找一个问题的最优解很有帮助。

鸟类使用简单的规则确定自己的飞行方向与飞行速度（每一只鸟都试图停在鸟群中而又不相互碰撞）。当一只鸟飞离鸟群而飞向栖息地时，同时在引导它周围的其他鸟也飞向栖息地。也就是说，当一只鸟一旦发现栖息地，并降落在此，也就驱使了更多的鸟落在栖息地，直到整个鸟群都落在栖息地。在这个过程中，已经找到栖息地的鸟引导它周围的鸟飞向栖息地，增加了整个鸟群找到栖息地的可能性，但无法保证降落在最好的栖息地。

鸟类寻找栖息地的方式与寻找一个问题的最优解很相似。优化过程是个体与周围其他同类相比较，并模仿较优秀者的行为。算法的关键点是在探索（寻找一个优解）和开发（利用一个优解）之间寻找一个平衡，使粒子飞向解空间并在最优解处降落。太小的探索将导致算法收敛于早期所遇到的优解，而太大的开发会使算法不收敛。我们希望个体个性化，如鸟类模型中的鸟不互相碰撞，而又希望其他个体已经找到优解并向它学习。最后鸟群在整个搜寻的过程中，通过相互传递各自的信息来让其他的鸟知道自己的位置，相互协作来判断自己找到的是不是最优解，同时也将最优解的信息传递给整个鸟群，最终整个鸟群都能聚集在最优栖息地（最优解）周围，即问题收敛。

肯尼迪和埃伯哈特较好地解决了上述问题，他们的模型和仿真算法主要对赫普纳的模型进行了修正，以使粒子飞向解空间并能在最优解处降落。

3.2.2 粒子群算法的特点

粒子群算法也称粒子群优化（Particle Swarm Optimization，PSO）算法或鸟群觅食算法，是通过模拟鸟群觅食过程中的迁徙和群聚行为而提出的一种基于群体智能的全局随机搜索算法。它是一种进化计算技术，在对动物集群活动行为进行观察的基础上，利用群体中的个体对信息的共享使整个群体的运动在问题求解空间中产生从无序到有序的演化过程，从而获得最优解。

与其他进化类算法相似，粒子群算法也采用"群体"与"进化"的概念，需要设定种群（种群规模、初始解产生方式等），通过种群中粒子的并行搜索进行求解，也同样依据个体（微粒）的适应值大小进行操作。所不同的是，粒子群算法不像其他进化算法那样对个体使用进化算子，而是将每个个体看成是在 n 维搜索空间中的一个没有重量和体积的微粒，并在搜索空间中以一定的速度飞行，该飞行速度由个体的飞行经验和群体的飞行经验进行动态调整。

对于鸟群觅食，粒子群算法将每只鸟看成一个粒子，而且它们拥有位置和速度两个属性，能根据自身已经找到的离食物最近的解和参考共享于整个集群中找到的最近的解去改变自己的飞行方向，最后整个集群大致向同一个地方聚集。

在编码设计上，粒子群算法可以直接依据被优化问题进行编码，比其他算法更简单。通常来说，进化算法随机向任意方向进行搜索，而粒子群算法则依据本身以及群体的经验向着更好的方向和领域进行搜索。

与遗传算法类似，粒子群算法从随机解出发，通过迭代寻找最优解，通过适应度来评价解的品质，它们都不能保证一定找到最优解。但相比遗传算法，粒子群算法没有运用交叉和变异操作，而是在解空间追随当前最优的粒子搜索全局最优解，而且粒子还有一个重要的特点——有记忆，这使得粒子群算法和遗传算法的信息共享机制不同。在遗传算法中，染色体互相共享信息，整个种群的移动比较均匀地向最优区域移动；在粒子群算法中，粒子之间相对来说是单向的信息流动，存在离散的优化问题处理不佳、陷入局部最优等问题。整个搜索更新跟随当前最优，也意味着相比遗传算法，所有的粒子可能更快地收敛于最优解。遗传算法比较适用于离散问题的求解，而粒子群算法原理简单，通用性强，在多维空间函数寻优、动态目标寻优等方面收敛速度快、非劣解质量高，比较适合连续性问题的求解，既适合科学研究，又适合工程应用。

近年来，国内外许多学者对粒子群算法进行了多方面的改进，如与其他算法结合求解复杂的生产计划与调度问题。2009年，顾阳伟等人利用改进了的粒子群算法求解将生产计划与车间调度整合的问题转化为一个组合优化模型。2012年，王廷梁等人将加权法和惩罚函数引入带有收缩因子的粒子群算法中，设计了一种新的求解多目标非线性组合优化问题的混合粒子群算法。针对迭代后期收敛速度缓慢，且易陷入局优等问题，一些学者通过机器学习辅助或局部搜索算子来提高粒子群算法的求解性能。2011年，詹志辉等人利用正交学习方法改进粒子群算法的速度更新算子，将粒子的个体历史学习经验和群体历史最优经验通过正交组合引导粒子的飞行方向，增强算法全局搜索能力。2012年，李长河等人提出一种自我学习粒子群算法，粒子可以根据种群进化过程所处的不同阶段以不同的方式选择向不同的全局最优解学习，从而帮助粒子跳出局优。2013年，王世昌等人利用改进的粒子群算法解决加工制造企业的年度综合生产计划优化问题。

3.2.3 粒子群算法的原理

粒子群算法中，粒子群被视为一个简单的社会系统，每一个个体被视为一个解。每个优化问题的解都是搜索空间中的一只鸟，称为"粒子"，粒子群初始化为一群随机粒子（随机解）。所有的粒子经由适应函数而拥有一个适应值（Fitness Value）和一个速度（向量）以决定它们飞行的方向和距离。然后粒子们追随当前的最优粒子在解空间中搜索。搜索过程中，通过一次次迭代找到最优解。这里的迭代是指粒子通过跟踪两个"极值"来更新自己——粒子本身所找到的最优解（个体极值）与整个种群目前找到的最优解（全局极值）。另外，可以不用整个种群而只用其中一部分作为粒子的邻居，那么在这些邻居中的极值就是局部极值。

粒子群算法的核心是利用群体中的个体对信息进行共享，使得整个群体的运动在问题求解空间中产生从无序到有序的演化过程，从而获得问题的最优解。

在进化类算法的分析中，人们习惯于将每一步进化迭代理解为用新个体（子代）代替旧个体（父代）的过程。粒子群算法的进化迭代可被理解为一个自适应过程，粒子的位置不是被新的粒子所代替，而是根据速度（向量）进行自适应变化，即粒子群算法在进化过程中同时保留和利用位置与速度信息（即位置的变化程度），其他进化类算法仅保留和利用位置的信息。另外，在每一代，粒子群算法中的每个粒子只朝一些根据群体的经验认为是好的方向飞行，在进化规划中可通过一个随机函数变异到任何方向。也就是说，粒子群算法执行有意识（conscious）的变异。如果这种意识能提供有用的信息，会具有更多的机会在优化点附近开发进化，那么粒子群中的粒子有更多的机会更快地飞到有更优解的区域。

粒子群算法在收敛次数上不稳定，收敛次数波动较大。为了改善基本粒子群算法的收敛性能，史玉回（Yuhui Shi）与埃伯哈特在1998年的IEEE国际进化计算学术会议上发表了论文《一种改进的粒子群优化算法》（*A Modified Particle Swarm Optimizer*），首次在速度进化方程中引入惯性权重的概念，将基本粒子群算法看成是惯性权重为1的特殊情况。惯性权重（权重是指某一因素或指标相对于某一事物的重要程度，通常可通过划分多个层次指标进行判断和计算）使粒子保持运动惯性（惯性表现为物体对其运动状态变化的一种阻抗程度，质量是对物体惯性大小的量度。当作用在物体上的外力为零时，即保持静止或匀速直线运动，惯性表现为物体保持其运动状态不变；当作用在物体上的外力不为零时，惯性表现为外力改变物体运动状态的难易程度),使其有扩展搜索空间的趋势,有能力探索新的区域。因为惯性权重本身具有维护全局和局部搜索能力平衡的作用,引入惯性权重可以清除基本粒子群算法对最大速度的需求。当最大速度增加时,可通过减少惯性权重来达到平衡搜索,而惯性权重的减少可使得所需的迭代次数变少。

3.2.4 粒子群算法的步骤

粒子群算法的主要步骤如下。

(1)依照初始化过程,对粒子群的随机位置和速度进行初始设定。

(2)计算每个粒子的适应值。

(3)对于每个粒子,将其适应值与所经历过的最好位置的适应值进行比较,若此适应值更好,则将其作为当前的最好位置。

(4)对于每个粒子,将其适应值与全局所经历的最好位置的适应值进行比较,若此适应值更好,则将其作为当前的全局最好位置。

(5)根据方程对粒子的速度和位置进行更新,如图 3.16 所示。

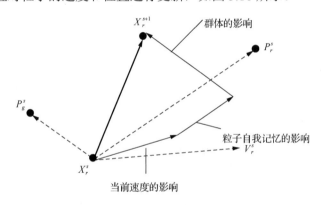

图 3.16 粒子的速度和位置更新

速度更新公式如下。

$$V_r^{s+1} = \omega^s V_r^s + C_1 r_1^s \left(P_r^s - X_r^s \right) + C_2 r_2^s \left(P_g^s - X_r^s \right) \tag{3-2}$$

其中,$V_r = (v_{r1}, v_{r2}, \cdots, v_{rm})$ 代表粒子 r 的飞行速度;$P_r = (p_{r1}, p_{r2}, \cdots, p_{rm})$ 代表粒子 r 所经历过的自身最好位置(个体最优解);而 P_g 代表种群中所有粒子所经历过的最好位置(全局最优解);$r = 1, 2, \cdots, R$,R 代表粒子群的规模,s 为当前迭代的次数;ω^s 是粒子在第 s 次迭代时的惯性系数(非负),该值较大时,全局寻优能力强,局部寻优能力弱;该值较小时,全局寻优能力弱,局部寻优能力强,可通过调整 ω 的大小,对全局寻优性能和局部寻优性能进行调整(当 ω 为 0 时,粒子失去自身速度的记忆);C_1 和 C_2 为加速常数,分别调节粒子飞向自身最好位置和全局最好位置的步长,通常在 $[0,2]$ 区间取值,但取值还是依赖具体问题;r_1^s 和 r_2^s 为 $[0,1]$ 区间均匀分布的随机数。速度更新公式给出了粒子 r 从第 s 次迭代到第 $s+1$ 次迭代过程中速度的更新,为使粒子速度不致过大,可设定速度上限为 $v_{\max}$,即当式(3-2)中的 $|v_r| \geqslant v_{\max}$ 时,取 $|v_r| = v_{\max}$。根据式(3-2)可知,PSO 算法在迭代过程中维护两个向量,一个是速度向量;另一个是位置向量。

式（3-2）由三部分共同决定粒子的空间搜索能力。第一部分是粒子当前的速度（第 s 次迭代时的速度），说明粒子当前的状态，主要作用是平衡全局搜索和局部搜索；第二部分属于认知部分（Cognition Modal），表示个体最优解对粒子的影响，从而避免产生局部最优的现象；第三部分称为社会部分（Social Modal），确保粒子间的信息共享。同时，在粒子速度更新之后，需要与 v_{max} 进行比较，保证粒子速度在可允许范围内。

位置更新公式如下。

$$X_r^{s+1} = X_r^s + V_r^{s+1} \tag{3-3}$$

位置公式（3-3）给出了粒子 r 从第 s 次迭代到第 $s+1$ 次迭代过程中位置的更新。一旦粒子的位置发生变化，就表示产生一个新解。如果该解优于个体最优解或者全局最优解，那么该解将会被保留下来。

（6）如未达到结束条件（达到设定迭代次数或代数之间的差值满足最小界限）则返回步骤（2）。可见，粒子群算法在每一次迭代中，当所有粒子都完成速度和位置的更新之后才对粒子进行评估，更新各自的个体最优解 pBest，再选择最好的个体最优解 pBest 作为新的全局最优解 gBest，本次迭代中所有粒子都采用相同的全局最优解 gBest。

完整的粒子群算法流程如图 3.17 所示。

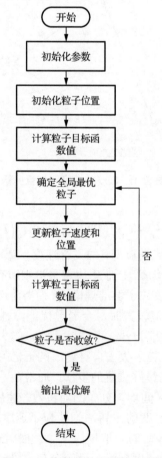

图 3.17 完整的粒子群算法流程

3.2.5 粒子群算法的应用

人手跟踪

目前，有关粒子群算法的研究大多以带惯性权重的粒子群算法为基础进行扩展和修正。为此，在大多数文献中将带惯性权重的粒子群算法称为粒子群算法的标准版本，或简称标准粒子群算法，而将基本粒子群算法称为粒子群算法的初始版本。

例如，求函数 $f(x) = x\sin(10\pi x) + 2$，$x \in [-1, 2]$ 的最大值，它的图像如图 3.18 所示。

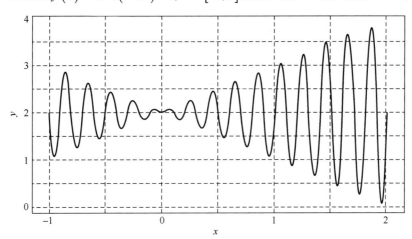

图 3.18 函数 $f(x)$ 的图像

粒子（鸟）根据自身经验（自己经过的最高点），以及所有粒子中的最高点（所有鸟的经验）进行探索，每次飞行的时间是 1（迭代 1 次），速度是 v，这一次飞过的路程 $s = v \cdot 1$（x 的变化量）。假如有奖励就过去，没有则停留在原地，再结合自身和别人的经验思考下一秒该怎么飞。由于每次飞行时间是固定的，因此位移=速度位移=速度的值，所以只需要考虑该如何结合其他信息确定下一秒飞行的速度。

这个过程中，速度的更替由三部分组成，自身惯性、自身经验以及群体经验，即

$$v_{id}^k = \omega v_{id}^{k-1} + C_1 r_1 \left(p\text{best}_{id} - x_{id}^{k-1} \right) + C_2 r_2 \left(g\text{best}_d - x_{id}^{k-1} \right) \tag{3-4}$$

式中，i 表示第 i 个粒子；d 表示第 d 个维度；k 表示当前时刻；v_{id}^k 表示第 i 个粒子 k 时刻在第 d 个维度的速度；C_1、C_2 表示加速度，调节学习的最大步长，C_2 还调节解的搜索空间，$C_1 = 0$ 时不考虑自身经验，每个点都向最高点移动，易丧失群体多样性，$C_2 = 0$ 时不考虑其他粒子的经验，没有信息共享，收敛速度慢；$p\text{best}$ 表示自身历史经验中适应度最高的位置信息，$g\text{best}$ 表示所有粒子历史经验中适应度最高的位置信息。

飞行时间固定为 1，下一秒的位置则为

$$x_{id}^k = x_{id}^{k-1} + v_{id}^{k-1} \tag{3-5}$$

图 3.19 所示为粒子群算法对上述函数第 2 代与第 283 代求解状态和变化的过程。

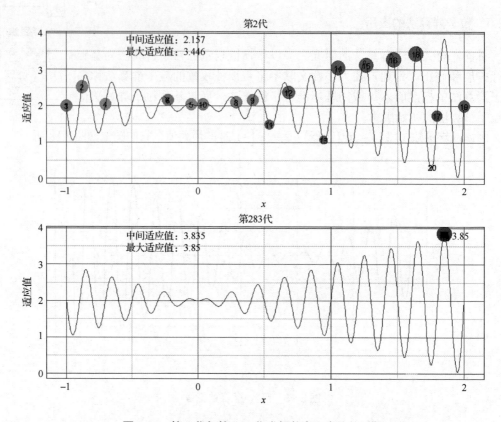

图 3.19　第 2 代与第 283 代求解状态和变化的过程

粒子群算法还可以直观地展示蜜蜂采蜜的聚群行为。图 3.20 所示为蜜蜂采蜜的初始状态，图 3.21 所示为蜜蜂采蜜的聚集状态。

图 3.20 彩图

图 3.20　蜜蜂采蜜的初始状态

图 3.21　蜜蜂采蜜的聚集状态

随着应用范围的扩大，粒子群算法存在早熟收敛、维数灾难、易于陷入局部极值等问题。目前，粒子群算法主要有以下几个发展方向。

（1）调整粒子群算法的参数来平衡算法的全局探测和局部开采能力。例如，2009 年，张玮等人在对标准粒子群算法位置期望及方差进行稳定性分析的基础上，研究了加速因子对位置期望及方差的影响，得出了一组较好的加速因子取值。

（2）设计不同类型的拓扑结构，改变粒子学习模式，从而提高种群的多样性。肯尼迪等人研究了不同的拓扑结构对基本粒子群算法性能的影响，并针对基本粒子群算法存在易早熟收敛、寻优精度不高的缺点，于 2003 年提出了一种更为明晰的粒子群算法形式——骨干粒子群优化（Bare Bones Particle Swarm Optimization，BBPSO）算法。

（3）将粒子群算法和其他优化算法（或策略）结合起来，形成混合粒子群算法。例如，曾毅等人将模式搜索算法嵌入粒子群算法中，实现了模式搜索算法的局部搜索能力与粒子群算法的全局寻优能力的优势互补。

（4）采用小生境技术（模拟生态平衡的一种仿生技术），适用于多峰函数和多目标函数的优化问题。例如，在粒子群算法中，通过构造小生境拓扑，将种群分成若干个子种群，动态地形成相对独立的搜索空间，实现对多个极值区域的同步搜索，从而可以避免算法在求解多峰函数优化问题时出现早熟收敛现象。帕尔索普洛斯（Parsopoulos）提出一种基于"分而治之"思想的多种群粒子群算法。其核心思想是将高维的目标函数分解成多个低维函数，然后每个低维的子函数由一个子粒、子群进行优化，该算法对高维问题的求解提供了一个较好的思路。

不同的发展方向代表不同的应用领域，有的需要不断进行全局探测，有的则需要提高寻优精度，也有的需要全局搜索和局部搜索相互之间的平衡，还有的需要对高维问题进行求解。在产业中，计算智能算法包括图形处理器运算、并行计算、高性能计算、多模式结合等手段，完成更加复杂多变的业务需求。其主要应用于以下几个方面。

（1）模式识别和图像处理。应用于图像分割、图像配准、图像融合、图像识别、图像压缩和图像合成等。

（2）神经网络训练。应用于人工神经网络中的连接权值的训练、结构设计、学习规则调整、特征选择、连接权值的初始化和规则提取等。但是速度没有梯度下降优化的好，需要较大的计算资源。

（3）电力系统设计。例如，日本的富士电机公司的研究人员将电力企业某个无功功率和电压控制（Reactive Power and Voltage Control，RPVO）问题简化为函数的最小值问题，并使用改进的粒子群算法进行优化求解。

（4）半导体器件综合。半导体器件综合是在给定的搜索空间内根据期望得到的器件特性来得到相应的设计参数。

（5）其他的一些相关产业，包括自动目标检测、生物信号识别、决策调度、系统识别和游戏训练等方面。

粒子群算法通过对鸟类等生物群体的觅食行为进行模拟从而实现群体智能。该算法认为在生物群体中存在着个体与个体间或者个体与群体间相互影响、相互作用的行为，这种行为体现了一种存在于生物群体之中的信息共享机制。利用这种机制，可以使得个体间共享信息，相互借鉴经验，从而促进整个群体的进步和发展。粒子群算法是一种基于群体智能的随机优化算法，具有原理简单，通用性强，在多维空间函数寻优、动态目标寻优等方面有着收敛速度快、非劣解质量高、鲁棒性好等优点。该算法一经提出，就引起优化及进化计算等领域学者的广泛关注，在最优化问题领域得到了大量的研究和应用，特别适合解决工程应用及生产调度领域的优化问题。

3.3 蚁群算法

3.3.1 蚁群算法的起源

人们从20世纪50年代中期创立的仿生学中受到启发，提出了许多用以解决复杂优化问题的新方法，如进化规划、进化策略、遗传算法等，并成功地解决了一些实际问题。

20世纪90年代，意大利学者多里戈（M. Dorigo）、马涅佐（V. Maniezzo）、克洛尼（A. Colorni）等人从生物进化的机制中受到启发，模拟自然界的蚂蚁搜索路径的行为，提出一种新型的模拟进化算法——蚁群算法。

蚁群算法（Ant Colony Algorithm，ACA）又称蚂蚁算法，最早由多里戈（见图3.22）于1992年在其博士论文中提出，并将其应用于计算机算法学中的旅行商问题（Traveling Salesman Problem，TSP），是指旅行家要旅行n个城市，要求各个城市经历且仅经历一次，然后回到出发城市，并要求所走的路程最短。在旅行商问题中，一个城市节点可以看成是一个基因，类似一条染色体由若干基因组成一样，一个最优解就是一条路径，并包含若干个点，求最短路径问题便可以抽象成求最优染色体的问题。

蚁群算法的基本思想来源于自然界蚂蚁觅食的最短路径原理。根据昆虫学家的观察，发现自然界的蚂蚁虽然视觉不发达，但它们可以在没有任何提示的情况下找到从食物源到巢穴的最短路径，并在周围环境发生变化后，自适应地搜索新的最佳路径。如图3.23至图3.25所示，这离不开蚁群的协作能力（一群蚂蚁很容易找到从蚁巢到食物源的最短路径，而单个蚂蚁则不能）和自适应能力（如在蚁群的运动路线上突然出现障碍物时，它们能够很快地重新找到最优路径）。

图 3.22 蚁群算法提出者之一多里戈

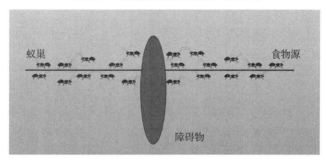

图 3.23 蚂蚁正常活动,增加障碍物

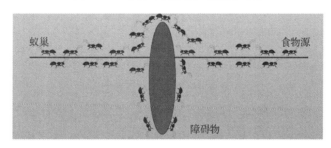

图 3.24 蚂蚁以等同概率选择各路径

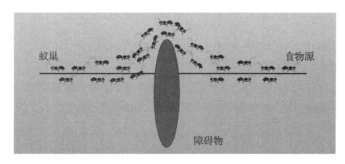

图 3.25 蚂蚁选择最优的路径

3.3.2 蚁群算法的原理

仿生学家经过大量细致的观察研究后发现，蚁群表现出复杂有序的行为，归结于个体之间的信息交流与相互协作的作用。蚂蚁个体之间是通过一种信息素（Pheromone），也称外激素进行信息传递，从而相互协作，完成复杂的任务。蚂蚁在它所经过的路径上释放信息素（随着时间的推移会逐渐挥发），使一定范围内的其他蚂蚁能够察觉到，并能够感知路径上信息素的存在及其强度，以此指导自己的路径方向。当一些路径上通过的蚂蚁越来越多时，信息素也就越来越多，蚂蚁们选择这条路径的概率也就越高，结果导致这条路径上的信息素又增多，蚂蚁走这条路的概率又增加，如此循环。蚂蚁倾向于朝着信息素强度高的方向移动，表现出一种信息正反馈现象：某一条路径上走过的蚂蚁越多，信息素浓度越高，后来者选择该路径的概率就越大。经过一段时间的正反馈，最终收敛到最短路径。所以蚁群在寻找食物时，总能找到一条从食物到巢穴之间的最优路径，并能随着环境的变化而搜索和改变最优路径。

多里戈用下面的例子具体说明了蚁群系统的原理，如图 3.26 所示。

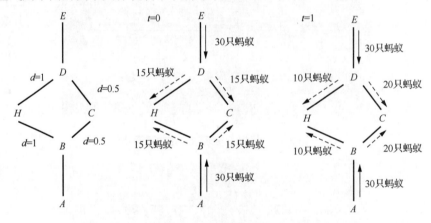

图 3.26 蚁群系统原理图

假设 A 是巢穴，E 是食物源，H 和 C 是障碍物，d 为各点之间的距离。若每个单位时间内有 30 只蚂蚁由 A 到达 B，30 只蚂蚁由 E 到达 D 点，行进速度相同，蚂蚁经过后留下的信息素物质量为 1，挥发速度为 1。

（1）初始时，路径上均无信息存在，蚂蚁等概率选择路径，15 只选择 BHD，15 只选择 BCD。

（2）经过单位时间后，在路径 BCD 上的信息素浓度是路径 BHD 上信息素浓度的 2 倍，那么将有更多的蚂蚁选择路径 BCD。

又或者假设，蚂蚁从 B 点出发，速度相同，食物在 D 点，蚁群可能随机选择路径 BCD 或路径 BHD。假设初始时，每条路径上一只蚂蚁，每个单位时间内行走一步，经过 9 个时间单位，路径 BCD 上的蚂蚁到达终点，而在路径 BHD 上的蚂蚁刚好走到 H 点，仅走了一半路程，如图 3.27 所示。

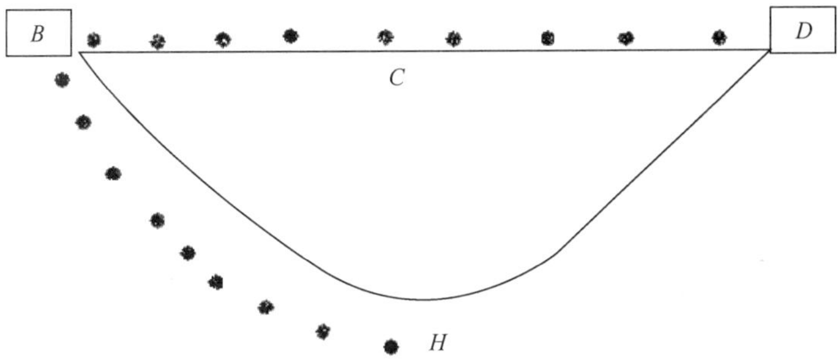

图 3.27 蚁群算法寻优 1

从初始时间计算，选择路径 *BCD* 的蚂蚁经过 18 个时间单位到达终点后，得到食物返回了起点，而选择路径 *BHD* 的蚂蚁刚好走到终点。若每只蚂蚁每经过一处留下来的信息素为一个单位，经过 36 个时间单位后，所有一起出发的蚂蚁都取得了食物（从初始时间开始计算，选择两条路径的蚂蚁数量相同）。但此时选择路线 *BCD* 的蚂蚁往返了两次，每一处的信息素为 4 个单位，而选择路线 *BHD* 的蚂蚁往返了一次，每一处的信息素为 2 个单位，其比值为 2∶1。倘若寻找 *D* 点食物的过程继续进行，则按刚才 36 个时间单位内留下的信息素的指导，路径 *BCD* 上将增派蚂蚁，假设路线 *BHD* 上的蚂蚁数量不改变，那么随着时间的推移，路线 *BCD* 上与路线 *BHD* 上信息素的比值将越来越大，直至所有的蚂蚁都选择路径 *BCD*，这一过程也反映了正反馈现象，如图 3.28 所示。

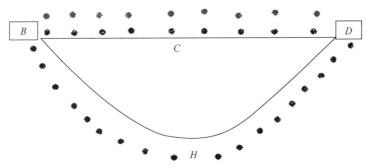

图 3.28 蚁群算法寻优 2

蚁群算法的基本思想就是模仿蚂蚁依赖信息素进行通信而显示出来的社会性行为，在智能体（Agent）定义的基础上，有一个启发算法指导下的自催化过程引导每个智能体的行动，它是一种随机的通用试探法，可用于求解各种不同的组合优化问题。这种受启发算法指导的智能体区别于自然界中真正的蚂蚁，而是作为优化工具的人工蚂蚁。人工蚂蚁与自然蚂蚁的区别如下。

（1）人工蚂蚁具有一定的记忆力。
（2）人工蚂蚁可以通过判断信息素的量来决定走哪一条路径。
（3）在人工蚂蚁生活的空间中时间是离散的，而不是连续的。

3.3.3 蚁群算法的步骤

多里戈给出了三种不同模型，分别为蚁周（Ant-Cycle）算法、蚁密（Ant-Density）算法和蚁量（Ant-Quantity）算法。这三种模型的基本思想是一致的，但它们之间又有所差异。旅行商问题描述为：假设有 n 个城市，任意两个城市 r、s 之间的距离为 d_{rs}，要求找到一条遍历所有城市且每个城市只访问一次的路线，使得总的路线距离最短。蚁周算法的基本思想是：有 m 只蚂蚁，每只蚂蚁从任意一个城市出发，遍历所有城市且每个城市只访问一次。每只蚂蚁都具有以下特征。

（1）蚂蚁具有记忆表，记录已经访问过的城市，蚂蚁不能再访问记忆表里的城市，直到所有的城市都被访问完，蚂蚁就找到了一条遍历所有城市且每个城市只访问一次的路线。用 M_k 表示第 k 个蚂蚁的记忆表，即第 k 个蚂蚁已经访问过的城市的集合。

（2）当蚂蚁遍历所有的城市，即完成一次循环，它将在其经过的每条路径上释放信息素。用 $\tau(r,s)$ 表示两个城市间的信息素，$\Delta\tau(r,s)^k$ 表示第 k 个蚂蚁访问过路径 (r,s) 后释放的信息素。信息素更新公式如下。

$$\tau(r,s)^{\text{new}} = \rho \times \tau(r,s)^{\text{old}} + \Delta\tau(r,s) \tag{3-6}$$

$$\Delta\tau(r,s) = \sum_k \Delta\tau(r,s)^k \tag{3-7}$$

$$\Delta\tau(r,s)^k = \begin{cases} Q/L_k, & \text{若蚂蚁}k\text{访问过路径}(r,s) \\ 0, & \text{否则} \end{cases} \tag{3-8}$$

式中，ρ 为信息素挥发后的残留系数；Q 为一个常数，表示蚂蚁完成一次完整的路径搜索后释放的信息素的总量；L_k 为蚂蚁 k 所走的路径总长度。

（3）蚂蚁以一定的概率选择它下一步要走的城市，这个概率是它所在的城市与所选城市之间的距离和连接这两个城市路径上的信息素轨迹的量的函数，用 $P_k(r,s)$ 表示 k 个蚂蚁的转移概率。

$$P_k(r,s) = \begin{cases} \dfrac{[\tau(r,s)]^\alpha \times [\eta(r,s)]^\beta}{\sum_{s \notin M_k}[\tau(r,s)]^\alpha \times [\eta(r,s)]^\beta}, & \text{如果}s \notin M_k \\ 0, & \text{否则} \end{cases} \tag{3-9}$$

其中，$\eta(r,s)$ 是与问题本身有关的启发信息，对于旅行商问题，$\eta(r,s)$ 与城市 (r,s) 之间的距离有关，$\eta(r,s)=1/d_{rs}$，在整个算法的循环过程中，$\eta(r,s)$ 保持不变。α、β 为两个重要的参数，分别表示 $P_k(r,s)$ 在 $\tau(r,s)$ 和 $\eta(r,s)$ 概率中所占的比重，若只选用 $\eta(r,s)$ 表明距离越近的城市越容易被选中；若只选用 $\tau(r,s)$ 表明原来蚂蚁走得越多的城市越容易选中。从式（3-9）可以看出，概率 $P_k(r,s)$ 是在 $\tau(r,s)$ 和 $\eta(r,s)$ 之间寻求一种平衡。因为，单纯地选用 $\eta(r,s)$，容易陷入局部极小的陷阱；而单纯地选用 $\tau(r,s)$，则易于陷入搜索停滞，即所得的解都趋于相同，解的差异性变小，而此解并非最优解。

蚁群算法的流程如图 3.29 所示。

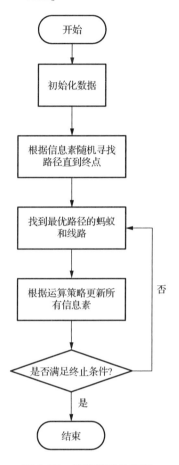

图 3.29　蚁群算法的流程

整个蚁群算法的过程可描述为：在初始化阶段，每只蚂蚁被分配到不同的城市，即每只蚂蚁从不同的城市出发；城市之间的每条路径上的信息素为 τ_0；每只蚂蚁的记忆表的第一个元素就是它们出发的城市；在选择阶段，蚂蚁根据式（3-9），按照概率 P_k 转移到下一个城市 s，将 s 置于当前解集中，如此循环，直到所有的蚂蚁都完成一次遍历，它们的记忆表都已经满了；在更新阶段，计算每只蚂蚁遍历的总路径长度 L_k，然后根据式（3-8），更新各条路径上的信息素；重复上述过程，直到算法完成预定的循环次数，即 NC 次。

用算法语言来描述蚁群算法如下。

STEP1：初始化

　　置时间计数器 $t=0$；

　　循环计数器 $NC=0$；

　　城市与城市之间路径上的信息素轨迹浓度的初始值 $\tau_0(i,j)=c$，c 为一个小正数，并设 $\Delta\tau(i,j)=0$；

　　将 m 只蚂蚁置于 n 个城市。

STEP2：置记忆表的指针 $s=1$；

>   For $k = 1$ to m
>   将每只蚂蚁的出发城市放入它们的记忆表 $M_k(s)$ 中。
>   End
> STEP3：路径搜索过程（这一步要重复多次，直到完成对所有城市的遍历）
>   do
>   置 $s = s + 1$；
>   For $k = 1$ to m
>   根据式（3-9）计算 $P_k(r,s)$，选中概率最大的城市（不妨设为 j）；
>   第 k 只蚂蚁移动到城市 j；
>   将城市 j 记入第 k 只蚂蚁的记忆表 $M_k(s)$。
>   End
>   While 所有蚂蚁的记忆表满了。
> STEP4：For $k = 1$ to m
>   将第 k 只蚂蚁移动到其记忆表中的 $M_k(1)$；
>   计算第 k 只蚂蚁所遍历的路径的长度 L_k；
>   比较或更新最短路径的记录；
>   对每一条城市与城市之间的路径
>   For $k = 1$ to m
>   根据式（3-7）和式（3-8），计算 $\Delta\tau(i,j)^k$ 和 $\Delta\tau(i,j)$。
>   End
>   End
> STEP5：更新每条路径上的信息素轨迹的浓度
>   对每一条城市与城市之间的路径，根据式（3-6）计算 $\tau(r,s)^{new}$；
>   置 $t = t + n$；
>   置 $NC = NC + 1$；
>   对每一条城市与城市之间的路径，置 $\Delta\tau(i,j) = 0$。
> STEP6：If $NC < NC_{max}$
>   返回 STEP2；
>   Else 输出最短路径。

整个算法的复杂度为 $O(NC \times m \times n^2)$。算法中的参数设置都是针对特定问题而言的。蚁密算法和蚁量算法与蚁周算法的不同之处主要在于更新信息素的方式。在蚁密算法和蚁量算法中，每个蚂蚁不是在整个路径遍历结束后释放信息素，而是在每走一步后就立即对它所走的路径上的信息素进行更新。

在蚁密算法中，每当蚂蚁经过路径 (r,s) 时，常量为 Q 的信息素被释放在这条路径上。

$$\Delta\tau(r,s)^k = \begin{cases} Q, & \text{若蚂蚁 } k \text{ 经过路径}(r,s) \\ 0, & \text{否则} \end{cases} \qquad (3\text{-}10)$$

在蚁量算法中，每当蚂蚁经过路径(r,s)时，$\dfrac{Q}{d_{rs}}$的信息素被释放在这条路径上。

$$\Delta\tau(r,s)^k = \begin{cases} \dfrac{Q}{d_{rs}}, & \text{若蚂蚁}k\text{经过路径}(r,s) \\ 0, & \text{否则} \end{cases} \tag{3-11}$$

很显然，在蚁密算法中，蚂蚁释放的信息素与路径长度无关；在蚁量算法中，信息素更新与蚂蚁所走的路径距离d_{rs}成反比，也就是说，蚂蚁倾向于选择距离近的下一个城市。

由于蚁周算法搜索过程中使用的反馈信息是全局信息$\dfrac{Q}{L_k}$，蚂蚁在其所经过的路径上释放的信息素量与它最终所得到的解成比例，也就是说，走短路径的蚂蚁将比走长路径的蚂蚁释放出更多的信息素；而其余两种算法使用的反馈信息都是局部信息$\dfrac{Q}{d_{rs}}$和Q，无法利用蚂蚁得到的最终解来指导蚂蚁的搜索过程，所以蚁周算法优于其余两种算法。

3.3.4 蚁群算法的应用

1. 旅行商问题

求4个城市的旅行商问题。假如有3只蚂蚁，$\alpha=1$，$\beta=2$，$\rho=0.5$，距离矩阵与城市视图如图3.30所示。

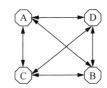

图3.30 距离矩阵与城市视图

求解此问题的算法步骤如下。

（1）初始化。使用贪婪算法得到路径$ACDBA$。

$$\boldsymbol{\tau}(0) = (\tau_{ij}(0)) = \begin{bmatrix} 0 & 0.3 & 0.3 & 0.3 \\ 0.3 & 0 & 0.3 & 0.3 \\ 0.3 & 0.3 & 0 & 0.3 \\ 0.3 & 0.3 & 0.3 & 0 \end{bmatrix}$$

$$C_{nn} = 1+2+4+3 = 10,\quad T_0 = \dfrac{m}{C_{nn}} = 0.3$$

（2）若每只蚂蚁随机选择出发城市，分别选择A、B、D。

（3）为每只蚂蚁选择下一个访问城市，以蚂蚁1为例。

当前城市$i=A$，可访问$j_1(i)=\{B,C,D\}$，

$$A \Rightarrow \begin{cases} B: \tau_{AB}^\alpha \times \eta_{AB}^\beta = 0.3^1 \times \left(\dfrac{1}{3}\right)^2 \approx 0.033 \\ C: \tau_{AC}^\alpha \times \eta_{AC}^\beta = 0.3^1 \times \left(\dfrac{1}{1}\right)^2 = 0.300 \\ D: \tau_{AD}^\alpha \times \eta_{AD}^\beta = 0.3^1 \times \left(\dfrac{1}{2}\right)^2 = 0.075 \end{cases}$$

$$P(B) = \frac{0.033}{0.033+0.3+0.075} \approx 0.081$$

$$P(C) = \frac{0.300}{0.033+0.3+0.075} \approx 0.735$$

$$P(D) = \frac{0.075}{0.033+0.3+0.075} \approx 0.184$$

用轮盘赌法，假设产生的随机数为 0.05，那么它将选择城市 B。同理，蚂蚁 2 选择 D，蚂蚁 3 选择城市 A。

（4）为每只蚂蚁选择下一个访问城市，仍以蚂蚁 1 为例。它所在的当前城市为 B，路径记忆向量 $\boldsymbol{R}^i = (AB)$，可访问城市集合 $j_1(i) = \{C, D\}$，

$$B \Rightarrow \begin{cases} C: \tau_{BC}^\alpha \times \eta_{BC}^\beta = 0.3^1 \times \left(\frac{1}{5}\right)^2 \approx 0.012 \\ D: \tau_{BD}^\alpha \times \eta_{BD}^\beta = 0.3^1 \times \left(\frac{1}{4}\right)^2 \approx 0.019 \end{cases}$$

$$P(C) = \frac{0.012}{0.012+0.019} \approx 0.39$$

$$P(D) = \frac{0.019}{0.012+0.019} \approx 0.61$$

用轮盘赌法选择下一个访问城市，假设产生的随机数为 0.67，则蚂蚁 1 选择城市 D。同理，蚂蚁 2 选择城市 C，蚂蚁 3 选择城市 C。

（5）蚂蚁的路径如下。

蚂蚁 1：$ABDCA$

蚂蚁 2：$BDCAB$

蚂蚁 3：$DACBD$

（6）信息素更新。

计算每只蚂蚁构建的路径长度 $C_1 = 3+4+2+1 = 10$，$C_2 = 4+2+1+3 = 10$，$C_3 = 2+1+5+4 = 12$。

$$\tau_{AB} = (1-\rho) \times \tau_{AB} + \sum_{k=1}^{3} \Delta \tau_{AB}^k = 0.5 \times 0.3 + \left(\frac{1}{10} + \frac{1}{10}\right) = 0.35$$

$$\tau_{AC} = (1-\rho) \times \tau_{AC} + \sum_{k=1}^{3} \Delta \tau_{AC}^k = 0.5 \times 0.3 + \left(\frac{1}{12}\right) = 0.23$$

……

（7）若满足结束条件，则输出全局最优结果并结束程序，否则返回执行步骤（2）。

2. 物流配送路径优化

旅行商问题是求单一旅行者由起点出发，通过所有给定的需求点之后，最后再回到原点的最小路径成本。旅行商问题是车辆路径调度问题（Vehicle Routing Problem，VRP）的特例，由于数学家已证明旅行商问题是非确定性多项式（Non-deterministic Polynomical，NP）难题，因此，车辆路径调度问题也属于非确定性多项式难题。这类问题随着问题规模的增

长，计算复杂度呈指数级增长，计算机科学家很难在合理时间范围内求出问题的精确解。

在实际问题中，节点数很大，穷举变得不可能。例如，对于一个仅有 16 个城市的旅行商问题，如果用穷举法来求问题的最优解，需比较的可行解 $\frac{15!}{2}=653\,837\,184\,000$ 个。在 1993 年，使用当时的工作站采用穷举法求解此问题需要 92 小时。即使现在的计算机速度更快，但是面对复杂的问题，仍然不够。这就是所谓的"组合爆炸"，即问题可能解随着问题规模呈指数级的增长，所以科学家正在寻找近似算法或启发式算法，目的是在合理的时间范围内找到可接受的最优解。

物流配送路径优化问题和旅行商问题有一个共同点，都是寻找遍历所有客户点的最短路径的问题。而物流配送路径优化问题也有其特性，比旅行商问题有更多更复杂的约束条件和优化目标。

蚂蚁代替车辆对客户点进行派送，在满足客户点需求量之和不超过汽车载重、行驶距离不超过最大行驶距离、所用车辆不超过最大数量的约束条件下，寻求需求总成本（如距离、时间等）最小的派送方案。所有的蚂蚁对路径进行搜索，得到各自的车辆配送路径，比较得出总成本最低的方案，更新信息素，将此过程进行足够次数的迭代，最终得出全局最佳方案。

物流配送路径优化的过程如下。

（1）初始化数据。将迭代次数、蚂蚁数量、客户点数量、客户点需求量、客户点坐标、车辆最大数量、最佳结果的路径、初始环境信息素等数据进行初始化。

（2）蚂蚁搜寻路径。初始化每辆车已经走过的长度、已经配载的重量、发车次数、随机发车顺序、走过的路径、未派送过的客户点以及走过的客户点数量等数据。计算两个客户点间的距离，在遍历所有客户点之前，选择策略常数的概率进行确定性搜索，选择与信息素成正比、与距离成反比的概率最大的客户点，否则就进行探索性搜索，按照与信息素成正比、与距离成反比的概率，以轮盘赌的实际选择方式得到要去的下一个客户点。当下一个客户点不满足载重、行驶距离的约束条件时，则返回初始的配送站，派出下一辆车，重置当前车辆已经走过的路径和已经配载的重量继续选择城市进行派送。若满足载重、行驶距离和不超过最大车辆数的约束条件则更新走过的路径、当前所在客户点、未派送的客户点以及派送过的客户点数量等数据，直到所有的客户点都被派送到，计算走过的路径长度，保存路径、派送车辆信息。

（3）保存最优蚂蚁。对方案进行比较，将本代最优蚂蚁和全局最优蚂蚁进行倒置变异、随机位置交换变异操作，将本代最优蚂蚁和次优蚂蚁进行交叉操作，看是否产生更优解，保存最优蚂蚁。

（4）更新信息素。所有蚂蚁本次遍历后，对每条路径上的信息素进行更新，蚂蚁经过的路径上会新增一些信息素，将这些新增的信息素与残留的信息素（原有信息素×残留系数）相加，作为路径上的当前信息素，供下次迭代使用。

将上述过程进行多次迭代，得到最终结果。

3. 电子商务流程优化

企业需要多类服务（有序的），每一类服务都可以由很多的其他企业提供，当然，这些企业提供服务的质量是有差异的。在这样一个有序的商业服务的供应链上，该企业究竟应该选择哪些企业作为服务提供商，形成一条服务供应链，关键是看这些企业组合起来是否能够提供最好的服务质量（Quality of Service，QoS）。

把企业和每一类服务浓缩为一个节点，节点之间有很多不同的路径，代表能提供该服务的不同的候选企业，而每条路径的权值采用对应的具体候选企业的QoS指标。因为QoS指标可能是多维的，因此，把每一层的路径（每一个候选企业）的 QoS 多个具体指标归一化，得到一个一维值，作为该条路径的权值，这样就把问题转换为类似路径最优的问题。

根据蚁群算法的思想，蚂蚁的起点都是企业节点。完成一次循环遍历后，记录下所有蚂蚁本次循环的路径，并进行判断，看哪些路径的 QoS 总和不超过用户建模时设定的最大值（满足用户的需求），记录所有满足条件的路径。蚁群算法多次循环完成后，将所有满足条件的路径进行 QoS 归一化换算，根据换算结果进行冒泡排序，从而确定路径方案的推荐顺序，实现电子商务流程链模型的优化，该模型主要包括以下内容。

（1）初始化。对蚂蚁信息、路径信息（包括初始路径信息、初始化路径信息素和归一化计算后的 QoS）、循环搜索次数和收敛次数等数据进行初始化操作。

（2）开始一次循环遍历。每只蚂蚁按与信息素、归一化 QoS 相关的概率选择下一条路径，并记录路径标识号，直到所有的路径都被走过。

（3）判断 QoS 条件。判断所有蚂蚁本次遍历的路径是否满足企业电子商务流程建模的 QoS 边界值（企业对每个 QoS 指标的要求），如果满足，则将该路径保存起来。

（4）全局更新信息素。所有蚂蚁完成本次遍历后，对每条路径上的信息素进行更新，蚂蚁经过的路径上会新增一些信息素，将这些新增的信息素与残留的信息素（原有信息素×残留系数）相加，作为路径上的当前信息素，供下次迭代使用。

（5）判断循环。如果到本次循环为止，路径收敛次数已经达到要求的值，则退出循环，否则继续循环，对蚂蚁搜索的过程进行迭代，直到达到迭代次数。

（6）得到结果。迭代完成后，根据归一换算后的 QoS，用冒泡排序将选出的方案进行优先排序，输出备选方案和最优结果。

4. 客户分类

在全球网际卖方竞争中，客户已升级为买方市场激烈竞争下企业兴衰成败的关键。许多商业调查和行业分析家证实客户的满意度和忠诚度将直接影响企业的销售。

通过蚁群算法的聚类处理完成对客户的分类。其主要思想是：在基于蚁群算法的聚类分析中，把"数据"视为具有不同属性的"人工蚂蚁"，把"聚类中心"看成是这些蚂蚁所要寻找的"食物源"，而把数据聚类过程看成是人工蚂蚁寻找食物源的过程。显然，最后数据将会在"食物源"中聚集，从而实现对数据的自然聚类正确的分类。分类的过程如下。

（1）初始化。对蚂蚁信息、循环搜索次数、聚类半径、信息素等数据进行初始化操作。

（2）聚类中心。任意选择几个中心，确定聚类（采用基于欧氏距离的最邻近法则聚类）。

如果聚类中心之间的距离小于规定的距离，则重新选择聚类中心，给每个信息素变量赋予相同的数值。

（3）转移。每个蚂蚁按照与信息素、距离相关的概率选择聚类中心。

（4）更新信息素。计算新的距离，得出新增的信息素，与残留信息素相加，获得当前的信息素。

（5）获取结果。利用 K-means 算法计算新的聚类中心，确定聚类的偏离误差，求和得到总体偏离误差。若偏离误差不满足条件，则让蚂蚁重新选择聚类中心；若误差满足条件，则输出聚类结果。

对以上过程进行指定次数的迭代或达到迭代结束条件，获取最终的分类结果。

蚁群算法是根据模拟蚂蚁寻找食物的最短路径行为来设计的仿生算法，因此一般用蚁群算法来解决最短路径问题，其在解决旅行商问题上具有较好的成效。目前，蚁群算法已广泛应用于诸多领域，如图着色问题、车辆调度问题、集成电路设计、通信网络、数据聚类分析等。

3.4 人工鱼群算法

3.4.1 人工鱼群算法的起源

2002 年，李晓磊等人根据鱼群觅食运动行为特性提出了人工鱼群算法（Artificial Fish-Swarm Algorithm，AFSA）。源于对鱼群运动行为的研究，基于水域中鱼群生存数目最多的地方就是水域中营养物质最多的地方这一特点，通过模拟鱼群的觅食行为，从而实现寻优。例如，通常人们可以观察到鱼类具有以下行为。

（1）觅食行为：通过视觉或味觉来感知水中的食物量或食物浓度来选择行动方向。

（2）聚群行为：大量或少量的鱼聚集成群觅食。

（3）追尾行为：当某一条鱼或几条鱼发现食物时，它们附近的鱼会尾随而来。

（4）随机行为：鱼在水中随机地自由游动，可更大范围地寻觅食物。人工鱼通过它们的这些行为搜索问题空间（人工鱼赖以生存的环境），并在问题空间中找到食物密度最大的一片空间。它不需要了解问题的特殊信息，只需要对问题进行优劣的比较，通过个体的局部寻优行为，最终搜寻到全局最优解。

3.4.2 人工鱼群算法的基本原理

人工鱼是真实鱼抽象化、虚拟化的一个实体，是依靠视觉来实现对外的感知，其中封装了自身数据和一系列行为（见图 3.31），它可以接受环境的刺激信息，并做出相应的活动。人工鱼所处的环境由问题的解空间和其他人工鱼的状态决定，它在下一时刻的活动取决于自身和环境的状态，并且它还通过自身的活动来影响环境，进而影响其他人工鱼的活动。

图 3.31 人工鱼封装的数据和行为

在水域中，个体鱼可以根据自身或种群搜索找到一片食物丰富的水域。受鱼群行为特性的启发，人工鱼模型表示觅食、自由移动、聚群和追尾行为。人工鱼通过它们的这些行为搜索问题空间，人工鱼群算法的目标是找到食物密度最大的一片空间。

人工鱼在它的可视范围内感知外界环境，如图 3.32 所示。设 x 为人工鱼当前的位置，visual 为人工鱼的可视半径，x_v 为人工鱼在可视范围内选择的意向移动位置，如果 x_v 较当前位置 x 具有较高的食物密度，人工鱼将从 x 向 x_v 的方向前进一步到达 x_{next}，反之，人工鱼将搜索视野内的其他位置。食物的密度表现为人工鱼当前状态的适应度值 $f(x)$。步长 Step 是人工鱼每次移动的最大允许距离，两个位置 x_i、x_j 之间的距离为欧几里得距离，表示为 $\text{Dis}_{(ij)} = \|x_i - x_j\|$。

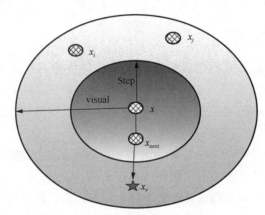

图 3.32 人工鱼可视范围模型

人工鱼模型中包含的变量和参数有 x、步长 Step、可视半径 visual、N（鱼群规模）、try_number（在视野范围内搜索最优位置的最大尝试次数）、δ（$0<\delta<1$，表示拥挤度因子）；包含的函数有觅食、自由移动、聚群和追尾行为函数。

人工鱼在可视范围内移动，则该移动过程可用以下公式表示。

$$x_v = x_i + \text{visual} \times \text{rand}() \quad i \in [1, n] \tag{3-12}$$

$$x_{\text{next}} = x + \frac{x_v - x}{\|x_v - x\|} \times \text{visual} \times \text{rand}() \tag{3-13}$$

式中，rand() 表示随机数生成器，$0 \leqslant \text{rand}() \leqslant 1$。

3.4.3 人工鱼的基本行为

1. 觅食行为

觅食行为是鱼类寻找食物的基本生物学行为，假设人工鱼 i 当前的位置是 x_i，在其可视范围内随机选择另一位置 x_j。

$$x_j = x_i + visual \times rand() \qquad (3\text{-}14)$$

如果位置 x_j 的食物浓度高于当前位置 x_i（在极小值问题中，$x_j < x_i$）的，则鱼群朝 x_j 方向前进一步。

$$x_i^{t+1} = x_i^t + \left(\frac{(x_j - x_i^t)}{\|(x_j - x_i^t)\|}\right) \times Step \times rand() \qquad (3\text{-}15)$$

否则，按上述的方法继续寻找 x_j，尝试向食物浓度高的位置 x_j 前进。直到 try_number 次尝试都失败后，则按式（3-16）的方法随机移动一步。

$$x_i^{t+1} = x_i^t + visual \times rand() \qquad (3\text{-}16)$$

2. 聚群行为

设人工鱼当前位置为 x_i，当前邻域（即 $d_{ij} < visual$）内的伙伴数目为 n_f 以及中心位置为 x_c，$fish_{max}$ 是期望在该邻域内聚集的最大人工鱼数目，若 $\frac{n_f}{fish_{max}} < \delta$，表示人工鱼数目不多，不太拥挤，如果中心位置食物浓度高于当前位置（在极小值问题中，$x_c < x_i$），则朝中心位置的方向前进一步。

$$x_i^{t+1} = x_i^t + \left(\frac{(x_c - x_i^t)}{\|(x_c - x_i^t)\|}\right) \times Step \times rand() \qquad (3\text{-}17)$$

否则，执行觅食行为。

由以上讲解可知，聚群行为类似于自然界中鱼类聚集现象，当某处的食物浓度高时，个体鱼自然成群的一种自治行为。执行聚群行为的前提有两个：①邻域内伙伴不太拥挤；②中心位置 x_c 的食物浓度高于当前位置 x_i 的食物浓度。

3. 追尾行为

设人工鱼 i 当前位置为 x_i，x_j 为邻域（$d_{ij} < visual$）内最优伙伴（即适应值最优的伙伴）。$fish_{max}$ 是期望在该邻域内聚集的最大人工鱼数目，若 $n_f / fish_{max} < \delta$ 且 $y_j < y_i$（极小值问题），则向最优伙伴位置的方向前进一步。

$$x_i^{t+1} = x_i^t + \left(\frac{(x_j - x_i^t)}{\|(x_j - x_i^t)\|}\right) \times Step \times rand() \qquad (3\text{-}18)$$

否则，执行觅食行为。

可见，追尾行为即试图向邻域内最优伙伴靠近的行为，其前提也是在不拥挤的情况下靠近。

4. 自由移动行为

自由移动行为也称随机行为，即人工鱼随机选择一种状态移动的行为，通过随机行为的执行，可增强种群的多样性。

3.4.4 人工鱼群算法的实现和重要参数

1. 人工鱼群算法的实现

人工鱼群算法的流程如图 3.33 所示。

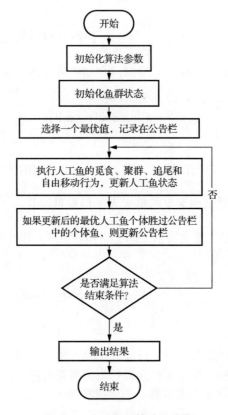

图 3.33 人工鱼群算法的流程

初始化人工鱼群即产生鱼群中各个个体鱼的状态 $x_i, i \in [1, N]$，由于人工鱼群算法对初始值要求不高，因此可以采用随机产生初始鱼群的方法。算法中公告栏是保存最优值的一块缓冲区，它将不断根据每次的迭代情况进行更新。算法结束后，公告栏保存的数据一定是算法的最优解。

算法的结束条件可以依据具体情况自行设计，如设置最大迭代次数 max_gen、算法迭代 number 次后公告栏并未更新等。算法的每次迭代主要依靠人工鱼的自治行为（觅食、聚群、追尾和自由移动行为）尝试寻找最优值（食物浓度最高的位置）。

2. 人工鱼群算法的重要参数设置

（1）人工鱼视野（visual）。

由人工鱼各个行为的描述可知，人工鱼的自治行为只限于在环境的感知范围内行动。感知范围越大，其视野越开阔，搜索区域和范围越大，找到全局最优解的概率越大，但是算法的精度和稳定性会相应降低；视野越小，算法更趋向于稳定和精确，但是算法收敛速度慢并且容易陷于局优。

（2）人工鱼步长（Step）。

人工鱼每次移动的最大长度 Step 与视野相似，该值越大，人工鱼每次移动范围越大，更有利于迅速收敛到极值点。同样，过大的步长会使算法不稳定，出现振荡现象。小步长的人工鱼，算法精确度高，但易陷入局优情况，收敛速度相应地变慢。

（3）鱼群规模（N）。

理论上，人工鱼数目越多，越能体现群体的智能，相应地算法收敛速度将加快，更易于找到全局最优解。但是，过大的鱼群规模，会增加算法每次迭代的计算开销，增加计算时间，算法总体执行速度会下降。

（4）尝试次数（try_number）。

和鱼群规模参数原理相类似，尝试次数越多，人工鱼群算法寻找最优值的机会越多，更容易找到最优值。但是过多的尝试次数一样会增加算法的计算开销，算法总体执行速度会降低。

（5）拥挤度因子（δ）。

通过拥挤度因子限制邻域内鱼群中的人工鱼数目，控制鱼群的拥挤度情况。一般情况下，鱼群越密集，算法越容易陷入局优。

以上参数的设置对人工鱼群算法的性能将产生直接影响，现实应用中需要对各参数依据具体情况设置，不存在一成不变的方法。

3.4.5 人工鱼群算法的应用

1. 智能组卷

智能组卷是一个在特定约束下的多目标参数优化问题。若采用传统的数学方法求解自动组卷会很困难，其效率与质量完全取决于试题库设计与抽提算法的设计。随着教育测量理论研究的不断深入，对人工智能与计算技术的需求也不断提高，智能组卷系统的研究与开发也得到了许多学者的关注。

智能组卷需要尽可能地覆盖考试范围（由人为限定）内的所有叶子知识点。例如，倘若选择知识点 A、B 为考试范围，而 A 和 B 的子树如图 3.34 所示。

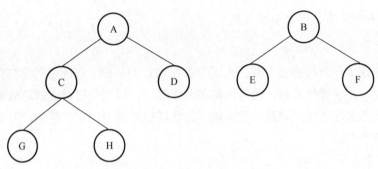

图 3.34 知识点 A 和 B 的子树

考试范围 A、B 内的所有叶子知识点为 G、H、D、E、F，在选题时就应尽力覆盖它们。若某试题包含 C，也就覆盖了 G、H 两个叶子知识点；若试题包含 A，也就覆盖了 G、H、D 三个叶子知识点。教师会给出难题、较难题、普通题、较易题、简单题所占的分值比例，那么试卷所选试题的难易度及比例则以此为标准，出入尽可能小，也可设定出入程度，若出入程度为 0，则需要严格与教师设定的标准一致。

鱼群的每个个体表示一个候选的解决方案，也就是搜索空间内的一个状态。假设考试范围内有 4 道题 a、b、c、d，状态 1001 表示选择 a、d 而不选 b、c。两个状态之间的距离则是两个状态之间的相异程度，如状态 1100 与状态 0001 的距离是 3（有 3 位不相同）。

那么任一状态的适应度计算公式为如下。

$$\frac{UC}{NC} \times W1 + \frac{|L1-NL1|+|L2-NL2|+|L3-NL3|+|L4-NL4|+|L5-NL5|}{NL} \times W2 + \frac{L-NL}{NL} \times W3 \tag{3-19}$$

其中，UC 为需要覆盖而未覆盖的叶子知识点数量；NC 为考试范围内叶子知识点总量；$L1$ 至 $L5$ 为该状态下各困难等级的分值，$L = L1+L2+L3+L4+L5$；$NL1$ 至 $NL5$ 为教师规定的各困难等级的题目分值，$NL = NL1+NL2+NL3+NL4+NL5$；$W1$、$W2$、$W3$ 分别为知识点覆盖率、难度差异和总分差异在搜索过程中的重要程度，比例默认为 1∶1∶1。

搜索开始后，首先根据搜索空间的大小，确定鱼群的种群数量，随机产生鱼群个体。然后进行追尾活动，每条鱼 x_i 都查看在自己可视域范围内（距离小于 visual，visual 根据搜索空间的大小而定）的其他鱼，并从中找到适应函数值最小的一个 x_j，其适应度函数值记为 y_j，周围可视域内其他个体数量记为 n_f。若 $y_j \times n_f < \delta \times y_i$（$\delta$ 为拥挤度因子，此处取 1）则表明 x_j 周围"食物"较多，且不太拥挤，这时 x_i 对每一个自己和 x_j 的相异位重新随机取值（例如，x_i 为 1001、x_j 为 1100，那么就对第 2 位、第 4 位重新随机取值），从而向 x_j 靠近。

追尾活动若不成功，则进行聚群行为，每条鱼都先找出自己周围可视域内的其他鱼，形成一个小鱼群，然后找出这群鱼的中心点。中心点的确定方法是，若鱼群中半数以上的鱼在第 i 位上取 1，则中心点的第 i 位也为 1，否则为 0。接着采用和前面相同的方法查看中心点的食物是否较多，是否拥挤，据此决定是否向中心点靠近。

如果聚群失败，就进行觅食活动，鱼随机从自身取出 visual（可视域）个位对其进行随机变换产生一个新状态，若新状态优于原状态，则向新状态移动，否则再次进行觅食活动，重复 m（m 据搜索空间大小而定）次后，如果还是没有找到更优的状态，则进行随机移动。

算法中设有公告栏，每次搜索完成后，用公告栏中的个体与鱼群中最优的个体进行比较，若此个体优于公告栏中的个体，则更新公告栏。算法在以下三种情况下结束：公告栏达到教师的要求，搜索次数达到规定的最大搜索次数，搜索时间达到规定的最大搜索时间。

2. 图像分割

在图像分割的应用中，人工鱼群算法也提供了帮助。药品包装为药品提供了品质保证，包装的质量问题不仅会影响药物的治疗效果，还可能会出现外界杂物与药物混合等安全隐患。目前，应用较广泛的药品包装方式主要有颗粒袋装、液体瓶装以及铝塑泡罩外包装等。其中，铝塑泡罩的包装具有安全可靠、阻氧和防潮性强等优点，而药品在包装工序中可能出现胶囊破损、空泡、裂片等现象，所以准确检测并剔除缺陷产品成为确保药品质量的关键。传统泡罩药品包装的缺陷检测是依靠人工通过肉眼对不合格包装进行分拣，该方法依赖人为操作，检测效率低下、可靠性不强。近年来，国内开始逐渐将机器视觉应用于泡罩药品的缺陷检测，而图像处理技术则在缺陷识别环节中扮演着重要角色，如图 3.35 与图 3.36 所示。

图 3.35　白色带污渍药片的原始图像

图 3.36　白色带污渍药片经算法处理后的图像

图像分割是图像处理的重要步骤之一。图像的分割质量影响着后续药品特征提取、目标识别等任务的进一步开展。阈值法可以将灰度图像分割为目标和背景两个区域，是一种简单而有效的图像分割方法。

其主要步骤如下。

（1）读取待分割的泡罩药品图像。

（2）将新的阈值判定函数分别作为人工鱼群算法的适应度函数求取阈值。

（3）初始化人工鱼群，包括设定鱼群个体数目、个体可视范围、移动步距、疏密度以及迭代次数等。

（4）计算每条人工鱼的适应度值，并将适应度值最小的个体记录在公告栏上。

（5）对每条人工鱼执行聚群行为和追尾行为，选择适应度值改善较明显的作为更新结果。

（6）计算更新后的人工鱼适应度值，若更新后适应度值无改善，则执行觅食行为。

（7）将更新后人工鱼适应度值与公告栏记录值进行比较，若该值更优，则更新公告栏。

（8）当达到最大迭代次数或步数超过设定值时算法终止，最优解为此时公告栏上的解。

（9）用最优阈值分割图像。

3. 人工鱼群算法的扩展应用

人工鱼群算法与模拟退火算法、遗传算法、粒子群算法、蚁群算法等智能优化算法已有了融合和改进，运用于机器人路径规划、数值积分、交通信号灯优化、不等距离分割、多用户资源分配等方面。

例如，为了使水环境监测无人艇在监测和采集水样时有效躲避静态障碍物，且以最优或近似最优的路径行进，一种变步长和变视野的自适应人工鱼群算法与改进遗传算法混合的策略被提出。在人工鱼完成觅食、追尾、聚群等行为后，进行遗传算法的操作可以提高算法的运行效率和精确性，在基本遗传算法中加入精英选择策略和保护、淘汰算子，能得到全局最优解。

人工鱼群算法是一种基于种群和随机搜索的智能优化算法。该算法模拟自然界中鱼的行为，将种群中每一个个体都看成是一个自治体。现实生活中，鱼类聚集的地方往往是这片水域中最适合生存的地方，如富含营养物质、水质好等，鱼的觅食、聚群、追尾等行为都遵循了该思想。

人工鱼模拟鱼类行为，通过觅食、聚群、追尾、自由移动等行为，搜索食物密度最大的一片空间，即问题空间的最优解。

本节介绍了人工鱼群算法的思想、人工鱼的行为、人工鱼群算法的重要参数、人工鱼群算法的实现步骤，最后以典型的案例阐释了算法的应用过程。人工鱼群算法具有顽健性强、对初值的敏感性小、简单、易实现等特点，而且具有较强的跳出局部极值点的能力，对搜索空间也具有一定自适应能力，具有较强的鲁棒性和较好的收敛性能。当前，人工鱼群算法已被广泛应用于电力系统优化、物流优化等领域。有关人工鱼群算法的改进和应用依然是当今学术研究的一大热点。

3.5 本章小结

本章介绍了四种常用的智能搜索算法：遗传算法、粒子群算法、蚁群算法和人工鱼群算法。这四种算法的算法思想、重要概念和优缺点比较如表 3.1 所示。从表 3.1 可知，四种算法因寻优机制不同各有优缺点，现实应用中可以将几种算法结合使用，以弥补算法本身的缺点。

表 3.1 四种算法比较

算法	算法思想	重要概念	优缺点
遗传算法	"优胜劣汰，适者生存"生物进化理论	染色体、选择（复制）、交叉、变异	优点：并行计算、过程简单、可扩展性强、易与其他算法结合 缺点：早熟收敛、对初始解依赖性大
粒子群算法	鸟群的迁徙和群聚行为	粒子、粒子位置、飞行速度、惯性因子、加速常数	优点：并行计算、寻优速度快 缺点：早熟收敛、局部寻优能力较差

续表

算法	算法思想	重要概念	优缺点
蚁群算法	蚂蚁觅食的最短路径原理	信息素、概率、记忆表	优点：鲁棒性强、并行性 缺点：参数依赖性强、计算量大
人工鱼群算法	鱼类在水域的觅食行为	觅食、追尾、群聚、自由移动、视野、拥挤度因子	优点：并行性、初值依赖性不高、较好的全局寻优能力 缺点：参数依赖性强、收敛速度较慢

习　题

一、单选题

1．遗传算法中，为了体现染色体的适应能力，引入了对问题的每个染色体能进行度量的函数，称为（　　）。
　　A．敏感度函数　　B．变换函数　　C．染色体函数　　D．适应度函数

2．不属于遗传算法的基本操作是（　　）。
　　A．突变　　　　　B．选择　　　　C．交叉　　　　　D．变异

3．遗传算法中，染色体的具体形式是一个使用特定编码方式生成的编码串，编码串中的每一个编码单元称为（　　）。
　　A．个体　　　　　B．基因　　　　C．有效解　　　　D．适应值

4．根据个体的适应度函数值所度量的优劣程度决定它在下一代是被淘汰还是被遗传的操作称为（　　）。
　　A．遗传操作　　　B．选择　　　　C．交叉　　　　　D．变异

5．在遗传算法中，问题的每个有效解被称为一个"染色体"（chromosome），也称为"串"，对应于生物群体中的（　　）。
　　A．生物个体　　　B．父代　　　　C．子代　　　　　D．群体

6．在每一次迭代中，当所有粒子都完成速度和位置的更新之后才对粒子进行评估，更新各自的 $pBest$，再选最好的 $pBest$ 作为新的 $gBest$，则本次迭代中所有粒子（　　）。
　　A．都采用相同的 $gBest$
　　B．都采用不同的 $gBest$
　　C．可能采用相同的 $gBest$，也可能采用不同的 $gBest$
　　D．采用相同的 $gBest$ 的概率很大

7．在标准的粒子群算法中，如果一个粒子在该次迭代中得到的最优解对已经找到的全局最优解有所改善，那么在下一次迭代中，该粒子（　　）。
　　A．拓扑结构不会发生改变
　　B．重新构造随机邻域的拓扑结构
　　C．保持这种拓扑结构的概率变大
　　D．在保持和重新构造两者之中随机选择

二、填空题

1. 遗传算法是模仿_____和自然选择理论，通过人工方式编制的一类优化搜索算法。
2. 遗传算法是一种基于空间搜索的算法，它通过_____、交叉、变异等遗传操作以及达尔文适者生存的理论，模拟自然进化的过程来寻求问题的解答。
3. 粒子群算法在迭代过程中维护两个向量，一个是速度向量，另一个是_____。
4. 粒子群算法初始化时，个体的历史最优位置 $pBest$ 可以设为_____。
5. 蚂蚁行进时，会在路径上释放_____，作为群体内间接通信的物质。
6. 在蚂蚁系统中，每只蚂蚁都随机选择一个城市作为出发城市，并维护一个_____，用来存放该蚂蚁每次经过的城市。在蚂蚁构建路径时，长度越短、_____的路径被蚂蚁选择的概率越大。

三、简答题

1. 画出标准遗传算法的基本流程图，并说明。
2. 人工鱼群算法中人工鱼主要通过哪几种行为进行寻优？算法中涉及的重要参数有哪些？
3. 简述蚁群算法原理。
4. 粒子群算法寻优的原理是什么？算法中有哪些重要参数？

第 4 章
深度学习

导读

深度学习自 2006 年被正式提出后,在近十几年得到了巨大的发展,给人工智能领域注入了新的活力。深度学习的概念源于人工神经网络的研究,它的内部学习结构是由多个隐藏层的多层感知器所构成。它通过组合低层特征形成更加抽象的高层表示属性类别或特征,以发现数据的分布式特征表示。深度学习的最终目标是让机器能够像人一样具有分析、学习能力,能够识别文字、图像和声音等数据。近年来,深度学习在图像识别、语音处理、自然语言理解、自动驾驶等领域应用广泛,引领了人工智能发展与应用的新浪潮。

学习目标和要求

- 理解深度学习的概念和原理。
- 熟悉深度学习的核心技术,如神经网络、LSTM 模型、卷积神经网络、深度森林模型、深度学习的数学基础等。
- 了解深度学习的应用,如图像处理和识别、语音识别和文本挖掘等领域的应用。
- 了解深度学习的开源框架及各种开源框架的优势和劣势。
- 探寻深度学习的前沿发展。

人工智能导论

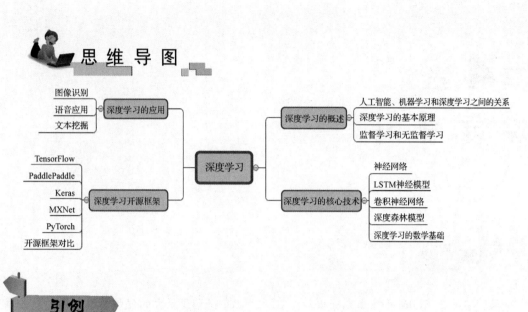

引例

人类大脑的工作过程,是一个对接收信号不断迭代、不断抽象概念化的过程。图 4.1 所示为人脑的视觉系统分层处理结构,首先从原始信号摄入开始(瞳孔摄入像素),其次做初步处理(大脑皮层某些细胞发现边缘和方向),再次进行抽象处理(大脑判定眼前物体的形状,如判定物体是椭圆形的),然后进一步抽象处理(大脑进一步判定该物体是人脑),最后识别人脸。这个过程其实和我们的常识是相吻合的,因为复杂的图形往往是由一些基本结构组合而成的。由此可以看出,大脑是一个深度架构,认知过程也是有深度的。

深度学习技术广为人知的应该就是 Google 旗下 DeepMind 公司开发的 AlphaGo 了。其 2016 年 3 月和 2017 年 6 月先后与职业九段棋手李世石(韩国,4∶1)、柯洁(中国,3∶0)对决并获胜。2016 年年末到 2017 年年初,AlphaGo 还化名为大师(Master)在中国围棋网站(弈城、野狐)上大战中日韩围棋高手,连续 60 局未尝败绩,被围棋界亲切地称为"阿老师"。

4.1 深度学习概述

深度学习原理

深度学习是机器学习领域中一个新的研究方向,它被引入机器学习使其更接近于最初的目标——人工智能。

深度学习是学习样本数据的内在规律和表示层次,在学习过程中获得的信息对诸如文字、图像和声音等数据的解释有很大的帮助。它的最终目标是让机器能够像人一样具有分析、学习能力,能够识别文字、图像和声音等数据。深度学习是一个复杂的机器学习算法,在语音和图像识别方面取得的效果,远远超过了先前的相关技术。

深度学习使机器能模仿人类进行视听和思考等活动，解决很多复杂的模式识别难题，使得人工智能相关技术取得了很大进步。深度学习在搜索技术、数据挖掘、机器学习、机器翻译、自然语言处理、多媒体学习、语音、推荐和个性化技术，以及其他相关领域都取得了成果。

深度学习究竟是什么呢？首先要清楚人工智能、机器学习和深度学习三者的关系。简单来说，人工智能是一个很大的概念，机器学习是其中的一部分，而深度学习又是机器学习的一部分，是机器学习的一种方法，如图4.1所示。

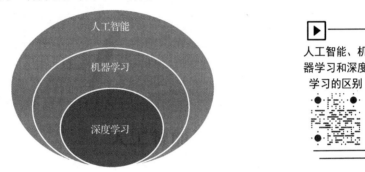

人工智能、机器学习和深度学习的区别

图 4.1 人工智能、机器学习、深度学习的关系

深度学习又叫深层神经网络（Deep Neural Network，DNN），是一种能够实现机器学习的技术，能够模拟人脑神经结构的机器学习方法，解决特征表达的一种学习过程。它的概念源于人工神经网络的研究，是从原来的人工神经网络模型发展而来的。深度学习是机器学习研究中的一个新领域，其目的是建立、模拟人脑进行分析、学习的神经网络，模仿人脑的机制来解释数据，如图像、声音和文本等。深度学习能让计算机具有人一样的智慧，其发展前景是广阔的。

自2006年以来，深度学习在学术界持续升温，斯坦福大学、纽约大学、加拿大蒙特利尔大学等成为研究深度学习的中心。2010年，美国国防部计划首次资助深度学习项目，参与方有斯坦福大学、纽约大学和NEC（Nippon Electric Company，日本电气公司）美国研究院。支持深度学习的一个重要依据，就是脑神经系统的确具有丰富的层次结构。除了仿生学的角度外，深度学习的理论研究正在不断探索和成熟中，而且在应用方面已显现出巨大的能量。自2011年以来，微软研究院和Google的语音识别研究人员先后采用深层神经网络技术降低语音识别错误率20%～30%，是语音识别领域十多年来最大的突破性进展。2012年，DNN技术在图像识别领域取得惊人的成果，在ImageNet评测上将错误率从26%降低到15%。2016年，DeepMind公司研发的AlphaGo击败了围棋大师李世石。2017年，AlphaGo战胜围棋世界等级分排名第一的柯洁。

Hubel-Wiesel模型是神经生理学家休布尔（D. H. Hubel）和威塞尔（T. Wiesel）（见图4.2）共同试验的研究成果，该试验首次观察到视觉初级皮层的神经元对移动的边缘刺激敏感，定义了简单和复杂细胞，发现了视功能柱结构，该试验是神经科学领域的突破和一个真正的转折点。它为视觉智能奠定了基础，也为今天通过AI来改变世界的神经网络架构提供了蓝图。

图 4.2　休布尔和威塞尔

深度学习的基本思想就是堆叠多个层,将上一层的输出作为下一层的输入,逐步实现对输入信息的分级表达,让程序从中自动学习深入、抽象的特征。深度学习的核心其实就是拥有足够快的计算能力和足够多的数据来训练大型神经网络。尤其值得注意的是,深度学习减少了人为干预,而这恰恰保留了数据的客观性,因此可以提取出更加准确的特征。

在深度学习中,监督学习和无监督学习算法是非常重要的。要想对二者进行区分,就要对训练的数据进行检查,查看训练数据中是否有标签,这是二者最根本的区别。监督学习的数据既有特征又有标签,而无监督学习的数据中只有特征没有标签。

在监督学习下,输入数据被称为训练数据,每组训练数据有一个明确的标识或结果。在建立预测模型的时候,监督学习建立一个学习过程,将预测结果与训练数据的实际结果进行比较,不断调整预测模型,直到模型的预测结果达到一个预期的准确率。监督学习是通过训练让机器自己找到特征和标签之间的联系,以后面对只有特征而没有标签的数据时可以自己判别出标签。监督学习可以分为两大类:回归分析和分类,二者之间的区别在于回归分析针对的是连续数据,而分类针对的是离散数据。

由于训练数据中只有特征没有标签,所以无监督学习就需要自己对数据进行聚类分析,然后通过聚类的方式从数据中提取一个特殊的结构。无监督学习中,数据并不被特殊标识,也就是计算机不被告知怎么做,而是通过自主学习和体验,寻找模式和联系,并得出结论。其中,一种无监督学习的思路是在成功时采用一定的激励制度来训练机器人进行正确的分类。无监督学习方式是人工智能发展的关键技术之一。

深度学习既然名为"学习",那自然与人类的学习过程有某种程度的相似。例如,人类学习认字,按照从简单到复杂的顺序,反复看各种汉字的各种字体,看得多也就能辨认出这是什么字。看似容易,但其实是人类的大脑在接受许多遍的相似图像刺激后总结出的某种规律,下次再看到符合这种规律的图案就能认出来。同样,计算机学习认字的原理与人类相似,计算机先把每一个字的图案反复看很多遍,然后在计算机的"大脑"(处理器加上存储器）里总结出一个规律来，以后计算机再看到类似的图案，只要符合之前总结的规律，计算机就能知道这个图案到底是什么字，如图 4.3 所示。

（a）汉字　　　　　　　　　　　　　　（b）模拟人脑

图 4.3　计算机模拟人类大脑识别汉字字体

而深度学习中的"深度"是指图像模型的层数及每一层的节点数量。神经网络有很多层，大概有多少呢？来看一组数据，2012 年深度学习刚刚兴起时，一个 ImageNet 竞赛的冠军的图像模型的层数为 8 层，2015 年深度残差网络做到了 152 层（见图 4.4），2016 年商汤科技公司搭建的神经网络达到了 1 207 层，这是一个非常庞大的系统。

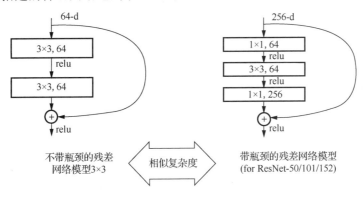

图 4.4　两种残差神经网络设计

4.2　深度学习的核心技术

深度学习作为人工智能发展的重要一环，能让人工智能技术更快速地应用到各行各业中，推动融合创新，推动经济、社会和文化等变革。近年来，由于深度学习和神经网络技术的广泛应用，人工智能步入黄金时代，实现了蓬勃发展，对人类社会的生活和生产方式都产生了十分深刻的影响。作为人工智能从概念到繁荣得以实现的主流技术，深度学习被全球各大科技巨头高度重视。自动驾驶、AI 医疗、语音识别、图像识别、智能翻译、智能推荐、智能导航,以及我们今天所看到的各种形式的人工智能,背后都有深度学习在发挥着神奇的作用。

4.2.1 神经网络

谈到深度学习,不得不提及神经网络之父杰辛顿。作为神经网络的先驱,早在1984年他就与特伦斯共同发明了玻尔兹曼机,掀起了神经网络研究与应用的热潮,将深度学习从边缘课题变成了互联网科技公司仰赖的核心技术,实现了人工智能的快速发展。

人脑的神经网络是一个非常复杂的组织,成人大脑中的神经元超过1 000亿个,它们以非常稠密而复杂的形式相互连接、相互传递信息并随着人类学习进程产生新的连接。深度学习技术就是通过模仿人脑中多层神经元的活动,进行非线性、多层次的数据处理,以期实现人工智能的机器学习技术,它在许多连接节点之间传递数据,每个节点都执行一些经过训练自行完成的算法,类似大脑的神经元一样。人工神经网络(Artificial Neural Network,ANN)简称神经网络,是模拟生物神经网络进行信息处理的一种数学模型。它以对大脑的生理研究成果为基础,其目的是模拟大脑的某些机理与机制,实现一些特定的功能。目前,人工神经网络已应用于很多领域。

人工神经网络的主要架构是由神经元、层和网络三个部分组成。整个人工神经网络包含一系列基本的神经元,通过权重相互连接。神经元是人工神经网络最基本的单元。单元以层的方式组织,每一层的每个神经元和前一层、后一层的神经元连接,共分为输入层、隐藏层和输出层,三层连接形成一个神经网络,如图4.5所示。

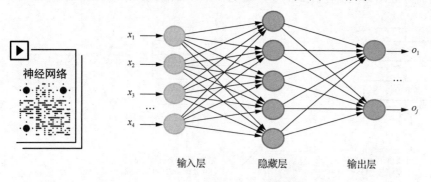

图4.5 神经网络结构

神经网络是通过对人脑的基本单元——神经元的建模和连接,探索模拟人脑神经系统功能的模型,并研制一种具有学习、联想、记忆和模式识别等智能信息处理功能的人工系统。其主要表现在三个方面:第一,具有自学习功能;第二,具有联想存储功能;第三,具有高速寻找优化解的能力。

图4.6所示为一个多输入、单输出的人工神经元模型。其中,x_1,x_2,$\cdots$,x_n表示神经元的n个输入信号量;w_{i1},w_{i2},$\cdots$,w_{in}表示对应输入的权值,它表示各信号源神经元与该神经元的连接强度。

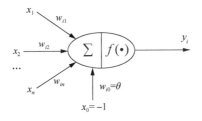

图 4.6 人工神经元模型

人工神经网络是一门交叉学科，涉及心理学、生理学、生物学、医学、物理学、计算机科学等，普遍用于模式识别、通信、控制、信号处理等方面。学习或者说训练是神经网络的重要特征之一，神经网络能够通过学习改变其内部状态，使输入/输出呈现出某种规律。人工神经网络的工作过程主要分为两个阶段。第一阶段是学习期，学习过程就是各连接权上的权值不断调整的过程，此时各个计算单元状态不变。学习结束，网络连接权值调整完毕，学习的知识就分布记忆（存储）在网络中的各个连接权上。第二阶段是工作期，此时各个连接权值固定，计算单元变化，已达到某种稳定状态。

深度学习常用的人工神经网络有卷积神经网络和循环神经网络。卷积神经网络（Convolutional Neural Network，CNN）模型如图 4.7 所示，已在图像识别领域得到了广泛的应用，特别是随着大规模图像数据的产生以及计算机硬件（特别是 GPU）的飞速发展，卷积神经网络及其改进方法在图像识别领域取得了突破性的进展，引发了研究热潮。

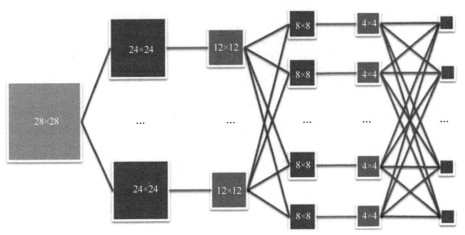

图 4.7 卷积神经网络模型

循环神经网络（Recurrent Neural Network，RNN）模型如图 4.8 所示。它具有一个随着时间的推移，重复发生的循环结构。循环神经网络和其他神经网络最大的不同就在于循环神经网络能够实现某种"记忆"功能，是进行时间序列分析时最好的选择。如同人类能够凭借自己过往的记忆更好地认识世界一样，循环神经网络也实现了类似于人脑的这一机制，对所处理过的信息留存有一定的记忆。在自然语言处理、语音图像等领域有着非常广泛的应用。

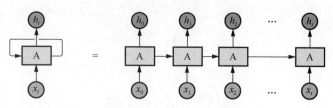

图 4.8 循环神经网络模型

4.2.2 长短期记忆神经网络

长短期记忆（Long Short Term Memory，LSTM）神经模型网络是一种特殊的循环神经网络，主要是为了解决 RNN 模型梯度弥散问题。它们是 Sepp Hochreiter 和施米德休伯（J. Schmidhuber）（见图 4.9）在 1997 首先提出的，并且在之后被许多人改进和推广。

图 4.9 LSTM 神经网络提出者之一施米德休伯（1963—   ）

LSTM 神经网络模型如图 4.10 所示。在传统的循环神经网络中，训练算法使用的是随时间反向传播（Back Propagation Through Time，BPTT）算法，当时间比较长时，需要回传的残差会呈指数级下降，导致网络权重更新缓慢，无法体现出循环神经网络长期记忆的效果，因此需要一个存储单元来存储记忆信息。RNN 与 LSTM 神经网络最大的区别在于，LSTM 中最顶层多了一条名为"cell state"的信息传送带，其实就是存储记忆信息的地方。

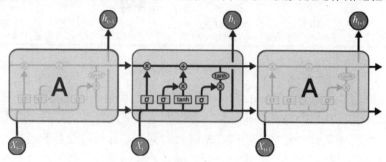

图 4.10 LSTM 神经网络模型

LSTM被广泛应用在机器人控制、图像分析、文档总结、视频识别、手写识别、聊天机器人、智能助手、推荐系统、预测疾病和股票市场等领域。现在谷歌翻译、苹果Siri、亚马逊Alex等都有应用LSTM神经网络技术，可谓是深度学习领域最商业化的技术之一。

4.2.3 卷积神经网络

卷积神经网络是近年发展起来，并受到广泛重视的一种高效的识别方法。20世纪60年代，休布尔和威塞尔在研究猫脑皮层中用于局部敏感和方向选择的神经元时，发现其独特的网络结构可以有效地降低反馈神经网络的复杂性，继而提出了卷积神经网络。20世纪80年代末，贝尔实验室的研究员Yann LeCun（中文名杨立昆，见图4.11）提出了卷积神经网络技术，并展示了如何使用它来大幅度地提高手写的识别能力。

图4.11 卷积神经网络之父杨立昆（1960— ）

卷积神经网络的名字来源于卷积运算。在卷积神经网络中，卷积的主要目的是从输入图像中提取特征。通过使用输入数据中的小方块来学习图像特征，卷积保留了像素间的空间关系。卷积神经网络包括一维卷积神经网络、二维卷积神经网络以及三维卷积神经网络。一维卷积神经网络主要用于序列类的数据处理；二维卷积神经网络常用于图像类文本的识别；三维卷积神经网络主要用于医学图像以及视频类数据的识别。

卷积神经网络结构主要是由数据输入层、卷积计算层、激励函数层、池化层、全连接层、损失函数层组成的。表面上看比较复杂，但其实质就是特征提取以及决策推断。要使特征提取尽量准确，就需要将这些网络层结构进行组合。例如，经典的卷积神经网络模型AlexNet为"5个卷积层+5个池化层+3个全连接层"的结构，如图4.12所示。

在AlexNet卷积层中，每一层的卷积核是不一样的。

第一层：96×11×11（96表示卷积核个数，11表示卷积核矩阵宽×高），stride（步长）=4，pad（边界补零）=0。

第二层：256×5×5，stride（步长）=1，pad（边界补零）=2。

第三、四层：384×3×3，stride（步长）=1，pad（边界补零）=1。

第五层：256×3×3，stride（步长）=1，pad（边界补零）=2。

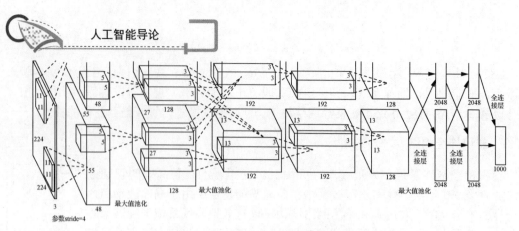

图 4.12 AlexNet 神经网络模型结构

数据输入层主要是对原始图像数据[见图 4.13（a）]进行预处理，其包括以下操作。

（1）去均值。把输入数据的各个维度都中心化为 0，效果如图 4.13（b）所示。其目的就是把样本的中心拉回到坐标系原点。

（2）归一化。将数据的各个维度的幅度归一化到同样的范围，效果如图 4.13（c）所示，即减少各个维度数据取值范围的差异而带来的干扰。例如，有两个维度的特征 A 和 B，A 范围是 $0\sim10$，B 范围是 $0\sim10\,000$，如果直接使用这两个特征是有问题的，正确的做法是进行归一化，即将 A 和 B 的数据都变为 $0\sim1$ 的范围。

（3）去相关。去相关时，使用主成分分析（Principal Component Analysis，PCA）技术进行降维，效果如图 4.13（d）所示。

（4）白化是对数据各个特征轴上的幅度归一化，效果如图 4.13（e）所示。

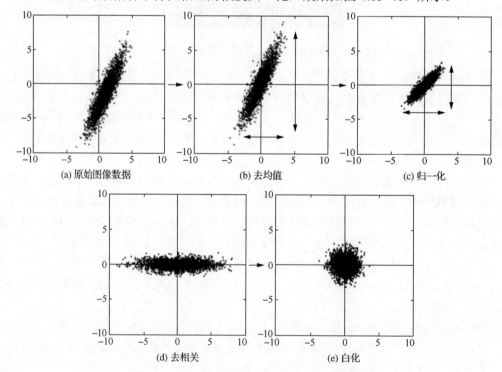

图 4.13 去均值、归一化、去相关和白化效果图

卷积计算层是卷积神经网络最重要的一个层次，也是卷积神经网络的名称来源。在计算机视觉领域，卷积核、滤波器通常为较小尺寸的矩阵，如 3×3、5×5 等，数字图像是相对较大尺寸的二维（多维）矩阵（张量）。图像卷积运算与相关运算的关系如图 4.14 所示。

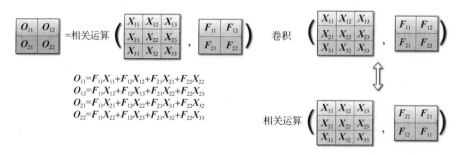

注：F 为滤波器，X 为图像，O 为结果。

图 4.14 图像卷积运算与相关运算的关系

相关运算是将滤波器在图像上滑动，对应位置相乘求和；卷积运算则先将滤波器旋转 180°（行列均对称翻转），然后使用旋转后的滤波器进行相关运算，如图 4.15 所示。两者在运算方式上可以等价，有时为了简化，虽然名义上说是卷积运算，但实际是相关运算。

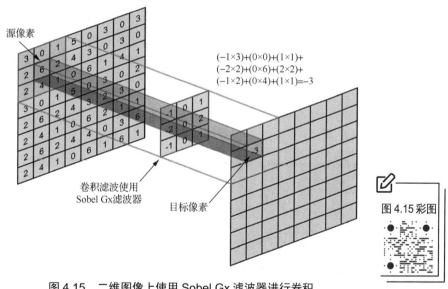

图 4.15 二维图像上使用 Sobel Gx 滤波器进行卷积

使用一个卷积核对一幅特征图像进行卷积之后，会产生一幅新的特征图像，所以我们很自然地想到，使用多个卷积核对特征图像进行卷积会得到多幅特征图像。在一个实际卷积神经网络中通常有很多个卷积层，每个卷积层都有很多个卷积核，那么在每个层也会产生很多幅特征图像，这些特征图像的数目，被称为是通道数目。如图 4.16 所示，卷积计算的蓝色矩阵（第一列）就是输入的图像，粉色矩阵（第二、三列）就是卷积层的神经元，这里表示有两个神经元（$w0,w1$），绿色矩阵（第四列）就是经过卷积运算后的输出矩阵。

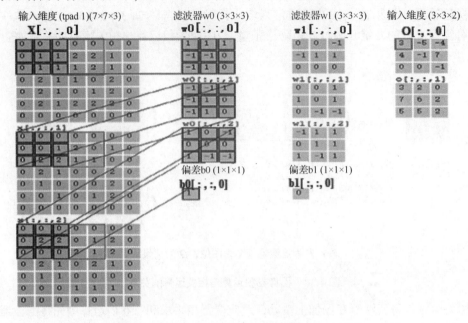

图 4.16　三通道卷积运算

激励函数层是把卷积层输出结果进行非线性映射，一般为修正线性单元（Rectified Linear Unit，ReLU），如图 4.17 所示。它的特点是收敛快，求梯度简单，但较脆弱。

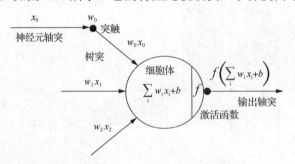

图 4.17　卷积层输出的非线性映射

池化层是夹在连续的卷积层中间，用于压缩数据和参数的量，减小过拟合。简而言之，如果输入的是图像，那么池化层的最主要作用就是压缩图像。池化层的作用有三个：特征不变性，也就是在图像处理中经常提到的特征的尺度不变性；特征降维，就是把多余的信息去除，把最重要的特征抽取出来，这也是池化操作的一大作用；在一定程度上防止过拟合，更方便优化。池化层使用的方法有最大值池化和平均值池化，而实际用得较多的是最大值池化，如图 4.18 所示。

全连接层（见图 4.19）在卷积神经网络尾部，是两层之间所有神经元的权重连接，与传统的神经网络神经元的连接方式是一样的。

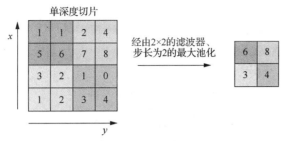

图 4.18 最大值池化

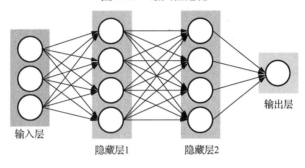

图 4.19 全连接层

卷积神经网络在本质上是一种输入到输出的映射，它能够学习大量的输入与输出之间的映射关系，而不需要任何输入和输出之间的精确的数学表达式，只要用已知的模式加以训练，就具有了输入到输出的映射关系。

4.2.4 深度森林模型

深度神经网络（Deep Neural Networks，DNN）在视觉、语音等方面的成功应用引发了对深度学习研究的热潮。尽管 DNN 功能很强大，但也存在各种不足。例如，训练 DNN 需要大量的有标记的训练样本，限制了其在小样本或缺乏足够标记样本任务上的应用；训练 DNN 需要强大的计算资源，限制了一些公司工作人员的使用机会；DNN 含有太多的超参数，学习性能很大程度上取决于细致调参。不同的应用需要不同的网络结构和参数，一方面使得 DNN 更像是艺术而非科学或工程，另一方面由于无限的参数组合使得理论分析困难。在 DNN 中，表征学习能力是至关重要的。为了充分学习大数据的特征，网络规模要足够大，因此深度神经网络要比支持向量机等学习模型复杂得多。

现有的深度模型基本都是神经网络，为了探寻一种可替代 DNN 的新方法，南京大学人工智能学院院长周志华教授（见图 4.20）提出了深度森林模型，也称多粒度级联森林（multi-grained cascade Forest，gcForest）。这是一种基于决策树森林而非神经网络的深度学习模型。除此之外，周志华教授还提出了多层梯度提升决策树模型，它是通过堆叠多个回归梯度提升决策树（Gradient Boosting Decision Tree，GBDT）层作为构建块，并探索其学习层级表征的能力。与层级表征的神经网络不同，它并不要求每一层都是可微的，也不需要使用反向传播更新参数。因此，多层分布式表征学习不仅有深度神经网络，同时还有决策树，性能较之深度神经网络有很强的竞争力。深度神经网络需要花精力进行调参，相比之下，gcForest 训练要容易得多。实际上，在几乎完全一样的超参数设置下，gcForest 在处理不同领域的不同数据时，也能达到极佳的性能。深度神经网络需要大规模的训练数据，而 gcForest 在仅有小规模训练数据的情况下也能照常运转。不仅如此，作为一种基于树的方法，gcForest 在理论分析方面也比深度神经网络更加容易。

图 4.20　周志华教授

　　gcForest 的原理是生成一个深度树集成方法，使用级联结构（见图 4.21）让 gcForest 做表征学习，当输入带有高维度时，通过多粒度扫描，其表征学习能力还能得到进一步的提升，而这种方法还能让 gcForest 注意到上下文结构，级联的数量能自行调节，即使在处理小数据量的时候效果依然不错。相对于 DNN 而言，gcForest 的超参数数量是很少的，且设定性能的鲁棒性很高，因此，跨域的时候其依旧可行，根据 gcForest 的结构，得出它就适合并行运算，因此在性能上绝对不会弱于 DNN。

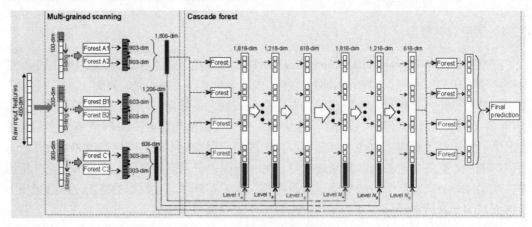

图 4.21　深度森林结构

图 4.21 彩图

　　周志华教授表示，深度森林模型并不是要替代深度学习，它本身就是一种深度学习，是第一个不使用 BP 算法训练的深度学习模型。从应用价值的角度讲，在图像、视频、语音之外的很多任务上，深度神经网络往往并非最佳选择，很多时候甚至表现不佳，如在符号建模、混合建模、离散建模等问题上。而深度森林模型在这些任务上可能有更好的表现。目前，深度森林模型已经被一些大型企业应用并取得了很好的成果。

4.2.5 深度学习的数学基础

学习深度学习需要有一定的数学基础。首先需要对线性代数理解透彻。因为深度学习的根本思想就是把事物转化成高维空间的向量，强大的神经网络就是无数的矩阵运算和简单的非线性变换的结合，把图像、声音等的原始数据一层层转化为数学上的向量。线性代数的核心是线性空间的概念和矩阵的各项基本运算，因此对于线性组合、线性空间的各类概念，矩阵的各种基本运算，矩阵的正定和特征值等都要有非常深厚的数学功力。

其次是掌握概率论。概率论是整个机器学习和深度学习的理论支撑，无论是深度学习还是机器学习所做的事情均是预测未知。想要预测未知就一定要应对不确定性。整个人类对不确定性的描述都包含在了概率论里面。要掌握概率论的内容，需了解关于概率来自频率主义和贝叶斯主义的观点；了解概率空间这一描述不确定事件的工具；在此基础上，熟练掌握各类分布函数描述不同的不确定性，最常用的分布函数是高斯函数，指数函数和幂函数分布也很重要，不同的分布对机器学习和深度学习的过程会有重要的影响，如影响我们对目标函数和正则方法的设定。

与概率论非常相关的领域是信息论，它也是深度学习的必要模块，理解信息论里关于熵、条件熵、交叉熵的理论，有助于了解机器学习和深度学习的目标函数的设计，如交叉熵为什么会是各类分类问题的基础。

再次是微积分和相关的优化理论。线性代数和概率论可以称得上是深度学习的语言，那微积分和相关的优化理论就是工具了。深度学习用层层迭代的深度网络对非结构数据进行抽象表征，这是优化的结果，用比较通俗的话说就是调参。整个调参的基础都在于优化理论，而这又是以多元微积分理论为基础的。这就是学习微积分也很重要的原因。

机器学习里的优化问题，往往是有约束条件的优化。优化理论包含一阶和二阶优化，传统优化理论最核心的是牛顿法和拟牛顿法。由于机器学习本身的一个重要内容是正则化，优化问题立刻转化为了一个受限优化问题。这一类的问题，在机器学习里通常要由拉格朗日乘数法解决。传统模型往往遵循奥卡姆剃刀的最简化原理，能不复杂就不复杂。而深度学习与传统模型的设计理念的一个本质区别在于，深度模型在初始阶段赋予模型足够大的复杂度，让模型能够适应复杂的场合。正因为这种复杂度，使得优化变得更加困难，主要原因有三个。一是维度灾难。深度学习动辄需要调整几百万的参数，计算量超大。二是目标函数非凸，具有众多的鞍点和极小值。这使得无法直接应用牛顿法等凸优化中的常见方法，而一般用到一阶优化（梯度下降），这看起来是比支持向量机里的二阶优化简单，然而正是因为缺乏很好的系统理论，边角案例变得特别多，反而最终更难。三是深度。深度模型造成反向传播的梯度越来越弱，从而造成梯度消失的问题。

AI 修复北京 100 年前的影像

4.3 深度学习的应用

深度学习的本质是人工神经网络。人工神经网络就是通过模拟生物神经网，使得机器能够具备学习能力，从而具有智能。

深度学习的实际应用在某些领域已经非常成熟，如知名的 AlphaGo。

AlphaGo 有三大核心技术：先进的搜索算法、机器学习算法（即强化学习），以及深度神经网络。

AlphaGo 的核心算法是蒙特卡罗树搜索（Monte Carlo Tree Search，MCTS），如图 4.22 所示。搜索速度至关重要，就像当年"深蓝"超级计算机的运算速度是其制胜的关键因素之一。

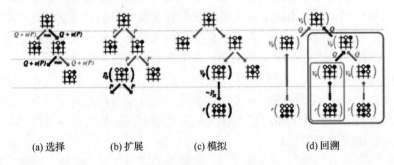

  (a) 选择　　　　(b) 扩展　　　　(c) 模拟　　　　　(d) 回溯

图 4.22　MCTS 的 4 个步骤

4.3.1　图像识别

计算机视觉学是自 20 世纪 60 年代中期发展起来的一门新学科。计算机视觉是用计算机实现人的视觉功能，它的主要任务就是通过对采集的图片或视频进行处理以获得相应场景的三维信息，即物体识别。

计算机视觉专家、斯坦福大学副教授李飞飞（见图 4.23）和她的团队构建了一个数据集，叫作 ImageNet，其在数据方面的研究改变了人工智能研究的形态，从这个意义上讲，可以说"改变了世界"。其中各种物体的数据采集离不开计算机视觉对图片和视频的采集。

图 4.23　计算机视觉专家李飞飞（1976—　　）

目前，机器学习应用最成功的领域就是计算机视觉，它包括人脸识别、指纹识别、图像检索、目标跟踪等。随着信息技术和智能技术的飞速发展，全球视觉数据呈现爆炸式增长，视觉数据规模的增加也是深度学习能够很好地解决视觉问题的重要因素。而传统的计算机视觉算法在人脸识别、跟踪、目标检测等领域无法达到深度学习的精度，这主要是深度学习对卷积神经网络的大量数据进行了训练。网络深度太浅的话，识别能力往往不如一般的浅层模型。

计算机视觉的应用随着深度学习技术的发展和普及，受到越来越多的关注。特别是深度学习计算芯片技术的发展，使得图像信息处理的能力大大加强，关于计算机视觉技术的产品也越来越多。例如，市场上应用广泛的人脸识别技术，就是用人脸数据库和人脸比对算法，判断两张人脸是否为同一个人的，通过对人脸图像进行特征表示，也就是抽取人脸图像中那些共性和差异性的特征，对人脸图像进行重新表示，再结合度量方法进行相似性的衡量。其中，表示结合度量的过程通常是采用机器学习的方法完成的。因此，机器学习技术就是解决计算机视觉任务的一种关键性技术，图 4.24 和图 4.25 分别是人脸检测和物体检测应用的范例。

图 4.24　人脸检测

图 4.25　物体检测

近几年出现了研究图像检索的 ReID 技术（应用范例见图 4.26，图 4.27，图 4.28），利用深度学习来进行行人、车牌等的检测，并刻画目标的特征，为后续的跟踪、异常行为分析提供有效的支撑。对于大数据背景下的计算机视觉任务，尤其在检测、分类、识别等任务上，都表现出其他技术难以匹敌的优势。

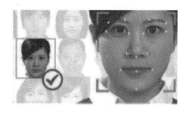 

图 4.26　人脸识别　　　　　　　　　　图 4.27　车牌识别

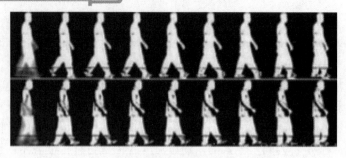

图 4.28 步态识别

1. 人脸识别

在计算机视觉技术的应用方面,人脸识别的应用十分广泛,如人脸考勤、人脸社交、人脸支付等。它是基于人的脸部特征信息进行身份识别的一种生物识别技术,通过摄像机或摄像头采集含有人脸的图像或视频流,并自动在图像中检测和跟踪人脸,可以说是当前深度学习中比较成熟的应用,主要应用在门禁、通关等领域,被识别的对象能主动配合,距离摄像头较近,能拍摄到比较清楚的图像。在用户配合、光照可控的场景下,人脸识别准确率能达到99%以上。

人脸识别的应用前景广阔,其作为一项新兴的生物识别技术,由于其易采集的特性,受到很多行业的关注,特别是公安、海关、商场等。

人脸识别的方法基本上可以归结为三类:基于几何特征的方法、基于模板的方法和基于模型的方法。

(1) 基于几何特征的方法是根据人脸上的眼睛、鼻子、嘴、眉毛等人类的共性区分个体(因为其大小、形状等不尽相同)。我们经常用面部特征来描述某个人,机器同样也可以做这件事。机器通过对人脸图像的处理,得到对这些图像的集合特征描述。例如,根据鼻子的显著特点导出一组用于识别的特征度量,如距离、角度等。但这种处理会导致一些局部特征信息的丢失,所以需要做出改进。

(2) 基于模板的方法有特征脸方法、线性判别分析方法、奇异值分解方法、神经网络方法等。特征脸方法的特点是搜集大量的图像进行分析,寻找人脸图像分布的基本元素,即人脸图像样本集协方差矩阵的特征向量,以此近似地表征人脸图像。神经网络方法是一种运算模型,由大量的节点以及它们之间的连接构成。每个节点代表一个函数,而连接则代表权重。

(3) 基于模型的方法主要有隐马尔可夫模型、主动形状模型和主动外观模型等。

人脸识别的过程主要有三个:人脸检测、特征提取和人脸识别。

(1) 人脸检测是指从输入图像中检测并提取人脸图像,通常采用 Haar 特征和 AdaBoost 算法,训练级联分类器对图像中的每一块进行分类。如果某一个矩形区域通过了级联分类器,则被判别为人脸图像。

(2) 特征提取是指通过一些数字来表征人脸信息,这些数字就是我们要提取的特征。常见的人脸特征分为两类,一类是几何特征,另一类是表征特征。几何特征是指眼睛、鼻子和嘴等面部特征之间的几何关系,如距离、面积和角度等。由于算法利用了一些直观的特征，因此计算量小。不过，由于不能精确地选择其所需的特征点，限制了它的应用范围。另外，当光照变化、人脸有外物遮挡、面部表情变化时，特征变化较大。所以说，这类算法只适合于人脸图像的粗略识别，无法在实际中应用。表征特征利用人脸图像的灰度信息，通过一些算法提取全局或局部特征。其中，比较常用的特征提取算法是局部二值模式（Local Binary Patterns，LBP）算法。LBP算法将图像分成若干个区域，在每个区域的640像素×960像素邻域中用中心值作为阈值化，将结果看成二进制数。LBP算法的特点是对单调灰度变化保持不变。每个区域通过这样的运算得到一组直方图，然后将所有的直方图连起来组成一个大的直方图，再通过直方图匹配计算进行分类。

（3）人脸识别是指通过人脸检测和提取后，将待识别人脸所提取的特征与数据库中人脸的特征进行对比，根据相似度进行分类。人脸辨认要比人脸确认困难，因为辨认需要进行海量数据的匹配。常用的分类器有最近邻分类器、支持向量机等。目前，深度学习在人脸识别应用中取得了快速的发展，尤其是利用卷积神经网络进行人脸识别时，其特有的权值共享和局部感知能够有效地减少复杂的特征提取和训练过程，提高了识别变化的人脸表情的精确度。

中国香港中文大学的汤晓鸥研究团队等人将卷积神经网络应用到人脸识别上，采用20万人脸数据训练数据，在自然场景下人脸数据集（Labeled Faces in the Wild，LFW）第一次得到超过人类水平的识别精度，这是人脸识别发展历史上的一座里程碑。LFW数据库是自然场景下人脸识别问题的测试基准，是目前用得最多的自然场景人脸图像数据库（见图4.29）。该数据库中的图像来源于互联网，采集的是自然场景环境下的人脸图像，目的是提高自然场景下人脸识别的准确率。这个数据库包含5 749个人共13 233幅人脸图像。

图4.29 人脸图像数据库

2. 图像识别

图像识别是深度学习或者机器学习领域最受青睐的应用方向，无论是深度学习，还是其他机器学习，都可以用图像识别来进行研究，因为图像是比较容易获取的。正是因为如此，ImageNet通过建立强大的图片库，邀请各人工智能研究者前来检验其算法。

图像识别技术的识别过程一般分以下几步：信息的获取、预处理、特征抽取和选择、分类器设计和分类决策。

图像识别技术背后的原理并不是很难，只是其要处理的信息比较烦琐。计算机的图像识别和人类的图像识别在原理上并没有本质的区别，只是计算机缺少人类在感觉与视觉差上的影响。人类的图像识别不单是凭借整个图像存储在脑海中的记忆来识别的，而是依靠图像所具有的特征先将这些图像分类，然后通过各类特征将图像识别出来，只是很多时候我们没有意识到这一点。当看到一张图片时，我们的大脑会迅速反映是否见过此图片或与其相似的图片。其实在"看到"与"感应到"的中间经历了一个迅速识别过程，这个识别的过程和搜索有些类似。在这个过程中，我们的大脑会根据存储记忆中已经分好的类别进行识别，搜索是否有与该图像具有相同或类似特征的存储记忆，从而识别出是否见过该图像。计算机的图像识别也是如此，通过分类并提取重要特征而排除多余的信息识别图像。计算机提取出的这些特征有时会非常明显，有时又很普通，这在很大程度上影响了计算机识别的速率。总之，在计算机的视觉识别中，图像的内容通常是用图像特征来进行描述的。

计算机的图像识别原理与人类的图像识别原理相同，过程也是大同小异的，如图4.30所示。信息的获取是通过传感器，将光或声音等信息转化为电信息，也就是获取研究对象的基本信息并通过某种方法将其转变为计算机能够认识的信息。预处理主要是指图像处理中的去噪、平滑、变换等操作，用于加强图像的重要特征。特征抽取和选择是指在模式识别中，需要进行特征的抽取和选择。简单来说，我们所研究的图像是各种各样的，如果要利用某种方法将它们区分开，就要通过这些图像所具有的特征来识别，而获取这些特征的过程就是特征抽取。在特征抽取中所得到的特征也许对此次识别并不都是有用的，这个时候就要提取有用的特征，这就是特征的选择。特征抽取和选择在图像识别过程中是非常关键的技术之一，也是图像识别的重点。分类器设计是指通过训练而得到的一种识别规则，通过此识别规则可以得到一种特征分类，使图像识别技术能够得到高识别率。分类决策是指在特征空间中对被识别对象进行分类，从而更好地识别所研究的对象具体属于哪一类。

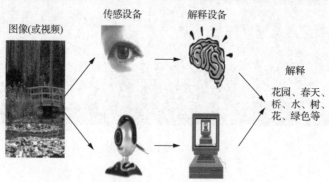

图4.30 人类和计算机的图像识别过程

计算机的图像识别技术在公共安全、生物、工业、农业、交通、医疗等很多领域都有应用。例如，公共安全方面的人脸识别技术、指纹识别技术，农业方面的种子识别技术、食品品质检测技术，交通方面的车牌识别系统，医学方面的心电图识别技术等。随着计算机技术的不断发展，图像识别技术在不断优化，其算法也在不断改进。图像是人类获取和交换信息的主要来源,因此与图像相关的图像识别技术必定也是未来的研究重点。以后计算机的图像识别技术很有可能在更多的领域崭露头角,它的应用前景也是不可限量的。

3. 物体检测

在传统视觉领域,物体检测是一个非常热门的研究方向。受到技术条件和有限应用场景的影响,物体检测直到 20 世纪 90 年代才开始逐渐步入正轨。物体检测对于人眼来说并不困难,通过对图片中不同颜色、纹理、边缘模块的感知很容易定位出目标物体。但对于计算机来说,面对的是 RGB 像素矩阵,很难从图像中直接得到如狗和猫这样的抽象概念并定位其位置,再加上物体姿态、光照和复杂背景混杂在一起,使得物体检测更加困难。

物体检测算法中通常包含三个部分,一是检测窗口的选择,二是特征的设计,三是分类器的设计。2001 年,薇奥拉(P. Viola)和琼斯(M. Jones)提出基于 AdaBoost 的人脸检测方法,物体检测算法经历了传统的人工设计特征和浅层分类器的框架,到基于大数据和深度神经网络的端到端的物体检测框架,物体检测技术变得更加成熟。为进一步提高检测精度,衍生出如选择性搜索或 EdgeBox 等候选提取的方法,基于颜色聚类、边缘聚类的方法快速去除不是所需物体的区域,相对于肤色提取精确度更高,极大地减少了后续特征提取和分类计算的时间消耗。

深度学习早期的物体检测大多使用滑动窗口的方式进行窗口提取,这种方式本质上是穷举法 R-CNN,图 4.31 所示为 R-CNN 框架。后来提出选择性搜索等候选窗口提取算法,对于给定的图像不需要再使用一个滑动窗口进行图像扫描,而是采用某种方式提取出一些候选窗口,在获得对待检测目标可接受的召回率的前提下,候选窗口的数量可以控制在几千个或者几百个。

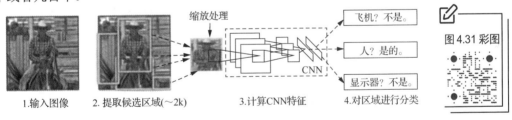

图 4.31 R-CNN 框架

之后又出现了空间金字塔池化(Spatial Pyramid Pooling,SPP),其主要思想是去掉了原始图像上的裁剪/缩放(Crop/Warp)等操作,换成了在卷积特征上的空间金字塔池化层。要引入 SPP 层的主要原因是 CNN 的全连接层要求输入图片大小一致,而实际上输入的图片往往大小不一,如果直接缩放到同一尺寸,很可能有的物体会充满整个图片,而有的物体只占到图片的一角。SPP 根据整图提取固定维度的特征,首先把图片均分成 4 份,每份提取相同维度的特征,再把图片均分为 16 份,依此类推。从图 4.32 可以看出,无论图片大小如何,提取出来的维度数据都是一致的,这样就可以统一送至全连接层。

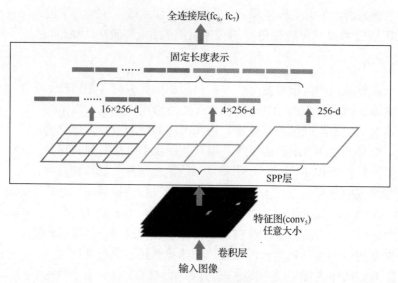

图 4.32　SPP 网络结构

实际上，尽管基于卷积神经网络区域（Region With Convolutional Neural Network features，R-CNN）和 SPP 在检测方面有了较大的进步，但是其带来的重复计算问题让人头疼，而 Fast R-CNN 的出现正好解决这些问题。Fast R-CNN 使用一个简化的 SPP 层——感兴趣区域（Region Of Interesting，ROI）池化层，其操作与 SPP 类似，同时它的训练和测试不再分多步，不再需要额外的硬盘来存储中间层的特征，梯度也能够通过 ROI 池化层直接传播，Fast R-CNN 框架如图 4.33 所示。Fast R-CNN 还使用奇异值分解（Singular Value Decomposition，SVD）分解全连接层的参数矩阵，压缩为两个规模小得多的全连接层。Fast R-CNN 使用选择性搜索来进行区域提取，速度依然比较慢。Faster R-CNN 则直接利用区域生成网络（Region Proposal Networks，RPN）来计算候选框。从图 4.34 可以看出，RPN 以一张任意大小的图片作为输入，输出一批矩形区域，每个区域对应一个目标分数和位置信息。从 R-CNN 到 Faster R-CNN，这是一个集零为整的过程。其之所以能够成功，一方面得益于 CNN 强大的非线性建模能力，能够学习契合各种不同子任务的特征，另一方面也是因为人们认识和思考检测问题的角度在不断发生改变，打破旧有滑动窗口的框架，将检测看成一个回归问题，不同任务之间的耦合。

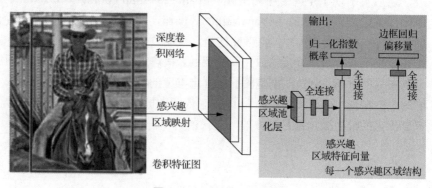

图 4.33　Fast R-CNN 框架

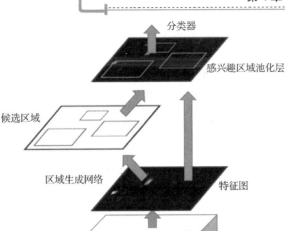

图 4.34　Faster R-CNN 框架

R-CNN 和 Faster R-CNN 都是一些通用的检测器。深度学习中还有许多特定物体检测的方法，如 Cascade CNN 等。随着技术的发展，深度学习的检测越来越成熟。

4. 图像分割

图像分割是指把图像中属于同一类型或同一个体的东西划分在一起，并将各个子部分区分开，如图 4.35 所示。具体来说，图像分割是将数字图像细分为多个图像子区域（像素的集合，也称超像素）的过程，也是把图像分成若干个特定的、具有独特性质的区域并提取感兴趣目标的过程，是由图像处理到图像分析的关键步骤。图像分割的目的是简化或改变图像的表示形式，使得图像更容易理解和分析。

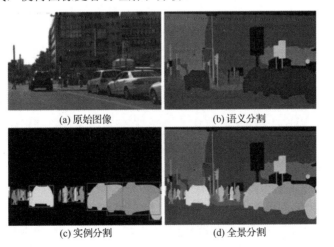

图 4.35　图像分割模型

图像分割通常用于定位图像中的物体和边界（线、曲线等）。更精确地说，图像分割是对图像中的每个像素加标签的一个过程，这一过程使得具有相同标签的像素具有某种共同视觉特性。图像分割的结果是图像上子区域的集合（这些子区域的全体覆盖了整个图像），或者从图像中提取的轮廓线的集合（如边缘检测）。一个子区域中的每个像素在某种特性的度量下或者由计算得出的特性都是相似的，如颜色、亮度、纹理。邻接区域在某种特性的度量下有很大的不同。现有的图像分割方法主要有基于阈值的分割、区域生长、区域分裂合并、分水岭算法、边缘分割（边缘检测）、直方图法、聚类分析、小波变换等。

5. 图像聚类

图像聚类是指把一个没有类别标记的样本集按照某种准则划分成若干个子集或类别，使相似的样本尽可能归为一类，不相似的样本尽量划分到不同的类中。聚类的方法有四种：运用主成分分析后选取主成分，再用 K-means 算法进行聚类；提取图像的灰度直方图，使用直方图作为特征向量聚类，其有些类似于层次聚类，通过小区间合并依次聚类；像素聚类使用滑窗方式求取局部均值，利用相关均值矩阵进行聚类；谱聚类，首先计算 n 个图像数据的相似性矩阵，矩阵中每个元素表示两个图像之间的相似度。通过相似度矩阵构建谱矩阵（具体通过拉普拉斯矩阵实现），对谱矩阵进行特征分解得到特征向量，降维后进行聚类。该过程本质上是将原始空间中的数据转换成更容易聚类的新特征向量。

6. 图像降噪

由于待识别图像的品质受限于输入设备、环境以及文档的印刷质量，在对图像中印刷体字符进行识别处理前，需要根据噪声的特征对待识别图像进行去噪处理，提升识别处理的精确度。图 4.36 所示为降噪处理的对比效果。

(a) 原图　　　　　　(b) 噪声图　　　　　　(c) 降噪图

图 4.36　降噪处理的对比效果

7. 图像风格迁移

图像风格迁移是指利用算法学习画作的风格，然后把这种风格应用到另外一张图片上的技术。图像处理应用软件 Prisma 通过人工智能将普通的照片自动模仿出具有艺术家风格的图片。

在神经网络出现之前，图像风格迁移的程序有一个共同的思路：分析某一种风格的图像，给该风格建立一个数学或统计模型，再改变要做迁移的图像，从而更好地符合所建立的模型。这样做出来的图像效果还是不错的，但有一个缺点，一个程序基本只能转换一种风格或某一个场景。因此，基于传统图像风格迁移研究的实际应用非常有限。

图像风格迁移的大致流程是：输入白噪声图像，通过不断修正输入图像的像素值来优化损失函数，输出结果即为最终得到的图像，如图4.37所示。

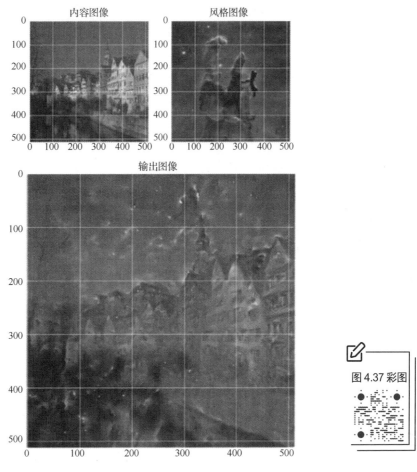

图 4.37　图像风格迁移后得到的效果

8. 图像翻译

简单来说，图像翻译就是输入一张图片，机器读出图片中的信息。由于卷积神经网络在图片识别上表现较好，循环神经网络在自然语言处理领域表现突出，所以将两者结合起来，得到一个能用自然语言描述图片内容的模型。

研究人员在早期研究中发现可以利用无监督学习的方法进行图像翻译，将一幅图像转换为另一幅图像。研究人员通过建立共享隐含空间的假设，提出了一个图像对图像的非监督翻译框架，并利用对偶学习的生成对抗网络（Generative Adversarial Network，GAN）实现高效的图像翻译。一个典型的GAN包含两个互相竞争的神经网络：一是用于生成图像，二是用于判断生成的图像是否像真的。图4.38所示为GAN的训练过程。GAN善于生成视觉数据，也就是生成逼真的假图像，在数据短缺的时候会显示出更强大的能力。

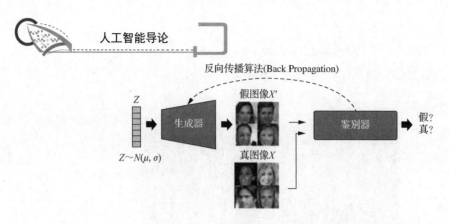

图 4.38 GAN 的训练过程

4.3.2 语音应用

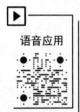

自动语音识别（Automatic Speech Recognition，ASR）目前发展得比较好，连各地方言都可以被非常精准地识别，应用比较成熟。2009 年，深度学习被引入语音识别领域，短短几年间，其在 TIMIT（由 TI 和 MIT 合作构建的音素级别标注的语音库）数据集上基于传统的混合高斯模型（Gaussian Mixture Model，GMM）的错误率就从 21.7%下降到 17.9%，引起业界广泛关注。科大讯飞、谷歌 Google Now、苹果 Siri、微软 Skype 等都是基于这样的算法。其中，苹果的 Siri 最为人熟知。Siri 可以根据语音指令完成相应的操作，这大大方便了人们的日常使用，也给予了人们全新的操作体验。

语音识别最基本的定义是，机器根据人类说话的语句或命令，而做出相应的反应。近年来，语音识别技术渐渐改变了人们的生活和工作方式，这种趋势的出现和下面几个关键领域的进步是分不开的。

（1）摩尔定律持续有效。有了多核处理器、通用计算图形处理器、中央处理器（Central Processing Unit，CPU）/图像处理单元（Graphics Processing Unit，GPU）集群等技术，使得训练更加强大而复杂的模型变得可能，显著降低了 ASR 系统的错误率。

（2）大数据时代。借助越来越先进的互联网和云计算，得到了更多的数据资源，使用从真实场景收集的大数据进行模型训练，提高了系统的可应用性。

（3）移动智能时代。移动设备、可穿戴设备、智能家居设备、车载信息娱乐系统变得越来越流行。在这些设备和系统上语音交互成为新的入口，语音实现了人与人、人与机器的交流，成为备受欢迎的交互方式。

语音识别系统可以用来消除人类之间的交流障碍，如在人与人的交流（Human to Human Communication，HHC）过程中，消息发送的语音转文字、语音输入等功能；语音到语音（Speech to Speech，S2S）的翻译系统，帮助我们打破语言的障碍，完成交流沟通。使用不同语言的人如果想要进行交流，需要另一个人作为翻译才行。S2S 翻译系统可以用来消除这种交流壁垒，还可以整合到像 Skype 这样的交流工具中，实现自由的远程交流。S2S 翻译系统组成模块如图 4.39 所示，语音识别是整个系统中的第一环。语音识别最好的应用场景是在同声传译上。2012 年，微软在"二十一世纪的计算"大会上展示了一套同声传译系统，其不仅要求计算机能对输入的语音进行识别，同时还要翻译成另外一门语言，并将翻译好的结果通过语音合成的方式进行输出。整个复杂的过程都是通过深度学习的技术来支撑的。

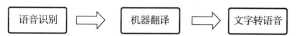

图 4.39　S2S 翻译系统组成模块

随着人工智能技术进一步的推广应用，智能语音输入更多地深入人们的日常生活中。手机输入法技术与人工智能语音技术的深度结合，将成为语音输入的大趋势。当前市场上的输入法在语音识别准确率、方言识别等方面均达到了较高的水平。例如，百度的智能语音输入版本不仅具有语言转文字功能、语音调取联系人信息功能，还能结合人工智能自动匹配表情，语音识别准确率达到 98.7%，语句准确率超过 91%；科大讯飞的语音输入识别准确率为 97%，1 分钟语音输入 400 字，语音输入用户覆盖率高达 40%，支持方言识别，支持中英文实时翻译；搜狗输入法的语音识别准确率为 97%，由于其用户量巨大，每天语音输入频次近 1.5 亿次，Android 新版还针对游戏场景，做了语音游戏键盘，丰富了用户的体验。

提起深度学习的再次兴起，大家首先可能会想到 2012 年 AlexNet 在图像分类上的突破，但是最早深度学习的大规模应用是在语音识别领域。自从 2006 年辛顿提出逐层的预训练（Pre-training）之后，神经网络再次进入大家的视野。2009 年，辛顿和邓力把 DNN 用于语音识别模型建模，以及替代 GMM，同时发现在训练数据足够多的情况下，预训练是不必要的。使用了 DNN 后，语音识别的词错误率相对降低了 30%。再到后来，端到端的语音识别系统的出现，从根本上抛弃了复杂的 HMM，包括加权有限状态传感器（Weighted Finite State Transducer，WFST）这样复杂的解码算法。

端对端是指输入原始数据，输出最后结果，应用在特征学习融入算法，无须单独处理。原来输入端不是直接的原始数据，而是在原始数据中提取的特征。这一点在图像问题上尤为突出，因为图像像素数据太多，数据维度高，会产生维度灾难，所以传统思路是手工提取图像的一些关键特征，这实际上就是一个降维的过程。特征提取的好坏非常关键，甚至比学习算法还重要。例如，对一些人进行分类，分类结果是性别，如果提取的特征是头发的颜色，无论分类算法如何，分类效果都不会好；如果提取的特征是头发的长短，这个特征就会好很多，但是还会有错误；如果提取了一个超强特征，如染色体的数据，那分类基本就不会错了。这就意味着，特征需要足够的经验去设计，这在数据量越来越大的情况下也越来越困难。于是就出现了端到端网络，特征可以由机器自己去学习，所以特征提取这一步也就融入算法中，不需要人为干预了。简单来说，深度神经网络处理问题不需要像传统模型那样，如同生产线一样一步步去处理输入数据直至输出最后的结果。

端到端的好处是通过缩减人工预处理和后续处理，尽可能使模型从原始输入到最终输出，给模型更多可以根据数据自动调节的空间，增加模型的整体契合度。以语音识别为例，普遍方法是将语音信号转换成频域信号，并可以进一步加工成符合人耳特点的梅尔频率倒谱系数（Mel-Frequency Cepstral Coefficients，MFCCs）进行编码，也可以选择卷积层对频谱图进行特征抓取，这样可在编码的部分更接近端到端中的第一个端。

端到端常见的模型有连接时序分类（Connectionist Temporal Classification，CTC）、基于递归神经网络的传感器（Recurrent Neural Network Transducer，RNN-T）、聆听-注意-拼

写(Listen,Attend and Spell,LAS)三种。

(1) CTC 主要是为了解决利用 RNN 训练时需要目标标记与输入的每一帧对应的问题,即我们需要知道哪几帧输入对应输出的哪个字符,并且知道如何分割不同输出字符对应的输入帧的边界,而且有的时候这种边界较为模糊,这种需要逐帧对应标记的数据相较于只是需要简单的文字输出的人力要求要高很多。CTC 网络结构如图 4.40 所示。

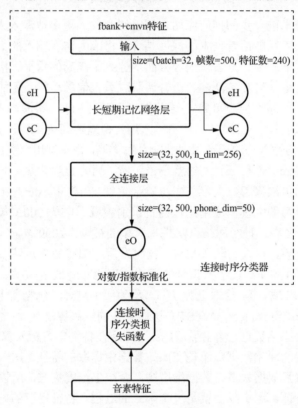

图 4.40　CTC 网络结构

(2) RNN-T 是在 CTC 的基础上改进的。CTC 模型进行声学建模存在两个严重的瓶颈,一是缺乏语言模型建模能力,不能整合语言模型进行联合优化;二是不能建立模型输出之间的依赖关系。RNN-T 针对 CTC 的不足进行了改进,使得模型具有了端到端联合优化,具有语言模型建模能力,便于实现在线语音识别,更加适合语音任务。相较于传统模型,RNN-T 模型训练较快,模型也较小,并且能够有可比拟的准确率。RNN-T 网络结构如图 4.41 所示。

(3) LAS 与 CTC 和 RNN-T 思路不同,它利用了注意力机制来进行有效的对应。LAS 模型主要由两大部分组成:编码器利用多层 RNN 从输入序列提取隐藏特征;Attend and Spell,即注意力用来得到上下文向量,解码器利用上下文向量以及之前的输出产生相应的最终输出。LAS 模型由于考虑了上下文的所有信息,所以它的精确度可能较其他模型略高,由于它需要上下文的信息所以没法进行流处理(Streaming)的自动语音识别,另外输入的语音长度对于模型的准确度也有较大的影响。LAS 网络结构如图 4.42 所示。

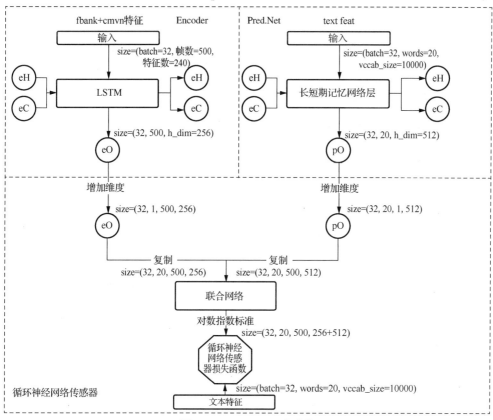

图 4.41 RNN-T 网络结构

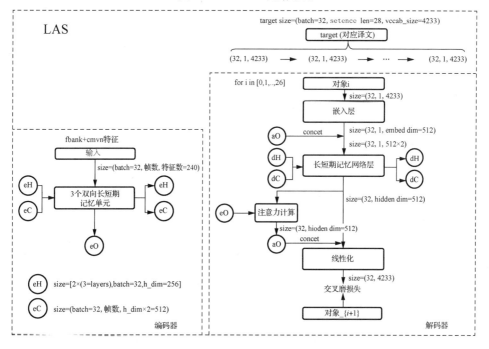

图 4.42 LAS 网络结构

这里仅简单地介绍与比较了几种常见的端到端的 ASR 模型，实际应用中还有很多的模型。未来，语音输入将发展为和日常交流一般自然的状态，凭借人工智能技术的优势，输入法将与之结合并不断创新，提高用户的输入体验。

4.3.3 文本挖掘

文本挖掘是指从文本数据中获取有价值的信息和知识，它是数据挖掘中的一种方法。文本挖掘中最重要、最基本的应用是实现文本的分类和聚类。前者是有监督的挖掘算法，后者是无监督的挖掘算法。

文本挖掘是一个多学科混杂的领域，涵盖了多种技术，包括数据挖掘技术、信息抽取、信息检索、机器学习、自然语言处理、计算语言学、统计数据分析、线性几何、概率理论，甚至还有图论。

1. 文本挖掘的应用

文本挖掘可以应用在文本分类、文本聚类、信息检索、信息抽取、自动文摘、自动问答、机器翻译、信息过滤和自动语音识别等方面。

（1）文本分类是一种典型的机器学习方法，一般分为训练和分类两个阶段。文本分类一般采用统计方法或机器学习来实现。

（2）文本聚类是一种典型的无监督式机器学习方法，聚类方法的选择取决于数据类型。文档聚类可以发现与某文档相似的一批文档，帮助工作者发现相关知识；可以将一类文档聚类成若干个类，提供一种组织文档集合的方法；还可以生成分类器以对文档进行分类。文本聚类可用于提供大规模文档内容总括；识别隐藏的文档间的相似度；减轻浏览相关、相似信息的过程。文本聚类首先需要对文本进行预处理，通过分词、特征选择等过程将文本转化成计算机可处理的格式化数据如文本向量，然后使用聚类算法进行聚类。

（3）信息检索是利用计算机系统的快速计算能力，从海量文档中寻找用户需要的相关文档。

（4）信息抽取是把文本中包含的信息进行结构化处理，变成表格一样的组织形式。输入信息抽取系统的是原始文本，输出的是固定格式的信息。

（5）自动文摘能够生成简短的关于文档内容的指示性信息，将文档的主要内容呈现给用户，以决定是否要阅读文档的原文，这样能够节省用户大量的浏览时间。

（6）自动问答是指对于用户提出的问题，计算机可以自动地从相关资料中求解答案并做出相应的回答。自动问答系统一般包括三个组成部分：问题分析、信息检索和答案抽取。

（7）机器翻译是利用计算机将一种源语言转换为另一种语言的过程。

（8）信息过滤是指计算机系统可以自动地进行过滤操作，将满足条件的信息保留，将不满足条件的信息过滤掉。信息过滤技术主要用于信息安全领域。

（9）自动语音识别是将输入计算机的自然语言转换成文本表示的书面语。

2. 文本挖掘的操作步骤

文本挖掘的操作步骤分为获取文本、文本预处理、文本的语言学处理、特征提取、分类聚类和数据可视化。

（1）获取文本是把现有文本数据导入，或者通过诸如网络爬虫等技术获取网络文本，主要是获取网页的 HTML（Hyper Text Markup Language，超文本标记语言）形式。

（2）文本预处理是指剔除噪声文档以改进挖掘精度，或者在文档数量过多时仅选取一部分样本以提高挖掘效率。一些网页中存在很多不必要的信息，如广告、导航栏、HTML 代码、JS（JavaScript）代码、注释等，都可以删除。如果是需要提取正文，可以利用标签用途、标签密度判定、数据挖掘思想、视觉网页块分析技术等策略抽取正文。

中文文本挖掘预处理的步骤如下。

① 数据收集。在文本挖掘之前要先得到文本数据。文本数据的获取方法一般有两种：使用别人做好的语料库；自己用爬虫程序在网上获取语料数据。② 去除数据中的非文本部分。这一步主要是针对爬虫收集的语料数据，由于获取的内容中有很多 HTML 标签，需要去除。少量的非文本内容可以直接用 Python 语言的正则表达式删除，复杂的则可以用 Beautiful Soup 库来去除。去除这些非文本内容后，就可以进行真正的文本预处理了。③ 处理中文编码问题。由于 Python 2 不支持对 Unicode 的处理，因此使用 Python 2 做中文文本预处理时需要遵循的原则是，存储数据都用 UTF-8 编码，读出来进行中文相关处理时，使用《汉字内码扩展规范》之类的中文编码。④ 中文分词。常用的中文分词软件有很多，如结巴分词等。⑤ 引入停用词。文本中有很多无效的词，如"着""和"，以及一些标点符号，这些不想在文本分析时导入的词就是停用词。⑥ 特征处理。用 Scikit-learn 库来对文本特征进行处理。文本预处理有两种特征处理的方法，向量化与 Hash Trick。其中，向量化是最常用的方法，因为它可以接着进行词频和逆向文本频率（Term Frequency and Inverse Document Frequency，TF-IDF）的特征处理。⑦ 建立分析模型。有了每段文本的 TF-IDF 的特征向量，就可以利用这些数据建立分类模型、聚类模型，或者进行主题模型的分析。

（3）文本的语言学处理。分词是将连续的字序列按照一定的规范重新组合成词序列的过程。在英文的行文中，单词之间是以空格作为自然分界符的。在中文中，字、句和段能通过明显的分界符来简单划分，但词没有一个形式上的分界符。虽然英文也同样存在短语的划分问题，不过在词这一层面上，中文比英文要复杂得多，提取困难得多。现在针对中文分词，出现了很多的分词算法，如最大匹配法、最优匹配法、机械匹配法、逆向匹配法、双向匹配法。同时也可以使用词性标注。通过很多分词工具可以分离出句子中的单个词语，外加该词的词性，如"啊"是语气助词；还可以去除停用词，如句号、"是""的"等没有什么实际意义的内容。

（4）特征提取要求既能保留文本的信息，同时又能反映它们的相对重要性。如果对文本不进行特征提取而保留所有词语，维度就会特别高，矩阵也会变得特别稀疏，严重影响到挖掘结果。特征提取的方式有 4 种：①用映射或变换的方法把原始特征变换为较少的新特征；②从原始特征中挑选出一些最具代表性的特征；③根据专家的知识挑选最有影响的特征；④用数学的方法进行选取，找出最具分类信息的特征，这是一种比较精确的方法，人为因素的干扰较少，尤其适合应用于文本自动分类挖掘系统。

（5）分类聚类是把文本集转化成一个矩阵，再利用各种算法进行挖掘。分类常用的方法有贝叶斯方法、矩阵变换法、K-最近邻参照分类算法以及支持向量机分类方法等。聚类常用的方法有层次聚类法、平面划分法、贝叶斯方法、K-最近邻聚类法、K-means 算法、分级聚类法等。其中，K-means 算法由于操作简单、容易实现且时间效率高等优点而成为最常用的经典的文本聚类算法，但对初始值的依赖性和对噪声数据的敏感性等不足使得 K-means 算法的研究改进具有很大的发展空间。

（6）数据可视化是通过合适的可视化图形生动形象地展示数据挖掘的结果，用户更容易理解所要表达的信息。文本可视化最常用的图形就是词云，如图 4.43 所示。

图 4.43　词云图

3. 文本挖掘工具

文本挖掘工具主要有：

（1）Python 语言中的 jieba、gensim、sklearn、WordCloud 和 matplotlib 包。

（2）R 语言中的 jieba、tm、tmcn、Rwordseg 和 WordCloud 包。

（3）统计分析系统（Statistical Analysis System，SAS）文本挖掘。

（4）统计产品与服务解决方案（Statistical Product and Service Solutions，SPSS）文本挖掘。

4. 自然语言处理

文本挖掘离不开自然语言处理（Natural Language Processing，NLP），它是让机器能够理解人类的语言，使人和机器能够进行交流的技术。文本挖掘或文本分析是通过模式识别提取文本数据中隐藏信息的流程。自然语言处理用来理解给定文本数据的含义（语义），而文本挖掘用来理解给定文本数据的结构（句法）。

NLP 是数据科学里的一个分支，它是以一种智能与高效的方式，是对文本数据进行系统化分析、理解和信息提取的过程。NLP 的发展历史很早。自计算机发明之后，就有以机器翻译为开端做早期的尝试，但不是很成功。直到 20 个世纪 80 年代，大部分自然语言处理系统还是基于人工规则的方式，使用规则引擎或规则系统实现问答、翻译等功能。第一次突破是在 20 世纪 90 年代，有了统计机器学习的技术，并且建成了很多优质的语料库之后，统计模型使 NLP 技术有了较大的革新。从 2006 年开始兴起的深度学习，对 NLP 领域产生了非常大的影响。

随着深度学习研究的深入，自然语言处理领域作为人工智能研究的重要方向之一也出现了很多深度学习模型。相对于传统的机器学习方法，深度学习的优点主要是训练效果好，以及不需要复杂的特征提取过程。同时，在深度学习框架如 TensorFlow 和 PyTorch 的帮助下，搭建和部署深度学习模型的难度也相对较小。因此，一些重要的深度学习结构，如卷积神经网络和循环神经网络近年来广泛应用于自然语言处理的研究中并且取得了很好的效果。通过使用 NLP 以及它的组件，可以管理非常大块的文本数据，或者执行大量的自动化任务，并且解决各式各样的问题，它应用在我们的生活中，如用于智能问答、机器翻译、文本分类、文本摘要等，这项技术正在慢慢影响着我们的生活。

其中，机器翻译是用计算机来实现不同语言之间翻译的技术。被翻译的语言通常称为源语言，翻译的结果语言称为目标语言。机器翻译即实现从源语言到目标语言转换的过程，是自然语言处理的重要研究领域之一。早期机器翻译系统多为基于规则的翻译系统，需要由语言学家编写两种语言之间的转换规则，再将这些规则录入计算机。这种方法对语言学家的要求非常高，而且几乎无法总结一门语言会用到的所有规则，更何况两种甚至更多的语言。因此，传统机器翻译方法面临的主要挑战是无法得到一个完备的规则集合。

为解决以上问题，统计机器翻译技术应运而生。在统计机器翻译技术中，转化规则是由机器自动从大规模的语料中学习得到的，而非人为主动提供规则。因此，它克服了基于规则的翻译系统所面临的知识获取瓶颈的问题，但其仍然存在许多挑战：可以人为设计许多特征，但永远无法覆盖所有的语言现象；难以利用全局的特征；依赖于许多预处理环节，如词语对齐、分词或符号化、规则抽取、句法分析等；每个环节的错误会逐步累积，对翻译的影响也越来越大。

深度学习技术的发展为解决上述挑战提供了新的思路。将深度学习应用于机器翻译任务的方法大致分为两类。

第一类是仍以统计机器翻译系统为框架，只是利用神经网络来改进其中的关键模块，如语言模型、调序模型等，如图 4.44 所示。

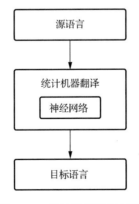

图 4.44 统计机器翻译系统

第二类是端到端的神经网络机器翻译（Neural Machine Translation，NMT），即直接用神经网络将源语言映射到目标语言，如图 4.45 所示。

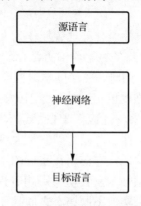

图 4.45　端到端的神经网络机器翻译

随着深度学习的进展，机器翻译技术得到了进一步的发展，翻译质量得到快速提升，在口语等领域的翻译更加地道、流畅；实现了"理解语言，生成译文"的翻译方式。

4.4　深度学习开源框架

近年来，人们对于深度学习的研究和应用的热情持续高涨，各种深度学习开源框架层出不穷，包括 TensorFlow、PaddlePaddle、Keras、MXNet、PyTorch、CNTK、Theano、Caffe、DeepLearning4、Lasagne、Neon 等。谷歌、微软等都加入了这场深度学习框架大战，当下最主流的框架为 TensorFlow、PaddlePaddle、Keras、MXNet、PyTorch。下面对这五种主流的深度学习框架进行详细介绍和对比。

4.4.1　TensorFlow

TensorFlow 最初是由谷歌机器智能研究部门的 Google Brain 团队开发，是基于 Google 2011 年开发的深度学习基础架构 DistBelief 构建起来的。TensorFlow 主要用于机器学习和深度神经网络研究，但它是一个非常基础的系统，因此也可以应用于众多领域。由于谷歌在深度学习领域的巨大影响力和强大的推广能力，TensorFlow 一经推出就获得了极大的关注，并迅速成为当今用户最多的深度学习框架。

4.4.2　PaddlePaddle

PaddlePaddle 作为百度旗下的深度学习开源平台，是目前国内唯一开源的端到端深度学习平台，具备易用、高效、灵活、可伸缩等优势。其前身是百度于 2013 年自主研发的深度学习平台 Paddle。现在 PaddlePaddle 在深度学习框架方面，覆盖了搜索、图像识别、语音语义识别理解、情感分析、机器翻译、用户画像推荐等领域的业务和技术。作为国内首个开源框架，它有许多优势。例如，网盘业务非常耗费硬盘带宽，一旦损坏要从多地寻找数据，起码需要 9 倍带宽，耗资源、费时间，而 PaddlePaddle 能预判网盘损坏的时间点，准确率在 99%以上，可在损坏前用 1 倍带宽备份，节省了大量的资源和时间。PaddlePaddle 检索匹配度高，它能把词与词之间的关系提取出来，进行同义词扩展，把多个模型简化为单个，缩短流程，从而进行精准推荐；人脸识别方面也做得比较出色，它能同时训练几百万人的体量，速度快，训练时间短。PaddlePaddle 还有一个中文名"飞桨"，意为快速划动的桨，寓意期望这个平台能够快速成长。

4.4.3 Keras

Keras 是一个用 Python 语言编写的高级神经网络接口，它能够以 TensorFlow、CNTK 或 Theano 作为后端运行。Keras 的开发重点是支持快速的试验，能够以最小的时延把用户的想法转换为试验结果。作为一个基于 Python 的深度学习框架，Keras 已经拥有了超过 20 万名的用户和 500 多名的开源贡献者，并已经被相当数量的创业公司、研究实验室（包括欧洲核子研究中心、微软研究院和美国国家航空航天局）以及 Netflix、Yelp、Square、Uber、谷歌等大公司所使用。CNTK、TensorFlow 等工具包能够提供非常灵活又极其强大的建模能力，在一定程度上大大降低了深度学习技术的门槛，但问题在于，这些工具包的功能似乎有些过于强大，它们各有所长但接口不同，对于大部分初学者来说显得过于灵活，难以掌握。基于这些原因，Keras 应运而生，它可以被看成是一个更易于使用、在更高层次上进行抽象、兼具兼容性和灵活性的深度学习框架。它的底层可以在 CNTK、TensorFlow 和 Theano 词之间自由切换。而基于 Python，又让它的易用性和可扩展性得到提高；能在 CPU 和 GPU 之间无缝切换的特点，使它能够适用于不同的应用环境。总体来说，Keras 使用简单，易于掌握，它的出现使很多初学者可以很快地体验深度学习的一些基本技术和模型，并且将这些技术和模型应用到解决实际问题当中。

4.4.4 MXNet

MXNet 是亚马逊开发的一款设计非常精巧，代码学习难度很低的深度学习框架，非常适合想要学习深度学习各大框架系统级架构的初学者。MXNet 的优点很多，有完整的多语言前后端，类似编译器，做内存和执行的优化；应用场景从分布式训练到移动端部署都可以覆盖；整个系统全部模块化，有极小的编译依赖，非常适合快速开发。无论是开始时间还是平台特性，MXNet 比较接近 TensorFlow。相对于 TensorFlow 这种重量型的后端，MXNet 的轻量化路线使得其在只有十分之一的人力情况下开发出类似 TensorFlow 技术深度的系统。

4.4.5 PyTorch

PyTorch 是 Torch 的 Python 版本，是由 Facebook 开发的开源神经网络框架，专门针对 GPU 加速的深度神经网络编程。Torch 是一个经典的对多维矩阵数据进行操作的张量（Tensor）库，在机器学习和其他数学密集型应用中有广泛的应用。与 TensorFlow 的静态计算图不同，PyTorch 的计算图是动态的，可以根据计算需要实时改变计算图。但由于 Torch

语言采用 Lua，导致在国内的应用一直很小众，并逐渐被支持 Python 的 TensorFlow 抢走了用户。作为经典机器学习库 Torch 的端口，PyTorch 为 Python 语言使用者提供了舒适的编写代码选择。

4.4.6 开源框架对比

在深度学习中有几种基本操作：卷积、池化、全连接、二分类、多分类、反向传播等。这些功能在普通的编程语言中没有，因此就开发出了一套包含深度学习操作的函数，也就是深度学习框架。深度学习框架的出现降低了深度学习的技术门槛，用户不需要从复杂的神经网络开始编写代码，可以根据需要使用已有的模型，模型的参数可以自己训练得到，也可以在已有模型的基础上增加自己的层（Layer），或者是在顶端选择自己需要的分类器和优化算法。也正因为如此，没有什么框架是完美的，不同的框架适用的领域不一样。总体来说，深度学习框架提供了一系列的深度学习的组件。

表 4.1 所示为五种深度学习框架的对比分析。

表 4.1 五种深度学习框架的对比分析

框架名称	安装成本	代码理解程度	API 丰富度	文档	适合模型	适用平台	上手难易程度
TensorFlow	良好	良好	优	中等	CNN/RNN	Linux/OSX	难
PaddlePaddle	优秀	优秀	优	全面	CNN/RNN	所有系统	中等
Keras	良好	良好	良	中等	CNN/RNN	所有系统	中等
MXNet	优秀	优秀	良	全面	CNN	所有系统	中等
PyTorch	优秀	优秀	良	全面	CNN/RNN	Linux/OSX	中等

TensorFlow 主要支持静态计算图的形式，计算图的结构比较直观，但是在调试过程中十分复杂与麻烦，一些错误难以发现。2017 年年底，TensorFlow 发布了动态图机制 Eager Execution，加入了对于动态计算图的支持，但目前依旧以原有的静态计算图形式为主。TensorFlow 拥有 TensorBoard 应用，可以监控运行过程，可视化计算图。

PaddlePaddle 的定位是易于使用。它将一些算法封装得很好，如果只需要使用现成的算法（VGG、ResNet、LSTM、GRU 等），源代码都不用读，按照官网的示例执行命令、替换数据、修改参数就能运行了，特别是 NLP 相关的一些问题，使用这个框架比较合适，并且它没有向用户暴露过多的 Python 接口。

Keras 是基于多个不同框架的高级接口，可以快速地进行模型的设计和建立，同时支持序贯和函数式两种设计模型方式，可以快速地将想法变为结果，但是由于高度封装的原因，对于已有模型的修改不太灵活。

MXNet 同时支持命令式和声明式两种编程方式，即同时支持静态计算图和动态计算图，并且具有封装好的训练函数，集灵活与效率于一体。当前已经推出了类似 Keras 的以 MXNet 为后端的高级接口 Gluon。

PyTorch 是动态计算图的典型代表，便于调试，并且高度模块化，搭建模型十分方便，同时具备极其优秀的 GPU 支持，数据参数在 CPU 与 GPU 之间迁移十分灵活。

不同的深度学习框架对于计算速度和资源利用率的优化存在一定的差异。Keras 为基于其他深度学习框架的高级接口进行高度封装，计算速度最慢且对于资源的利用率最差；在模型复杂、数据集大、参数数量大的情况下，MXNet 和 PyTorch 对于 GPU 上的计算速度和资源利用的优化十分出色，并且在速度方面，MXNet 优化处理更加优秀；相比之下，TensorFlow 略有逊色，但是对于 CPU 上的计算加速，TensorFlow 的表现更好。

4.5 本章小结

本章介绍了深度学习的概念和原理、涉及的核心技术、深度学习的典型应用、深度学习常用的开源框架。

深度学习概念源于人工神经网络的研究，它的核心是拥有足够快的计算机和足够多的数据来训练大型神经网络，使其模仿人脑的神经网络机制，让计算机具有人一样的智慧去解释计算机中的数据，诸如图像、声音和文本。

深入剖析和阐释深度学习的核心技术如神经网络、LSTM 模型、卷积神经网络、深度森林模型、深度学习数学基础等。

深度学习典型应用有图像处理和识别、语音识别和文本挖掘等。

深度学习的开源框架如谷歌公司的 TensorFlow、百度的 PaddlePaddle、Keras、亚马逊的 MXNet、Facebook 的 PyTorch。

近年来，深度学习在语音、图像、自然语言、无人驾驶、智慧医疗和教育、在线广告等领域取得显著进展。百度、谷歌、微软、IBM、Facebook 等知名 IT 公司相继投入深度学习的研发和生产中，推动"大数据+深度模型"时代的来临。

深度学习可能是机器学习领域最近十年来最成功的研究方向，如果能在理论、建模和工程方面，突破深度学习技术面临的一系列难题，将大大推进人工智能的发展。

习 题

一、单选题

1. 下列关于循环神经网络，说法错误的是（　　　　）。
    A. 隐藏层之间的节点没有连接
    B. 隐藏层之间的节点有连接
    C. 隐藏层的输入不仅包括输入层的输出，还包括上一时刻隐藏层的输出
    D. 网络会对之前时刻的信息进行记忆并应用于当前输出的计算中
2. 下列关于长短期记忆网络 LSTM 和循环神经网络 RNN 的关系，描述正确的是（　　　　）。
    A. LSTM 是双向的 RNN
    B. LSTM 是多层的 RNN
    C. LSTM 是 RNN 的扩展，其通过特殊的结构设计来避免长期依赖问题

D. LSTM 是简化版的 RNN

3. 下列说法错误的是（　　）。

　　A. 标准 RNN 隐藏层只有一个状态 h，对短期输入敏感，但难以记忆长期的输入信息

　　B. LSTM 既有长期状态，也有隐藏状态

　　C. LSTM 在隐藏层上增加了一个长期状态 C，用于保存长期状态。C 也被称为单元状态或细胞状态

　　D. LSTM 只有长期状态，没有隐藏状态

4. 以下关于深度森林模型的描述，错误的是（　　）。

　　A. 深度森林模型是由贝尔实验室的研究员 Yann LeCun 提出来的

　　B. 深度森林模型也叫作多粒度级联森林（gcForest），是一种基于决策树森林而非神经网络的深度学习模型

　　C. 深度森林模型不依赖训练数据的规模，在仅有小规模训练数据的情况下也照常运转

　　D. 深度森林模型对模型参数不敏感，不需要像深度神经网络一样花大力气调参

5. 假设输入的图像为 100 像素×100 像素（RGB）的图像，并且没有使用卷积神经网络。如果第一个隐藏层有 50 个神经元，每个神经元与输入图像是全连接的关系，则这个隐藏层需要多少参数（包括偏置参数）（　　）。

　　A. 500 000　　　　　　　　　　B. 1 500 050

　　C. 1 500 000　　　　　　　　　D. 1 500 001

6. 下列关于卷积神经网络的描述正确的是（　　）。

　　A. 卷积神经网络的层与层之间都是全连接网络

　　B. 卷积神经网络的层与层之间既有可能是全连接，也有可能是局部连接。通常是开始的若干层是局部连接，最后的层是全连接

　　C. 卷积神经网络的层与层之间既有可能是全连接，也有可能是局部连接。通常是开始的若干层是全连接，最后的层是局部连接

　　D. 卷积神经网络的层与层之间都是部分连接网

7. 关于卷积神经网络的说法正确的是（　　）。

　　A. 从开始的层到后面的层，经过变换得到的特征图的尺寸大小不变

　　B. 从开始的层到后面的层，经过变换得到的特征图的尺寸逐渐变小

　　C. 从开始的层到后面的层，经过变换得到的特征图的尺寸开始变小，后来变大

　　D. 从开始的层到后面的层，经过变换得到的特征图的尺寸逐渐变大

8. 在卷积神经网络的某个降采样层（池化层）中，经过降采样处理，得到了 16 个 5×5 的特征图，其每个单元与上一层的 2×2 邻域连接（滑动窗口为 2×2）。则该降采样层的尺寸和上一个层的尺寸的关系是（　　）。

　　A. 降采样层的尺寸是上一层的尺寸的 4 倍

　　B. 降采样层的尺寸是上一层的尺寸的 1/4

　　C. 降采样层的尺寸是上一层的尺寸的 1/2

　　D. 降采样层的尺寸是上一层的尺寸的 1/8

9. 以下不是卷积神经网络池化层作用的是（　　）。

   A. 特征不变性

   B. 特征降维

   C. 防止过拟合

   D. 非线性映射

10. 下列应用中，应用了人工智能技术的是（　　）。

   A. 在网上与朋友下棋

   B. 利用在线翻译网站翻译英文资料

   C. 在 QQ 上与朋友交流

   D. 使用智能手机上网

二、填空题

1. 深度学习常用的人工神经网络有_____和_____。

2. 深度学习中的"深度"是指_____及每一层的节点数量。

3. 人工神经网络的主要架构是由_____、层和_____三个部分组成。整个人工神经网络包含一系列基本的神经元，通过权重相互连接。

4. AlphaGo 有三大核心技术，即_____、机器学习算法（即强化学习），以及_____。

5. 卷积神经网络结构主要是由数据输入层、_____、_____、_____、全连接层、损失函数层组成。卷积神经网络在本质上是一种输入到输出的映射，它能够学习大量的输入与输出之间的映射关系。

三、简答题

1. 简述人工智能、机器学习、深度学习三者之间的关系。

2. 什么是监督学习和无监督学习？两者的区别是什么？

3. 深度学习有哪些应用领域？

4. 深度学习的开源框架有哪些？各有哪些优缺点？

第 5 章
人工智能技术在各行各业的应用

导读

经过多年的发展,人工智能在深度学习、海量数据和高性能计算机的支撑下,现已进入产业化应用初期。如今,基于深度学习的智能语音、图像识别、智能驾驶等技术开始向各个应用领域拓展,全球人工智能产业规模快速增长。谷歌、微软、IBM、Facebook 等企业凭借自身优势,积极布局人工智能领域。此外,它们还积极开放开源技术平台,构建围绕自有体系的生态环境,加速了人工智能技术在各行业领域中的应用。本章将梳理人工智能技术在各行业领域内的相关技术和应用。

学习目标和要求

- 了解人工智能技术在搜索引擎领域的应用。
- 了解人工智能技术在制造业的应用。
- 了解人工智能技术在安防业的应用。
- 了解人工智能技术在交通业的应用。
- 了解人工智能技术在医疗领域的应用。
- 了解人工智能技术在电子商务领域的应用。
- 了解人工智能技术在教育业的应用。
- 了解人工智能技术在媒体业的应用。

第5章 人工智能技术在各行各业的应用

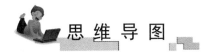

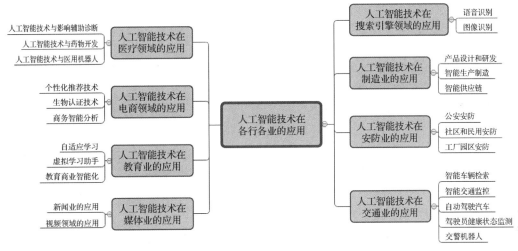

引例

随着人工智能技术在搜索引擎、制造、安防、交通、医疗、电子商务、教育、媒体等领域的逐步应用，人工智能的产业化已经取得了显著的效果，显示出强劲的引领作用。新兴的人工智能企业不断涌现，推动我国人工智能产业规模持续增长。据《新一代人工智能白皮书（2020年）——产业智能化升级》数据显示（见图5.1），我国产业智能化升级总指

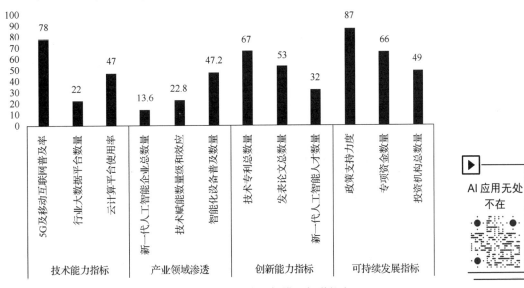

图5.1 我国新一代人工智能产业规模及年增长率

数得分为 48.7，其中 5G 及移动互联网普及率、技术专利总数量、政策支持力度指标表现突出并持续呈现增长态势，带动技术能力指标、创新能力指标及可持续发展指标对我国产业智能化升级总指数的贡献率分别达到 25%、26%和 35%。

5.1 人工智能技术在搜索引擎领域的应用

百度作为全球最大的中文搜索引擎，几乎人人皆知。看似简单的搜索框，其实背后蕴含了语音识别、自然语言处理、语义分析、图像识别等大量人工智能的前沿核心技术。

作为人工智能的核心技术，深度学习在图像、语音、自然语言处理等领域取得了大量的关键性突破。作为 AI 落地的典型场景，在百度搜索系统中，深度学习技术得到了深入应用。

5.1.1 语音识别

语言是人类区别于其他动物的本质特性，人类的多种智能都与语言有着密切的关系：人类的逻辑思维以语言为形式表达；人类的绝大部分知识也是以语言文字的形式记载和传承。因此，理解语言是人工智能的一个重要部分。

用自然语言与计算机进行通信，这是人们长期以来所追求的目标。人们可以用自己最熟悉的语言操纵计算机，而无须花大量的时间和精力去学习各种计算机语言。

实现人机间的通信意味着要使计算机既能理解自然语言文本的意义，又能以自然语言文本来表达给定的意图、思想等。前者称为自然语言理解，后者称为自然语言生成。因此，自然语言处理大体包括了自然语言理解和自然语言生成两个部分。

百度语音识别技术通过百度语音开放平台为广大开发者提供精准、免费、安全、稳定的服务。百度语音识别技术采用了比目前主流语音识别系统更为简单有效的方法，用类似神经网络的深度学习算法来取代以往的识别模块，从而大幅提升了语音的识别效率。

1. 语音识别的原理及过程

我们知道声音实际上是一种波。常见的 MP3、WMV 等格式都是压缩格式，必须转成非压缩的纯波形文件来处理，如 Windows PCM 文件，也就是俗称的 WAV 文件。WAV 文件里存储的除了一个文件头以外，就是声音波形的一个个点了。图 5.2 所示为一个声音波形的示例。

图 5.2 声音波形的示例

在开始语音识别之前，有时需要把首尾端的静音切除，降低对后续步骤造成的干扰。这个静音切除的操作一般称为语音激活检测（Voice Activity Detection，VAD），需要用到信号处理的一些技术。要对声音进行分析，需要对声音分帧，也就是把声音切成一小段一小段，每一小段称为一帧。分帧操作一般不是简单地切开，而是使用移动窗函数来实现。帧与帧之间一般是有交叠的。

以图 5.3 为例，每帧的长度为 25ms，每两帧之间有 25ms-10ms=15ms 的交叠，称为以帧长 25ms、帧移 10ms 的分帧。

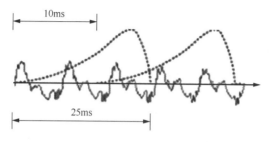

图 5.3　声音分帧

分帧后，语音就变成了很多小段。但波形在时域上几乎没有描述能力，因此必须将波形进行变换。常见的一种变换方法是提取 MFCCs 特征，根据人耳的生理特性，把每一帧波形变成一个多维向量，可以简单地理解为这个向量包含了这帧语音的内容信息。这个过程称为声学特征提取。

至此，声音就变成了一个 12 行（假设声学特征是 12 维）N 列的一个矩阵，称为观察序列，这里 N 为总帧数。在图 5.4 所示的声音矩阵中，每一帧都用一个 12 维的向量表示，色块的颜色深浅表示向量值的大小。

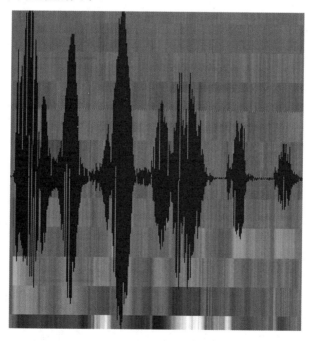

图 5.4　声音矩阵

要了解矩阵变成文本的过程，先介绍音素和状态两个概念。

（1）音素。单词的发音由音素构成。对于英语，常用的是卡耐基-梅隆大学的一套由 39 个音素构成的音素集。对于汉语，一般直接用全部声母和韵母作为音素集，另外汉语识别还分为有调和无调，在此不详述。

（2）状态。将其理解成为音素更细致的语音单位就行了。通常把一个音素划分成三个状态。

语音识别的工作过程其实非常简单：首先把帧识别成状态；然后把状态组合成音素；最后把音素组合成单词。

百度机器人的语音识别流程（见图 5.5）大致如下。

（1）语音识别就是将话筒采集到的自然声音转化为文字的过程。例如，搜狗语音输入法、搜狗听写（速记）就是 ASR 技术的典型应用。

（2）自然语言理解就是将人的语言（已转为文字）转换为机器能理解的语言。例如，将"给张三打电话"和"打电话给张三"理解成同样的意思。

（3）自然语言生成与自然语言理解相反，是将机器的语言转换为人的语言（文字）。两者合并在一起统称为自然语言处理。"微软小冰"就是自然语言处理技术的一个典型应用，它塑造出一个虚拟的人，用户可以和它自然地交流。自动问答机器人是自然语言处理的另一个典型应用，它能根据所问的问题，去库中搜索对应的答案。

（4）语音合成。将文字合成声音并播放出来，并尽可能地模仿人类自然说话的语音、语调，给人以交谈的感觉。例如，驾驶汽车时，语音导航中的语音提示，就是语音合成技术的典型应用。

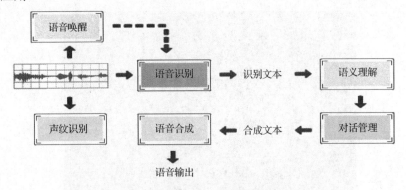

图 5.5　百度机器人的语音识别流程

2. 手机中的语音识别产品

（1）苹果的 Siri。说起语音识别功能，不得不提苹果手机中的 Siri 语音助手。也正是由此，语音识别的智能技术在市场上开始被越来越多的用户了解、接受，赢得了很多用户的喜爱。在苹果手机的核心技术系统里，指纹识别与 Siri 语音识别助手技术是一对绝配。从 iPhone 5s 开始，苹果公司就开始在其手机机身的 Home 键中加入感应环，搭载支持 Touch ID 指纹识别技术，使手机更安全的同时，用户也不再需要长按 Home 键进入 Siri，使用起来更为便利，提高了 Siri 语音识别技术的易操作、易使用性。

（2）小米的"小爱同学"。国内的语音识别技术起步较晚。在业界，很多国产手机搭载的语音智能识别助手，都使用了科大讯飞的技术支持。小米也搭上了 AI 交互、语音识别的车，推出了"小爱同学"。"小爱同学"实现了在安卓手机的操作系统上，拥有一个类似 iPhone 中 Siri 的智能语音助手。"小爱同学"语音识别功能强大，反应灵敏，可以方便自如地为用户播放歌曲、发短信、查天气等。除此之外，"小爱同学"还有自己的创新，它根据使用者的需求优化了交互界面。

（3）三星的 Bixby。在三星盖世 S8 等型号的手机中开始应用的智能语音助手叫作 Bixby。它结合了三星深度学习、智能识别与界面设计的研究成果。Bixby 发展迅速，一发布就受到用户和测评者的青睐。

5.1.2 图像识别

图像识别是基于深度学习及大规模图像训练，准确识别图片中的物体类别、位置、置信度等综合信息的一项技术。常规的图片搜索是通过输入关键词的形式搜索到互联网上相关的图片资源，而百度识图则能实现用户通过上传图片或输入图片的网络地址，搜索到互联网上与这张图片相似的其他图片资源，同时还能找到与这张图片相关的信息。

1. 相同图像搜索

通过图像底层局部特征的比对，百度识图具备寻找相同或相似图像的能力，如图 5.6 所示。百度识图还能根据互联网上存在的相同图片资源猜测用户上传图片的对应文本内容，从而满足用户寻找图片来源、去伪存真、小图换大图、模糊图换清晰图、遮挡图换全貌图等需求。

图 5.6 相同图像搜索

2. 人脸搜索

据统计，互联网上约 15%的图片包含人脸。为了优化人脸图片的搜索效果，百度识图引入自主研发的人脸识别技术，推出了全网人脸搜索功能。该功能可以自动检测用户上传图片中出现的人脸,并将其与数据库中索引的全网数亿张人脸图片比对,并按照相似度排序展现,帮助用户找到更多相似的人脸图片。

3. 相似图像搜索

基于百度领先的深度学习算法,百度识图拥有超越传统底层特征的图像识别和高层语义特征表达能力。2013年,百度识图继续加快功能升级的步伐,推出了相似图像搜索功能,如图5.7所示。它能够对数十亿张图片进行准确识别和高效索引,从而在搜索结果的语义和视觉相似上都得到很好的统一。从相同图像搜索到相似图像搜索,百度识图首次突破了长期以来基于内容的图像检索(Content-Based Image Retrieval,CBIR)问题的困境,在解决图像的语义鸿沟这个学术界和工业界公认的难题上迈进了一大步。该技术极大地优化了识图产品的用户体验。由相似图像搜索,用户可以轻松地找到风格相似的素材、同一场景的套图、类似意境的照片等,这些都是相同图像搜索无法完成的任务。

图 5.7 相似图像搜索

4. 图片知识图谱

图片知识图谱是搜索引擎的发展趋势,通过对用户的查询进行更精确的分析和结构化的结果展示,更智能地给出用户想要的结果。百度识图除了返回相同、相似的搜索结果,在图片知识图谱方面也做出了相应的尝试。2013年,百度识图相继上线了美女和花卉两个垂直类图片搜索功能,通过细粒度分类技术在相应的垂直类别中进行更精准的子类别识别。例如,告诉用户上传的美女是什么风格并推荐相似风格的美女写真,或者识别花卉的具体种类,给出相应百科信息并把互联网上相似的花卉图片按类别排序展现,如图5.8所示。这些尝试都是为了帮助用户更直观地了解图片背后蕴藏的知识和含义。

第 5 章 人工智能技术在各行各业的应用

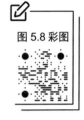

图 5.8 彩图

图 5.8 图片知识图谱

5.2 人工智能技术在制造业的应用

人工智能技术在制造业有着广泛的应用。工厂可以根据数千台机器人的历史数据综合判断机器人出问题的可能性，对整个设备的运行情况做预防性诊断和维护。除了预防性维护，人工智能还能为解决整个生产工艺过程中出现的瓶颈性问题带来一些思路，如汽车工厂的车身焊接工艺生产线。

5.2.1 产品设计和研发

在产品研发、设计和制造中，人工智能技术的主要应用场景有以下两个方面。

（1）生成式产品设计。根据既定目标和约束，利用算法探索各种可能的设计解决方案。具体来说，需要经过三个步骤。首先，设计师或工程师将设计目标以及各种参数（如材料、制造方法、成本限制等）输入生成设计软件中；其次，软件探索解决方案的所有可能的排列，并快速生成设计备选方案。最后，软件利用机器学习来测试和学习每次迭代哪些有效，哪些无效。

（2）智能产品。将人工智能技术成果集成化、产品化，制造出智能手机、工业机器人（见图 5.9）、服务机器人、自动驾驶汽车及无人机等新一代智能产品。这些产品本身就是人工智能的载体，硬件和各类软件相结合，具备感知、判断的能力并实时与用户、环境交互。

中国制造工业机器人产品展示

图 5.9 工业机器人

5.2.2 智能生产制造

将人工智能技术嵌入生产制造环节，可以使机器变得更加聪明，不再仅仅执行单调的机械任务，而是可以在更多复杂情况下自主运行，从而全面提升生产效率。随着国内制造业自动化程度的提高，机器人在制造过程和管理流程中的应用日益广泛，而人工智能更进一步赋予机器人自我学习的能力。人工智能技术可参与以下的生产制造环节。

（1）产品质检。借助机器视觉识别，快速扫描检验产品质量，提高产品的质检效率。图 5.10 所示为生产制造企业利用机器视觉设备识别安全带扣环上打印的字符。因为这些系统可以持续学习，其性能会随着时间推移而持续改善。汽车零部件厂商已经开始利用具备机器学习算法的视觉系统识别有质量问题的部件，包括检测没有出现在用于训练算法的数据集内的缺陷。

例如，AI 视觉技术企业北京波塞冬科技有限公司可以实现精度为 0.1mm 的汽车电镀件外观不良检测；北京阿丘科技有限公司将 AI 和 3D 视觉技术用于工业质检和分拣；高视科技（苏州）有限公司将 AI 视觉用于屏幕质检；深圳瑞斯特朗科技有限公司则聚焦纺织布料的质检。

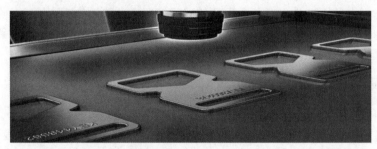

图 5.10　利用机器视觉设备识别安全带扣环上打印的字符

（2）智能自动化分拣。无序分拣机器人可应用于混杂分拣、上下料及拆垛，大幅提高生产效率。其核心技术包括深度学习、3D 视觉及智能路径规划等。

例如，北京矩视智能科技有限公司的 NeuroBot 解决方案可柔性地将物料在无序或半无序状态下完成分拣，其核心技术分为三类：AI——采用深度学习技术，把人工的检测经验转化为算法，从而实现自动识别和检测；3D/2D 视觉——利用机器视觉完成物品的位姿估计，并辅以深度学习算法实现复杂场景的抓取点计算；嵌入式 AI——采用嵌入式 GPU（如 Nvidia 的 TX2）为深度学习提供硬件支撑，保持算力充足。

（3）预测性生产运维。制造企业会借助人工智能技术减少设备故障，提高资产利用率。利用机器学习处理设备的历史数据和实时数据，搭建预警模式，提前更换即将损坏的部件以避免机器故障。

例如，美国创业公司 Uptake 凭借大数据、AI 等技术提供端到端的服务，以工业设备故障预测分析、性能优化为主营业务，创业企业智擎信息可以提前 2~4 天预判故障，从而降低运维成本和备品、备件库存成本，提升设备的可利用率和整体运转性能。

（4）生产资源分配。人工智能可以针对消费者个性化需求数据，在保持与大规模生产成本相当，甚至更低的同时，实现柔性生产，快速响应市场需求变化。

华为作为中国科技企业的名片,在智能化制造方面更是处于领先地位。华为在产品的开发、检测、制造和安装全过程都采用了自动化、智能化技术,图 5.11 所示是华为的无接触式单板生产线。从 2014 年到 2020 年,华为工厂的生产效率平均每年提升超过 30%,华为工厂的生产效率是数字化智能制造推行前的 6 倍。

图 5.11 华为的无接触式单板生产线

(5)优化生产过程。在生产过程中,机器需要进行诸多的参数设置。人工智能通过调节和改进生产过程中的参数,对制造过程中使用的机器进行参数设置。

例如,在注塑过程中,可能需要控制塑料的温度、冷却时间、速度等参数。这些参数会受到外部因素的影响,如外界温度。通过收集所有的数据,人工智能可以自主改进,自动设置和调整机器的参数。

5.2.3 智能供应链

人工智能技术在智能供应链中的应用如下。

(1)需求/销量预测。需求预测是供应链管理领域应用人工智能技术的关键主题。通过更好地预测需求变化,公司可以有效地调整生产计划,改进工厂利用率。人工智能技术通过分析产品发布、媒体信息以及天气情况等相关数据来支持客户需求预测。一些公司还利用机器学习算法将仓库、企业资源计划系统与客户洞察的数据合并起来识别需求模式。

(2)仓储自主优化。智能搬运机器人(见图 5.12)大幅提升了仓储拣选效率,减少了人工成本。以搬运系统为例,系统根据生产需求下达搬运任务,机器人会自动实现点对点的搬运,在工厂和仓库内运输物品的机器人会感应障碍,调整车辆路线,从而找到最佳路线。机器学习算法会利用物流数据如材料进出的数据、库存量、零件的周转率等来促进仓库自主优化运营。

例如,北京极智嘉科技有限公司以物流机器人及智能物流解决方案为重点,研发机器人拣选系统、搬运系统和分拣系统等,通过机器人产品和人工智能技术实现智能物流自动化解决方案。机器人搬运系统通过移动机器人搬运货架、托盘实现自动化搬运;有效提升生产柔性,助力企业实现智能化转型;实现自动进行路径规划及取放货架、托盘动作,实现了工厂车间无人化智能搬运。

图 5.12 智能搬运机器人

5.3 人工智能技术在安防业的应用

5.3.1 公安安防

目前,公安行业依托信息感知、云计算、人工智能等技术大力推进公安信息化以及智慧警务建设,作为安防重点应用领域,人工智能技术在其中发挥着越来越重要的作用。

公安行业用户的迫切需求是在海量的视频信息中,发现犯罪嫌疑人的线索。人工智能技术在视频内容的特征提取、内容理解方面有着天然的优势。前端摄像机内置人工智能芯片,可实时分析视频内容,检测运动对象,识别人、车属性信息,并通过网络传递到后端人工智能的中心数据库进行存储。汇总海量城市级信息,再利用强大的计算能力及智能分析能力,人工智能技术可对嫌疑人的信息进行实时分析,给出最可能的线索建议,将犯罪嫌疑人的轨迹锁定时间由原来的几天缩短到几分钟,为案件的侦破节约了宝贵的时间。同时人工智能技术具有强大的交互能力,能与办案民警进行自然语言方式的沟通,真正成为办案人员的专家助手。

在对人、车、物进行检测和识别的过程中,基于深度学习的图像识别技术是目前应用较为广泛的。运用人脸识别技术在布控排查、犯罪嫌疑人识别、人像鉴定以及重点场所门禁等方面获得了良好的应用效果。

智慧警务作为大数据时代的一种警务模式,通过人脸识别技术、掌指纹识别技术、大数据等方式追踪走失儿童信息。有专家指出,智慧警务有助于寻找失踪儿童,利用互联网、大数据、新媒体等技术,收集儿童失踪信息,分析儿童失踪情况,发布寻找失踪儿童指南,能大大提高找到失踪儿童的概率。

智慧警务作为新时代的一种警务模式,给办案人员提供了极大的便利,提高了办案效率。以下是一些智慧警务落地案例。

(1) 深圳公安民生警务深微平台。在腾讯云大数据、云计算、人脸识别、活体识别等技术的支持下,深微平台将 15 个独立门户网站、8 个微信公众号、120 个办事窗口集合到一个统一办事入口。深圳公安局门户网站和 App 整合了公安内部 118 项民生服务事项,依托微信公众号、门户网站,实现公安服务事项网上全流程办理,提供人口、出入境、交警等多警种单一的业务办理终端设备功能。

（2）百度 AI 寻人平台。百度与"宝贝回家"网站合作，将人工智能的跨年龄人脸识别技术应用于寻找走失儿童。平台可根据上传的照片进行人脸识别，提高寻亲概率。该平台用大量跨年龄数据和亲子照数据对人脸算法进行深度学习训练，通过自主学习 200 万人的近 2 亿张照片，摸索出了识别人脸的方法，并用训练好的模型进行跨年龄人脸照片比对，发现了人脸随年龄变化的规律。

（3）旷视人证核验系统。旷视第二代台式人证一体机是以人脸识别算法为核心，核验持证人与证件是否一致的智能化设备。设备内置二代身份证读卡模块，可以在读取持证人信息的同时，启动高清摄像头抓取持证人面部照片，并运用本地识别算法，进行快速人脸与证件照片对比，实现人证核验功能。产品可用于车站机场入口、酒店住宿、教育考试、楼宇访客系统等多个场景。

（4）腾讯鹰眼智能反电话诈骗盒子。鹰眼智能反电话诈骗盒子是腾讯将大数据与反诈骗结合起来的一款智能产品。腾讯联合公安部、工信部，协同中国银联、移动、联通、电信，通过建立反诈骗大数据资源库和诈骗模型，并对数据库内的活跃情况进行分析，找到匹配的相应场景以检测正在受骗的用户。反电话诈骗盒子根据大数据分析判断受害人的受害等级，并及时向受害人发出提醒。

（5）东软智能交通系统。交通事故智能处理系统是利用摄影测量技术、模式识别和专家系统等人工智能技术，并结合事故力学理论，旨在实现交通事故"前拍后处、快撤直赔"。该系统通过事故大数据分析，对事故成因进行判定，以精准实施事故预防，降低同类事故的发生率。系统还提供事故处理远程定责、定损、理赔、修车等一条龙服务。

（6）科达海燕车辆二次分析系统。该系统可对所有卡口、电子警察抓拍的数据进行二次分析，支持识别近 400 种车标、5 000 多种细分车型，同时可对遮阳板、安全带等其他车辆特征进行分析与识别。在分析的基础上，支持包括车标、车型、语义、图片搜车、车辆局部特征在内的多种搜车方式，并提供车辆大数据分析，实现假套牌、隐匿车辆、车辆落脚点等内容的分析。

（7）依图人脸识别系统。该系统运用大数据、深度学习及其先进算法，使机器识别能力超越了人眼极限，可将当地常住人口和暂住人口与通缉犯数据库进行人脸比对，从而锁定辖区通缉犯，辅助警方抓捕嫌疑人。该系统的结构化检索可以快速截取到一段时间内最清晰的一帧画面，支持同时识别多个活动目标，并进行算法交叉，实现二次分析，速度达到秒级反馈。

（8）TRS（拓尔思）智能辅助办案系统。该系统面向基层公安各类刑事案件，可对卷宗内容自动识别匹配，实现证据文书等卷宗材料自动分类；通过自然语言处理技术，进行执法监督；提供证据采集、文书制作等智能化辅助指引；基于图谱化的数据，对案件进行语义推理，实现案件深层次智能分析；还可通过机器学习，学习历史案件，实现历史卷宗和人工智能相结合。

5.3.2 社区和民用安防

社区是城市的基本空间，是社会互动的重要场所，伴随着人口流动性加大，社区中人、车、物多种信息重叠，数据海量复杂，传统管理模式难以取

智能社区治理系统助力社区防控

得高效的社区安防管控。同时，社区管理与民生服务息息相关，不仅在管理上要求技术升级，还要实现大数据下的社区服务。例如，在人群密集的步行街安装人脸识别布控系统，所有行经该步行街的人的行为都能被监控和调取，确保人、财、物的安全。

通过在社区监控系统中融入人脸识别、车辆识别、视频结构化算法，实现对有效视频内容的提取，不但可以检测运动目标，还可以根据人员属性、车辆属性、人体属性等多种目标信息进行分类，结合公安系统，分析犯罪嫌疑人线索，为公安办案提供有效的帮助。另外，在智慧社区中通过基于人脸识别的智能门禁等产品也能够精准地进行人员甄别。

通过社区出入口、公共区域监控，单元门人脸自助核验门禁等智能前端形成立体化治安防控体系，做到人过留像、车过留牌，能够对社区安全进行全方位监控保障，并且采集的数据能够实时分析研判，不仅可以实现人、车、房的高效管控，而且能够为公安民警、社区群众与物管人员提供情报，打造平安、便民、智慧的社区管理新模式。

以家庭安防为例，当检测到家庭中没有人时，家庭安防摄像机可自动进入布防模式，有异常时，给予闯入人员声音警告，并远程通知家庭主人。当家庭成员回家后，又能自动撤防，保护用户隐私。在夜间能通过一定时间的自学习，掌握家庭成员的作息规律，在主人休息时启动布防，确保夜间安全，省去人工布防的烦恼，真正实现人性化。

下面给出一个趋视科技公司开发的智慧社区应用案例。

趋视科技将视频场景中的背景和目标分离，进而追踪目标，能够准确识别并排除各种干扰，在保证无漏报的情况下，有效降低误报，大大提高了工作效率。在20年的积累沉淀中，趋视科技已经形成了一套针对社区的完整算法。

（1）采用人脸识别技术。通过在楼道门禁、通行出入口进行人脸采集抓拍，解决群租、孤寡老人等特殊人群的定期监护问题；通过在小区人行通道处对进入、离开小区的人进行人脸抓拍、识别，实现出入口人员管理；在单元楼进出口安装人脸识别功能的门禁对讲系统，对进出单元门人员进行人脸识别，再通过数据库比对及权限管理实现人员智能管控。

（2）区域检测防范。可自动检测禁停区域内的违停车辆，当停车时间超过设定的临时停车时长时将会报警；非经营区乱摆摊、垃圾桶周边乱丢垃圾等，都能被准确识别并告警。需要说明的是，通过绊线来实现这些应用的企业不少，但体验效果好的不多，主要原因就是抗干扰能力不足。趋视科技的优势是算法的优化，可以自动过滤非相关的人、车（自行车等）、物的干扰，确保识别的准确性。

（3）周界防范。趋视科技的算法，除了可以设定常见的绊线应用外，还可以设定不规则的周界区域，更重要的是，可对湖面等特殊防范区域进行防范，同时可对入侵者的类型、尺寸大小、最短入侵时间等进行设定。趋视科技的优势在于抗干扰能力上，能很好地过滤猫、狗等宠物的误报，同时对环境抗干扰能力强，如对湖面的反光、波浪的过滤。该算法也决定了趋视科技的产品不仅适用于高层密集社区，而且适应别墅、园区等场景。

（4）人群聚集分析。白天出现某些异常情况时，常会产生小区居民大量聚集的情况，人口密度增高，此时，系统自动识别此类情况并报警，门卫值班室第一时间收到信息。

（5）高空抛物检测。针对高层社区高空抛物的这一安全问题，趋视科技在算法方面做了大量研究，通过监控方案的设计，将楼外立面由下至上全覆盖监视，当有高空坠物时，其智能分析算法将快速检测并报警，便于后台实时发现警情并溯源。

5.3.3 工厂园区安防

工业机器人由来已久,但大多数是固定在生产线上的操作型机器人。工厂园区占地面积广,人口众多,只靠人力来管理园区是很困难的,即使园区内安装摄像头日夜监控,但还是会有监控盲区,对内部边角的位置无法涉及,而这些死角可能会出现安全隐患。可移动巡线机器人在全封闭无人工厂中将有着广泛的应用前景。利用可移动巡线机器人定期巡逻,读取仪表数值,分析潜在的风险,对危险情况进行预判并及时预警,能够保障全封闭无人工厂的可靠运行。

5.4 人工智能技术在交通业的应用

在城市交通领域,单纯的车牌识别技术已经无法满足实际需求,业界迫切希望能够更快、更准确地提取更多元的车辆信息,除车牌号码外,还能提取车辆的品牌、车身颜色、车辆类型、车辆特征物等信息,这些信息在刑事案件侦查、交通事故处理、交通肇事逃逸、违章车辆自动记录等领域具有广泛的应用需求。

智慧交通平台

5.4.1 智能车辆检索

大数据分析技术、基于深度学习的图像识别技术很好地解决了城市公共交通安全管理中所面临的各种困境。智能车辆检索针对违章车辆的抓拍,不再仅仅依靠车牌识别技术,而是借助计算机视觉技术、大数据分析、深度学习训练,依靠前端设备采集的车身颜色、车灯类型、车标或其他多种特征,从而得到较高的识别率,实现对目标车辆的检索,如图 5.13 所示。

图 5.13 彩图

图 5.13 智能车辆检索

在车辆检索方面,车辆的图片在不同场景下会出现曝光过度或曝光不足,或者由于不同角度下车辆的形态发生了很大的变化,导致采用传统方法提取的特征会发生变化,因此检索率很不稳定。深度学习能够很好地获取较为稳定的特征,搜索的相似目标更精确。在人脸识别项目中，由于光线、姿态和表情等因素会引起人脸变化，所以很多应用都是固定场景、固定姿态，采用深度学习算法后，不仅固定场景的人脸识别率从89%提升到99%，而且对姿态和光线的要求也有了一定的放松。

5.4.2 智能交通监控

智能交通监控就是通过监控系统将监视区域内的现场图像传回指挥中心，使管理人员直接掌握车辆排队、堵塞、信号灯等交通状况，及时调整信号配时或通过其他手段来疏导交通，改变交通流的分布，以达到缓解交通堵塞的目的。

智能交通监控系统提供图片监控、车辆查询、违章查询、智能研判、布控、流量统计分析；实时图片监控道路的车辆信息，同步图片叠加时间、抓拍地点、车牌号码、车牌颜色、车身颜色、设备名称、车速、限速、车道、红灯时间和抓拍序号等；支持卡口车辆信息实时刷新和停止刷新操作；支持多种车辆研判模式如首次、频繁、高危时段；支持车辆行为分析和查询模式，如区间、碰撞、同行车、套牌车；实时监控交通路面情况，提供识别车辆号牌字符，识别车辆号牌颜色和车身颜色，检测车辆时速等卡口功能。同时也提供闯红灯，不按车道行驶，违章变道，逆行，压（实）线抓拍等功能；支持通过录入车牌号码、车主信息、车身颜色、车身长度、车辆类型、车牌颜色、布控机构和通缉单位、布控类型、布控联系人、布控时间等信息进行布控。

目前，智能交通监控系统已在全国多个城市规划落地，北京市智能交通已建成十大系统，包括现代化的交通指挥调度系统、交通事件的自动检测报警系统、自动识别"单双号"的交通综合监测系统、数字高清的综合监测系统、闭环管理的数字化交通执法系统、智能化的区域交通信号系统、灵活管控的快速路交通控制系统、公交优先的交通信号控制系统、连续诱导的大型路侧可变情报信息板和交通实时路况预测预报系统，实现了实时掌握道路交通状况、动态调整警力投入、科学预测路网流量变化、第一时间处置各种交通意外事件，为保证道路的通畅、创造良好的交通环境提供了强有力的技术支撑。上海市在交通控制方面率先采用智能化交通监控技术，引进并国产化了澳大利亚SCAT（悉尼协调自适应交通系统），并立项研究了上海市实验性线路导航系统，通过智能化的手段，提高上海市道路的通行能力和平面交叉口的通车效率；努力保障城市交通的畅通。

5.4.3 自动驾驶汽车

大数据和人工智能可以让交通更智慧，智能交通系统是通信、信息和控制技术在交通系统中集成应用的产物。通过对交通中的车辆流量、行车速度进行采集和分析，可以对交通实施监控和调度，有效地提高了通行能力、简化了交通管理、降低了环境污染等。人工智能还可为我们的安全保驾护航。但是，人长时间开车会感到疲劳，容易出交通事故，而自动驾驶则很好地解决了这些问题。

自动驾驶系统能对交通信号灯、汽车导航地图和道路汽车数量进行整合分析，规划出最优交通线路，提高道路利用率，减少堵车情况，节约交通出行时间。车辆的自动驾驶模式具有从车辆感知到决策，以及定制化的预测与维护功能，可增加车辆的机动性、降低交通事故的发生率、减少城市停车位的需求量。除了上述优点，自动驾驶系统还可降低人力成本，让物流更加流畅，并减少因疲劳驾驶造成的事故。自动驾驶中的关键技术有以下几个。

（1）环境感知。环境感知相当于人类的眼睛与耳朵，处于自动驾驶汽车与外界环境信息交互的关键位置，是实现自动驾驶的基础。

环境感知技术利用摄像机、激光雷达、毫米波雷达、超声波雷达等车载传感器，辅以V2X和5G等技术获取汽车所处的交通环境信息和车辆状态信息，为自动驾驶汽车的决策规划进行服务。

（2）精准定位。环境感知和精准导航共同组成自动驾驶的"两条腿"。因为不仅需要获取车辆与外界环境的相对位置关系，还需要通过车身状态感知确定车辆的绝对位置与方位。精准定位主要依靠惯性导航系统、轮速编码器与航迹推算、卫星导航系统、同步定位与地图（Simultaneous Location and Mapping，SLAM）自主导航系统组成的"天罗地网"。在几英寸的导航屏幕背后，有着一套非常庞大的运算体系作为支撑。

（3）规划与决策。通常情况下，自动驾驶汽车的规划系统包含路径规划、驾驶任务规划两大方面。决策算法有三种：一是基于神经网络，二是基于规划，三是结合前面两种的"混合路线"。功能和算法的实现是芯片。目前市面上自动驾驶主流芯片分为两种，一种是英特尔的Mobileye EyeQX系列，另一种是英伟达的Nvidia Drive PX系列。

（4）控制与执行。除了驾驶基础与运算规划能力外，车辆控制系统也是至关重要的。自动驾驶汽车的车辆控制系统是行驶模块的基础。车辆控制包括车辆的纵向控制，即通过对加速与制动的协调，期望实现对车速的精准跟随；横向控制，即通过方向盘调整以及轮胎力的控制实现自动驾驶路径跟踪。

（5）自动驾驶汽车测试与验证技术。自动驾驶固然很好，但它也存在一定的隐患。自动驾驶汽车就像是一个机器人，应符合机器人三大定律。机器人三大定律的第一条是机器人不得伤害人类，或看到人类受到伤害不能袖手旁观；第二条是机器人必须服从人类的命令，除非这条命令与第一条相矛盾；第三条是机器人必须保护自己，除非这种保护与以上两条相矛盾。要防止自动驾驶汽车被不法分子所利用，如出了交通事故，或者是不小心撞了人，要有相应的法律法规进行惩处。

5.4.4 驾驶员健康状态监测

人工智能可应用于驾驶行为的监控，评估驾驶员的疲劳程度、注意力是否集中、情绪状态等，区分并判定其类别、等级，衡量车辆是否存在风险，以提供实时警报，同时知会交通管理部门。据欧洲安全交通理事会的数据显示，疲劳驾驶是将近20%的交通事故的诱因。由此可见，疲劳驾驶检测系统十分重要。

疲劳驾驶检测系统主要有以下几个功能。

（1）疲劳驾驶及注意力分散状态检测、预警。利用图像传感器采集驾驶员的面部信息、高速数字信号处理器进行图像的处理与分析、高鲁棒性的疲劳检测算法对驾驶员的疲劳及注意力分散等不安全状态进行实时监控和预警。

（2）危险驾驶行为检测。在车辆行驶过程中，系统可检测到驾驶员的抽烟动作、打电话、低头玩手机等危险驾驶行为。

(3)驾驶员离岗检测。当驾驶员处于离岗状态或驾驶员面部被遮挡时,会触发系统报警。

(4)远程监控及预警。系统可将驾驶员的行为状态信息通过通用分组无线业务(General Packet Radio Service,GPRS)模块发送到网络后台或移动终端,实现对驾驶员状态和车辆运行状态的远程监控,支持远程监听、通话,同时对驾驶员的疲劳及注意力分散等不安全状态远程预警。

5.4.5 交警机器人

具有人工智能的警用机器人可取代交通警察,实现公路交通安全的全方位监控、全天候巡逻、立体化监管。交警机器人如图 5.14 所示。

图 5.14 交警机器人

5.5 人工智能技术在医疗领域的应用

5.5.1 人工智能与影像辅助诊断

人工智能在医疗健康领域中的应用包括虚拟助手、医学影像、药物挖掘、营养学、生物技术、急救室/医院管理、健康管理、精神健康、可穿戴设备、风险管理和病理学等。

从图 5.15 可以看出,医疗影像领域的投融资交易数量最高。有需求就有市场,结合我国国情,病患多医生少、医疗压力大是造成这种结果的主要原因。图像识别技术的成熟、电子胶片的普及也是推动影像辅助诊断市场发展的主要因素。影像辅助诊断的使用和普及益处很多,对于患者而言,在影像辅助诊断的帮助下,能快速完成健康检查,同时获得更精准的诊断建议和个性化的治疗方案;对于医生而言,可以节约读片时间、降低误诊率并获取提示,起到辅助诊断的作用;对于医院而言,在云平台的支持下可建立多元数据库,进一步降低成本。

影像辅助诊断的主要技术原理分为两部分,图像识别和深度学习。首先计算机对搜集的图像进行预处理、分割、匹配判断和特征提取等一系列的操作,然后进行深度学习,从患者病历库以及其他医疗数据库搜索数据,最终提供诊断建议。从目前来看,影像辅助诊断的准确率更高,对临床结节或肺癌诊断的准确率要高于传统人工诊断的 50%,可以检测整个 X 射线片中面积中 0.01% 的细微骨折。

医疗类人工智能初创公司融资区域分布
2011—2016年8月

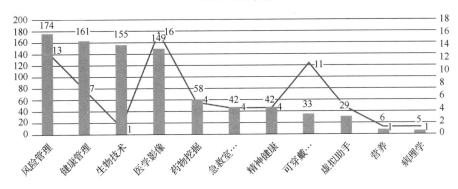

图 5.15 医疗类人工智能初创公司融资区域分布情况

人工智能与图像识别在医疗诊断中的应用具有以下优势。

（1）判断更加准确。由于一些生理结构图像过于复杂，人眼往往难以识别出其中的特征，但是人工智能通过学习大量的案例后能发现潜在的规律。研究者表明，机器学习算法可以比医生更加准确地识别肺部癌变。就像资深医师因为看过众多图片而比普通医生的判断更加准确一样，人工智能可以通过大量的图片来进行深度学习，提高诊断的准确率。

（2）人工智能可以大批量快速地处理图像数据。只要计算能力充足，人工智能便可以一次性处理大量的图像数据。更重要的是，人工智能不会感到疲劳，可以 24 小时工作。相对而言，医生在高强度的工作中可能因为疲劳而产生错误。

（3）人工智能可以处理图片的类型更加丰富。由于病症的种类繁多，从心血管疾病到癌症等均会涉及成像与识别，一名医生很可能只擅长其中的一两种，而不是全部精通。相反，计算机的高效性与大数据容量使其能够学习识别不同病症的图像，处理不同的图像种类。这样一台机器就可以取代多名不同科室的医生。

（4）人工智能进行图像识别时可以与病人的大数据相结合。人工智能可以不局限于病人的图片数据，而是结合其病史、遗传背景、家族病史等其他可以数据化的信息，甚至可以结合病人的饮食结构、生活作息等数据，对病情进行更精确与个性化的判断与预测。它不仅可以快速读懂医疗影像，还能根据电子病例数据库进行分析诊断，还可以与病人进行对话来获得症状、日常习惯等信息，可以说在未来将实现人工智能机器人的"望闻问切"了。

（5）人工智能还可以与"云"相结合，帮助医生远程进行影像分析。例如，某地的医院由于人手不足而无法确诊病人的病情，可以将影像上传到云端进行分析，再把结果返回到本地，进一步释放医生的生产力。甚至可以预想，在将来的某一天，成像设备可以直接把获取的图像传到医院以外的某一个处理中心，该中心可以帮助多家医院进行图像处理，并把结果反馈给医生，同时图像数据也可以保存在云端，免去携带实体影像的麻烦。

5.5.2 人工智能与药物的研发

目前，我国新药研发面临研发时间、成本及资金"三座大山"，而使用人工智能技术助力药物研发，可大大缩短药物的研发时间，提高药物的研发效率并控制药物的研发成本。

人工智能需要有大数据作为基础，而药物研发领域其实是一个数据非常丰富的宝库，这为人工智能提供了用武之地。例如，《药物化学》杂志创刊至今，至少发表了45万种化合物作为药物的研究对象，这是一个巨大的数据库，对于这样的大数据，人工智能可以发挥它的独特作用。

2018年，《科学美国人》与世界经济论坛发布了十大新兴技术，人工智能辅助化学分子设计——机器学习算法加速新药研发就是其中之一。

目前，在全球至少有100家企业正在探索使用人工智能进行新药研发，在国外，葛兰素史克公司、默克集团、美国强生公司与赛诺菲公司都已经布局人工智能新药研发。在中国，也涌现了北京深度智耀科技有限公司、零氪科技（北京）有限公司与晶泰科技等人工智能新药研发企业，药明康德新药开发有限公司也战略投资了美国的一家人工智能新药研发公司。

在化学分子设计方面，以前是凭借研究人员对分子各种侧链和基团化学性质的经验来设计。现在，则可以通过人工智能来学习药物和药物靶点的结合特点，从而进行药物设计，这大大提高了药物设计成功的概率。人工智能通过计算机模拟，可以对药物活性、安全性和副作用进行预测。

人工智能可以应用在药物研发的不同环节，包括虚拟筛选苗头化合物、新药合成路线设计、药物有效性及安全性预测、药物分子设计等。人工智能拥有强大的发现关系的能力和计算能力。在发现关系方面，人工智能可以发现药物与疾病的连接关系，也能发现疾病与基因的连接关系。在计算方面，人工智能可以对候选的化合物进行筛选，更快选出具有较高活性的化合物，为后期临床试验做准备。人工智能在化合物合成与筛选方面比传统手段节省40%的时间，每年为药企节约上百亿元的筛选化合物的成本。

人工智能助力药物研发主要体现在临床前和临床研究上。在临床前通过深度学习，提高药物筛选效率并优化其构效关系。在临床研究过程中结合医院的数据，可快速找到符合条件的受试病人。表5.1列出了目前人工智能在药物研发主要领域的优势。

表5.1 人工智能在药物研发主要领域的优势

药物类型	特点	人工智能作用
抗肿瘤类	市场大，年增速5%；占新药数量的1/3；难度高	降低难度、降低成本
心血管类	规模大、增速快（15%）	节约成本
罕见药	用户少，费用极高	节约成本
传染病防治（欠发达地区）	药企收入小于研发成本	节约成本、受益人数多

5.5.3 人工智能与医用机器人

未来,给患者做手术的可能不是医生,而是医用机器人。目前,已经有多种类型的医用机器人在全球各大医院"上岗",使患者的手术创口小、出血量少,并且能够缩减恢复周期等。从手术室的手术机器人到家庭护理机器人,机器人开始进入全球医疗保健业,它们能够降低医疗成本,改善病人的治疗环境,这意味着它们未来将会像普通医疗设备一样成为医院的一部分。

据外媒报道,在英国国家医疗服务体系中,外科机器人已经可以协助医生进行一系列手术,包括泌尿和前列腺手术。这些机器人可以使用摄像机、灯光和医疗器械,坐在控制台的外科医生能够非常精确地控制机器人手臂的动作。

大家熟知的医用机器人大概是达芬奇机器人,如图5.16所示。达芬奇机器人由手术台和远程控制终端两部分组成。手术台有三个机械手臂,在手术过程中,每个手臂各司其职且灵敏度远超人类,可轻松地进行微创等复杂困难的手术。远程控制终端可将整个手术的二维影像过程高清还原成三维图像,由医生进行监控。

随着人工智能的发展,一些其他类型的机器人开始在市场中出现。日本厚生劳动省已经正式将"机器人服"和"医疗用混合型辅助肢"列为医疗器械在日本国内销售,主要用于改善肌萎缩侧索硬化症、肌肉萎缩症等疾病患者的步行机能。除此之外,还有智能外骨骼机器人、眼科机器人和植发机器人等。

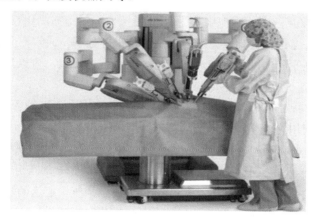

图5.16 达芬奇机器人

除了手术机器人,一种专注于微观医疗的机器人也被发明出来了。例如,德国马普智能系统研究所的研究人员研发了一种微型机器人,这种机器人可以将药物输送到人体最需要的部位,能够极大地减轻病人的痛苦,增强用药疗效。

为了提高医院工作效率,越来越多的辅助机器人开始进入医院。医院配药需求量大,医护人员常常忙不过来,因此,一款专门用于配药的机器人开始"上岗",从安瓿瓶切割、掰断、西林瓶开启、消毒、药物摇匀、抽吸到输注等一系列流程都可由配药机器人完成。它不仅配药准确,而且效率高,从验证处方到配好药、出药,配制一瓶由6支药混合而成的化疗药,全程只要2分钟,极大地减轻了医护人员的工作负担。

对于病人的护理和照顾，也可以由更加智能的医用机器人替代。例如，对于无法自理的患者，发明了帮忙喂饭的机器人。这款机器人安装了带有汤匙的机器人手臂，病人只需要通过机器人身上的两个按钮就可以操纵机械臂独立进餐。

5.6 人工智能技术在电商领域的应用

5.6.1 个性化推荐技术

1. 个性化推荐算法

京东智能中心

应用推荐算法比较好的是互联网。例如，用户在淘宝首页看见的商品，今日头条上读到的新闻等，都有赖于推荐算法。下面来了解一下个性化推荐技术常用的几种算法。

（1）协同过滤。协同过滤（Collaborative Filtering，CF）及其变体是常用的推荐算法之一。商家为用户推荐商品，最合乎逻辑的一种方法是找到具有相似兴趣的人，分析他们的行为，再向其推荐相同的项目；另一种方法是看看用户以前购买的商品，然后给他们推荐相似的商品。协同过滤有两种基本方法：基于用户的协同过滤和基于项目的协同过滤。无论采用哪种方法，推荐引擎都分两个步骤：首先了解数据库中有多少用户/项目与给定的用户/项目相似；然后考虑与它类似的用户/项目的总权重，评估其他用户/项目，预测你会给该产品用户的打分。

（2）矩阵分解。这是一种推荐算法，因为涉及矩阵分解，通常不会太多地去思考哪些项目将停留在所得到矩阵的列和行中。但是使用这个推荐引擎，可以清楚地看到，u 是第 i 个用户的兴趣向量，v 是第 j 个电影的参数向量。

所以可以用 u 和 v 的点积来估算 x（第 i 个用户对第 j 个电影的评分）。用已知的分数构建这些向量，并使用它们来预测未知的得分。

例如，在矩阵分解之后，Ted 的向量是（1.4;0.8），电影 A 的向量是（1.4;0.9），现在，可以通过计算（1.4;0.8）和（1.4;0.9）的点积来还原电影 A-Ted 的得分，结果得到 2.68 分。

（3）聚类。上面两种算法都较为简单，适用于小型系统。在这两种方法中，把推荐问题当成一个监督机器学习任务来解决，而要建立更复杂的推荐系统，就要使用无监督学习来解决了。

在业务开展之初，缺乏用户数据，聚类将是最好的方法。不过，聚类是一种比较弱的个性化推荐，因为这种方法的本质是识别用户组，并对这个组内的用户推荐相同的内容。

当拥有了足够多的数据时，最好使用聚类作为第一步，缩减协同过滤算法中相关邻近的选择范围。每个聚类都会根据用户的偏好，分配一组典型的偏好。每个聚类中的用户，都会收到这个聚类计算出的推荐内容。

（4）深度学习。在过去的十年，神经网络技术已经取得了巨大的飞跃。如今，神经网络已经被广泛应用，并逐渐取代传统的机器学习方法。

下面给出一个 YouTube 个性化推荐系统案例。

由于体量庞大、动态库和各种观察不到的外部因素,为YouTube用户提供推荐内容是一项非常有挑战性的任务。YouTube的推荐系统算法由两个神经网络组成:一个用于候选生成,一个用于排序。

(1)候选生成。以用户的浏览历史作为输入,候选生成网络可以显著减少可推荐的视频数量,从庞大的库中选出一组最相关的视频。这样生成的候选视频与用户的相关性最高,然后对用户评分进行预测。候选生成神经网络的目标,只是通过协同过滤提供更广泛的个性化。

(2)排序。通过候选生成步骤,得到一组规模更小但相关性更高的内容。然后分析这些候选内容,以便做出最佳的选择。这个任务由排序神经网络完成。所谓排序就是根据视频描述数据和用户行为的信息,使用设计好的目标函数为每个视频打分,得分最高的视频会呈现给用户。

通过以上两步,就可以从非常庞大的视频库中选择视频,并面向用户进行有针对性的推荐。

2. 个性化推荐技术的应用

(1)推荐引擎。推荐引擎是建立在算法框架基础之上的一套完整的推荐系统。利用人工智能算法可以实现海量数据集的深度学习,分析消费者的行为,并且预测哪些产品可能会吸引消费者,从而为他们推荐商品,这有效降低了消费者的选择成本。

(2)智能搭配。在国内的时尚电商中,也有企业开始尝试运用人工智能这个"黑科技"来为时尚增加科技的元素。

例如,时尚电商平台蘑菇街就选择了一个新的人工智能和时尚结合的方向——时尚搭配助手。人工智能的前提是海量的数据库,时尚产业天然具备这一条件。时尚产业中有数以万计的品牌与设计师,每个人的智慧和创意对时尚产业都有贡献,汇聚在一起就变成了一种流行风尚。在大数据的基础上,蘑菇街应用机器学习算法,训练时尚分析模型。

蘑菇街展示了未来人工智能应用于时尚穿搭的具体设想:当客户选择了一款上衣后,不知该如何搭配下装时,可以用手机拍张照片并上传到蘑菇街,系统会自动识别、分析、处理这张图片中的各类元素,给出推荐的穿搭方案,如图5.17所示。

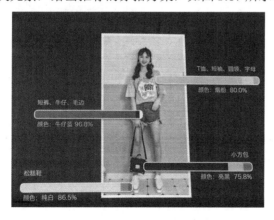

图5.17 穿衣智能搭配

时尚搭配助手首先要具备理解图片的能力,也就是图像内容识别。对于蘑菇街来说,让人工智能理解时尚,就要把任意一张图片理解得更加细致,从而识别到更加细节的元素。这种图片识别技术,可以极大地提高用户的搜索效率,为搭配推荐提供了解决途径。

时尚穿搭助手还要理解"搭配因素"。搭配因素包括流行趋势,即不同时节、不同地域的流行单品的变化,还包括流行单品的面料、材质、外观颜色和风格等商品因素。时尚搭配助手能为客户推荐更多可搭配的款式,最终帮助客户找到最满意的搭配。

5.6.2 生物认证技术

生物认证技术,即使用生物学或行为学特征决定或验证个体身份的技术。由于传统身份识别的种种缺陷,人们正在寻找一种能对人本身进行认证的身份识别技术。相较于传统的身份认证方法,生物认证不易遗忘,不易复制,利用其进行身份认证无须设置、记忆众多密码,可以有效地减少密码的遗忘、泄露等情况,并且可以有效地避免短信验证码被恶意拦截的风险。图 5.18 所示为在电商应用中逐步升温的人脸支付。

图 5.18 人脸支付

目前,主要有六大生物认证技术,分别为指纹识别、人脸识别、虹膜识别、手掌几何学识别、声纹识别、步态识别。

1. 指纹识别

传统的指纹识别系统大多数采用细节点作为识别特征,并且将细节点位置、方向等信息以裸数据的形式存储为模板用于比对。通常人们认为,该模板存储的是指纹细节点信息,不是原始的指纹图像,不会泄露原始的指纹信息。

缺点:已有研究成果表明,完全可以自动地从指纹细节点模板恢复原始的指纹图像,进而用该图像攻击原系统,成功率超过 95%。

2. 人脸识别

人脸识别是基于人的面部特征信息进行身份识别的一种生物识别技术。它是用摄像机或摄像头采集含有人脸的图像或视频流,并自动在图像中检测和跟踪人脸,进而对检测的人面进行面部识别的一系列相关技术,通常也叫作人像识别、面部识别。

缺点:当识别同一个人在微笑时、老年状态时、佩戴装饰时或处于较差光照环境时,人脸识别系统会发生识别错误。

人脸识别技术应用在很多领域,包括企业、住宅安全和管理,如人脸识别门禁考勤系统、人脸识别防盗门等;电子护照及身份证;公安、司法和刑侦;自助服务,信息安全,如计算机登录、电子政务和电子商务等。

3. 虹膜识别

虹膜识别系统扫描虹膜表面进行模式比较。虹膜特征被认为是最可信的生物特征,虹膜识别使用唯一的虹膜图像在受控环境中获取时,系统精度非常高。

缺点:当环境不稳定时,由于眼睑、睫毛和反射等噪声因素的影响,系统性能会显著下降。

4. 手掌几何学识别

通过光学元件获得手的图像后对手的掌型建模,通过肌电传感器可以获得上肢前臂处肌肉组织收缩而产生的电位变化,电位显示波形图从而形成不同的手掌形态,通过测量人的手指及手掌的物理特征或根据三维成像提取人的手形特征及不同人对同一含义手势的手形习惯特征,如手指的长度、宽度、厚度、指尖离掌心距离等,即可根据手掌几何特征识别人的身份。该技术较为成熟,使用比较方便。

缺点:掌形不具有稳定性,因此不适合在安防系统中使用。

5. 声纹识别

对每个人而言,从年轻至老年声纹基本不变。声纹识别过程主要包含特征提取和模式识别。特征提取包含多个层面,如词法、声学、方言、韵律等特征。模式识别主要包含几种算法,如模板匹配、聚类、神经网络、隐马尔可夫等模型,还可分为文本相关和文本无关的声纹识别模型,文本相关的声纹识别模型相对识别准确率更高。

6. 步态识别

步态识别是指通过人类行走产生的模式来进行人物识别。将步态作为生物特征的独特优势在于,当处于远距离或低分辨率时,其他生物特征都无法感知,而步态则为正确识别提供了可能。然而这必须和步态特征所呈现的大的目标变化相平衡。

缺点:步态识别还存在很多问题,如拍摄角度发生改变、被识别人的衣着不同、携带不同的东西、所拍摄的图像进行轮廓提取时发生形态改变等都会影响识别效果。

5.6.3 商务智能分析

随着时代的发展,消费者的个性化需求越来越受重视。如何才能在恰当的时机给消费者提供恰当的反馈,是企业面临的新的挑战。依靠传统方法规划和交付产品的企业,已经无法跟上不断变化的市场需求。全球空间分析领域的领军企业美国环境系统研究所(Environmental Systems Research Institute,ESRI)公司在《福布斯》官网专门撰文,分享了"人工智能+位置智能"如何让这一问题迎刃而解。

该文章指出,已经有一批具有前瞻性思维的商家正在设法利用其所得到的数据进行高度准确性的商业预测。例如,消费者需要什么,何时需要,通过何种渠道购买。通过结合人工智能和位置智能,商家可以弥合供应链预测和实际消费者需求之间的传统差距。

如今的营销战略必须将反映实时趋势的动态迭代过程纳入考虑范畴。以人工智能和位置智能为后盾的预测性需求感知,可以为商家提供竞争优势以及建立消费者信任。商家可以运用这种创新方法来提高消费者的满意度,获得竞争优势,实现更高的品牌价值。

1. 库存智能预测

多渠道库存规划管理是困扰电子商务商家最大的问题之一。库存不足时,补货所浪费的时间会对商家的收入带来很大的影响。但是如果库存过多,又会使营业风险和资金需求增加。因此,想要准确地预测库存并不是一件容易的事情。而人工智能和深度学习算法可以在订单周转预测中派上用场,它们可以识别订单周转的关键因素,通过模型计算出这些因素对周转和库存的影响。此外,深度学习系统的优势在于,它可以随着时间的推移不断学习而变得更加智能,这就使库存的预测变得更加准确。

借助机器学习、大数据等相关技术,京东在很多供应链优化问题上都已经实现了系统化,由系统自动给出优化建议,并与生产系统相连接,实现全流程自动化。这其中有一项技术起着至关重要的底层支撑作用——预测技术。据估算,预测准确度每提升1%就可以节约数倍的运营成本。

怎样理解预测在供应链优化中的作用呢?以商品补货举例,一家公司为了保证库房不缺货,可能会频繁地从供货商那里补充大量的商品,这样做虽然不会缺货,但可能会造成商品积压,从而使商品的周转率降低,库存成本增加。反之,这家公司有可能为了追求零库存而补充很少的商品,但这就可能出现严重的缺货问题,从而使现货率降低,严重影响用户体验,缺货成本增加。于是问题就产生了,要补多少商品才合适,什么时间补货,都需要权衡考虑,最终目的是使库存成本和缺货成本达到一个平衡。

考虑一种极端情况,等库存降到零时才去补货,供货商接到补货通知后再将货物运往仓库。但是这么做有一个问题,因为运送过程需要时间,这段时间库房就缺货了。而利用预测技术就可以计算出未来商品在途的这段时间里销量是多少,让仓库保证有一定数量的库存,低于这个量就给供货商下达补货通知,从而解决了这个问题。

2. 商品定价

传统模式下,企业需要依靠数据和自身的经验制订商品的价格。商品的价格不可能一成不变,当商品在市场上出现供不应求的时候,就算价格再高也会有人抢着买,这时商家就可以适当地调高商品的定价。但当商品在市场上的热度不高,需求不大的时候,就需要适当降低定价来促进销售,提高销量。所以,当商品处于新品期的时候,要根据市场需求来灵活调整定价。这种定价问题正是人工智能所擅长的，通过先进的深度学习算法，人工智能可以持续评估市场动态，及时调整商品定价。

5.7 人工智能技术在教育行业的应用

5.7.1 自适应学习

自适应学习就是通过算法将获取的学习者的数据分析结果反馈给已有的知识图谱，为学习者提供个性化难度和个性化节奏的课程和习题等，从而提高学习者的学习效率和学习效果。

自适应学习与传统教学的不同之处主要在于教学方式。传统教学通常是以班、组为单位的，由老师提供统一的教学内容和进度安排，学生的练习和测评也都是统一化的。而自适应学习是以个人为单位，不同的学生有不同的学习进度和学习内容，练习与测评内容的个性化程度高。

主打自适应学习方式的教育企业，可以细分为以下几类。

（1）"自适应+K12 教育"类。例如，"猿题库"通过自适应题库为学生提供个性化题库，并根据其个性化问题提供真人在线辅导，帮助学生了解自身的学习情况，激发学生对练习的兴趣以进一步提高学习成绩。

（2）"自适应+STEAM 教育"类。例如，"Wonder Workshop 对儿童的学习数据进行分析，并通过机器人硬件和独特的教学内容，帮助孩子学习编程。

（3）"自适应+语言教育"类。例如，"朗播网"提供一套自适应英语学习系统，为用户测试英语各方面能力，并提供针对性的考试提分技巧和学习课程。

（4）"自适应+阅读教育"类。例如，Newsela 将用户的英文阅读水平分级，通过科学算法来判断用户的阅读水平，向用户推送符合其阅读水平和兴趣的新闻来提高用户的英文阅读能力。

5.7.2 虚拟学习助手

虚拟学习助手是指为学习者提供陪练答疑、客服咨询、助教等服务。企业能够应用该工具低成本地为学习者提供标准化的服务，同时又能获得大量的用户数据反馈。

1. 虚拟助教

由于教育过程中，助教所需要做的工作就是为学生答疑、提醒等功能，这些工作大多为简单重复的脑力工作，因此，人工智能可以逐渐替代助教业务。

2. 虚拟陪练

课后练习反馈对于学习效果的提升非常重要，而数据化程度最高的环节也正是练习，因此这也是大部分"人工智能+教育"创业者的切入点。不同类型的学习内容需要的技术方案各不相同，如理论性学科的练习更加容易智能化，但是与实践相关的科目，如艺术、运动等往往需要搭配智能硬件来达到学习效果。

例如，"音乐笔记"就是音乐教育领域的陪练机器人，将智能腕带和 App 结合起来，利用可穿戴设备和视频传感器，对钢琴演奏的数据进行实时采集分析，并将练习效果反馈和评价呈现给用户。

5.7.3 教育商业智能化

教育机构的组织运营包括多个核心环节（如推广招生、教学、客户服务等）和支撑活动（如基础设施、人力资源、采购、教研等）。人工智能可以在多个环节提升组织的整体效率。

教育商业智能化应用场景非常丰富。在基础设施活动中，有智能选址、财务预测管理、校车管理规划等应用场景；在人力资源活动中，有教师招聘、人才评估、人才培养三个应用场景；在采购活动中，软硬件采购和评估可以应用人工智能技术；在教学研发活动中，有教研体系、课程内容和备课工具等应用场景；在推广招生环节中，有招生平台、投放策略等应用场景；在教学过程中，有课堂辅助、作业批改、考试测评等应用场景；在客户服务中，有家校沟通、客户管理、班级管理等应用场景。

1. 智能导师

智能导师是人工智能在教育领域的一个重要应用。它主要由计算机模拟教师教学的经验和方法，向具有不同需求和特征的学习者传授知识。

2. 智能助手

智能助手被应用于教育领域，主要作为教师的教学助手和学生的学习助手，如教育机器人，如图 5.19 所示。

图 5.19　教育机器人

教学助手可帮助教师完成课堂辅助性或重复性的工作，如点名、批改试卷、监考等，还可帮助教师收集和整理资料，辅助备课、教研，减轻教师的负担，提高工作效率。学习助手可为学生快速地找到所需资源，或是针对性地推送学习资料，帮助学生管理学习任务和时间等。

3. 智能测评

智能测评强调通过一种自动化的方式来测评学生的发展，承担了一些教师负责的工作，包括体力劳动、脑力劳动和认知工作，极大地缩短了测评的时间，提高了测评的精准度。通过人工智能技术而实现的自动测评，能够跟踪学习者的学习表现，并实时做出恰当的评价，如图 5.20 所示。

图 5.20　智能测评

4. 教育数据挖掘与智能化分析

教育数据挖掘是综合运用数学统计、机器学习和数据挖掘等技术和方法，对教育大数据进行处理和分析。通过数据建模，发现学习者的学习结果与学习内容、学习资源、教学行为等变量之间的相互关系，以此来预测学习者未来的学习趋势。

教育数据挖掘与智能化分析，一方面能够向学习者推荐改进他们学习效率的学习活动、资源、经验和任务；另一方面能够为教育工作者或智能学习系统本身提供更多、更客观的反馈信息，更好地调整和优化教育决策、完善课程开发，同时，还能根据学习者的学习状态来改进教学计划、组织教学内容以改进教学过程。

5. 学习分析与学习数字肖像

学习分析与数字肖像是指将每个学习者的学习心理与外在学习行为表现特征通过挖掘、统计、分析不同类型的动态学习数据而将其立体化、可视化地刻画出来。刻画学习数字肖像的实现也必须基于智能化的数据挖掘和机器学习算法等关键技术。通过为学习者刻画立体、可视的数字肖像，可为不同学生的个体化学习以及教师的针对性教学提供精准的服务。

目前，传统的人工智能学习系统更多的是为了满足某个专门领域的学习需求，而且这些系统常常作为学校教育的补充，尚未深入地影响学习者的日常学习和生活，尽管如此，人工智能也已展现对未来人类生活势不可挡的影响力。随着各类人工智能化教育产品的面世，相信在不久的将来，我们就能看到人工智能给人类教育，尤其是教育工作者的教育方式、学习者的学习方式带来的革命性的改变。

5.8 人工智能技术在媒体业的应用

5.8.1 新闻业的应用

2018年，搜狗与新华社联合发布了全球首个"AI合成主播"（见图5.21），计划由这位机器人主播进行24小时不间断的直播。

图 5.21　AI 合成主播

国外的一些大的媒体企业几年前就已经引入了机器人，并让它们发挥作用。

1. 美国联合通讯社引入人工智能，把数据自动生成新闻

之前，美国联合通讯社（简称美联社）记者总是要花大量的时间和精力，从美国上市公司发布的季度财务报告中手工收集数据用于新闻报道，相关数据包括利润、收入增长、税收支出等。由于时间和人工资源有限，美联社记者每季度只能产出 300 篇这类的文章，还有可能遗漏一些正在经历飞速成长或利润剧烈下滑的、具有"新闻点"的公司。

于是，美联社引入 Automated Insights 公司的自然语言生成平台 Wordsmith 来自动总结公司季度财务概况，如图 5.22 所示。根据这个平台生成的数据，美联社公布的财务数据新闻，数量从每季度 300 个飙升到 4 400 个，增长了 12 倍。虽然平台没有取代任何记者，但这家公司表示，它已经完成了三名全职员工能完成的事情。更有意思的是，即使数据全部分析好摆在面前，写成稿子，记者需要 7 分钟，而 Wordsmith 只需要 2 分钟。

第 5 章 人工智能技术在各行各业的应用

将数据自动生成为文章

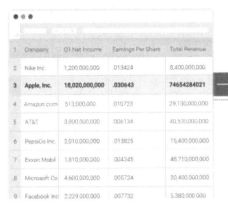

图 5.22 将数据自动生成为文章

2. 华盛顿邮报的"机器人记者"

华盛顿邮报一直在尝试运用人工智能进行自动写作。它使用了一款名叫 Heliograf Smart 的软件，目前来看，只是一些很简单的写作，但已经真正投入使用。在 2016 年的里约奥运会上，华盛顿邮报就用它来"盯"奖牌和得分情况，然后生成新闻信息，发布在不同的平台上。这样就可以节省记者的精力去做更多更有创造力的新闻。

3. 英国广播公司的"榨汁机"（Juicer）人工智能项目

英国广播公司对人工智能的运用，是建立一个数据库和整合新闻源。英国广播公司新闻实验室的 Juicer 监控着国际、国内和本地的 850 个媒体新闻源、政府信息源和一些它们选定的互联网新闻源，然后将它们分门别类以供使用。但 Juicer 监控的内容，目前还仅限于文字；对于图片和视频的监控及标签化，Juicer 还不能实现。

新闻业是创造性经济中的一个领域，将人工智能引入它的创造过程中，为技术如何在创造性活动中发展提供了范例。在整个价值链上，人工智能、机器人正从以下两点改变新闻业的实践。一是从一定程度上提升内容的生产效率，如财经类等与数据变化紧密相关的内容、大型共同基金发布的业绩和归属报告等季度报告。二是降低新闻业进入门槛。如果利用得当，人工智能将允许本地和地区新闻公司创建更为引人注目的内容，以使与大型新闻机构竞争。

5.8.2 视频领域的应用

众所周知，全民视频时代已经来临，用户的注意力已经从传统的文字、图片向视频转移，相信绝大部分用户的手机中都会有几个点播、直播、短视频的 App。据网络公开数据显示，互联网流量 70%以上来自视频，未来这个数据将超过 90%。

整个视频生命周期包括视频采集、视频的生产制作、视频播出和被用户体验这几个环节。实际上在这个过程中，整个视频行业发生了很大的变化，在每一个阶段都从非常专业的参与者转向大众参与者。

人工智能技术为视频产业带来以下优势。

（1）提升生产效率。人工智能和采集生产环节相结合，能够有效提高视频生产制作的效率。传统的编辑是由人来完成的,将人工智能和视频采集生产环节结合起来,我们可以引入智能编辑技术,快速生产视频。

(2)规避监管风险。在视频中引入人工智能审核技术,可以缩短视频发布周期,减少人工审核的干预,并且可以更高效、准确地规避监管风险。

(3)释放人力,降低成本。因为前两个阶段中,机器和算法可以替代人进行操作,所以可以释放人力,并且可以降低成本。

下面以阿里云视频 AI 为例,介绍人工智能技术在视频领域的应用。

基于达摩院的 AI 算法,结合视频云团队多年在音视频技术领域的积累,阿里云构建了视频 AI 能力——视网膜,并将产品功能划分为审核、识别、理解、搜索四个模块,如图 5.23 所示。视频 AI 能力其实是视频云 AI 服务的最小单元的基础能力,实际上可以基于这些能力进行组合,像搭积木一样,渗透在视频各个场景当中,形成各类匹配业务的解决方案。

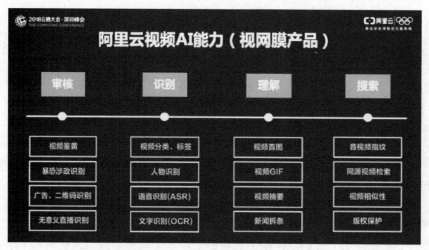

图 5.23 阿里云视频 AI 能力

采集生产、分发播出、媒资管理是视频生产领域的三大场景。在这三个场景中,阿里云和客户一起成长,深入客户的实际业务场景中,并结合自身产品规划,推出了视频 AI 的解决方案。在采集生产场景中,解决方案支持视频拍摄、字幕、剪辑合成与视频拆分;在分发播出场景中,除了常见的视频审核,还有逐渐被大众认知的版权检测,以及在实时播出过程中对视频中的目标进行识别检测;在媒资管理场景中,最经典的是智能编目与智能封面,解决方案中还有基于指纹的去重和视频之间挖掘和整理的能力。可以看到,通过基础 AI 能力的组合,结合客户的实际业务场景,阿里云已经提供了一些具体的解决方案,下面选取其中一些典型场景来介绍。

(1)视频采集场景中的视频萌拍。

市场上非常流行的短视频和拍照 App,基本都提供了基于人脸识别技术的贴纸功能。很多客户希望能拥有丰富的拍摄效果,阿里云在短视频智能端的解决方案就提供了视频实时处理功能,内置人脸识别与动态贴纸库,未来还可以付费升级美颜等高级功能。

(2)视频生产制作场景中的精彩集锦。

这是很多客户都拥有的业务场景,可以利用的AI技术特别多。AI技术结合云端视频剪辑能力,可以自动完成很多繁杂的事情。例如,将人物出现的时间线连接起来,自动生成人物集锦;再如,经典的体育赛事精彩瞬间,前期的素材整理工作可以通过AI来自动处理。

(3)视频生产制作场景中的实时字幕。

一个需求量非常大的业务场景是实时字幕,实际上它是基于AI的自动字幕进行新视频创造的功能。传统字幕生产是非常复杂的,首先得有一个团队把语音转成文字,把时间线拍下来,在多语种情况下,可能还会有翻译团队介入,然后把字幕导入本地编辑软件进行合成,整个过程非常耗费时间和人力。如果利用AI技术,就可以把语音自动生成文本,文本直接存在对应的时间线,还可以将文本自动翻译成所需的语种。

(4)视频生产制作场景中的智能拆条。

智能拆条有两个好处,一是加速新闻短视频的发布,二是把原始的长视频拆成一个个小片段,放入素材库丰富媒资系统,以方便后期制作出新的视频来。智能拆条是基于AI的多模态信息进行拆条,目前支持标准新闻形式,非标准的场景可以通过补充数据集快速训练来实现。

(5)分发播出场景中的内容审核。

随着国家对互联网视频监管的加强,内容审核已经成为非常旺盛的需求。利用AI技术可以非常快速地鉴别出视频中不合规的内容。

(6)媒资管理场景中的智能编目。

通常1个小时的视频需要2~4个小时完成编目,这个速度已经无法达到当前互联网的要求了。与传统的编目相比,AI技术可以从视频自动分类、视频自动打标、人物识别、语音和文字识别等,自动生成源数据信息,放入媒资库,结合自然语言处理、分词、语义分析、词性过滤等场景,进入后续的搜索和推荐领域。整个过程靠算法驱动,不需要人力,相对于人工处理,AI技术能更彻底地对视频进行结构化处理,标注出每个独立标签的时间线。通过智能编目的方案组合,可以快速生成最基础的源数据,方便媒资管理。

5.9 本章小结

随着人工智能技术的日趋成熟,当前的发展趋势正由技术驱动的人工智能,转向应用驱动的人工智能,对各行各业赋能。各行各业正在尝试使用人工智能技术,提高企业核心竞争力。本章对人工智能技术在搜索引擎行业、制造业、安防业、交通业、医疗领域、电商领域、教育行业和媒体业的典型应用进行了梳理和总结。目前,对于人工智能的应用可以说仅仅是一个开始,对于未来不可知的世界,我们要保持开放的心态,坦然面对人工智能带来的变革。

习 题

一、选择题

1. 自然语言理解是人工智能的重要应用领域，下列（　　）不是它要实现的目标。
   A. 理解别人讲的话
   B. 对自然语言表示的信息进行分析概括或编辑
   C. 欣赏音乐
   D. 机器翻译

2. 下列人工智能应用不属于医疗领域的是（　　）。
   A. 人工智能新药研发
   B. 智慧安防
   C. AI 影像辅助诊断
   D. 医疗机器人

3. 人工智能技术在电商行业得到了广泛应用，以下不属于该领域的应用的是（　　）。
   A. 个性化推荐商品
   B. 生物认证支付方式
   C. 商品智能定价
   D. 智慧交通

4. 机器翻译属于下列（　　）领域的应用。
   A. 自然语言系统
   B. 机器学习
   C. 专家系统
   D. 人类感官模拟

二、填空题

1. 人工智能在行业中的应用主要有_____、_____、_____、_____、_____、_____、_____、_____等行业。

2. 在生物识别技术中，_____是基于人的面部特征信息进行身份识别的一种生物识别技术，具有使用方便、识别速度快的特点；_____通过扫描虹膜表面进行模式比较，虹膜特征被认为是最可信的生物特征，识别精度高。

3. 自动驾驶涵盖的关键技术有_____、_____、_____、_____、_____、_____。

4. 作为国内搜索引擎巨头，百度搜索引擎使用了_____、_____、_____等人工智能技术。

5. 各大品牌手机都带有自己的语音识别助手，如苹果手机的_____，小米手机的_____、三星手机的_____。

三、简答题

1. 简述人工智能技术在安防业的应用有哪些。

2. 人工智能的发展对人类有哪些方面的影响?试结合自己了解的情况,从经济、社会、文化等方面加以说明。

3. 简述人工智能的未来发展。

第 6 章
人工智能的发展趋势和挑战

 导读

经过多年的发展,人工智能在算法、计算能力和数据分析等方面取得了重要突破,正逐渐从"不能用"转变为"可以用"阶段,未来将向"更实用"阶段迈进。本章将介绍未来人工智能的八个发展趋势;未来人工智能在机器视觉、指纹识别、人脸识别、信息检索和智能控制等方面的应用;人工智能对人类未来生活的影响及未来人工智能面临的挑战。

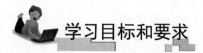 学习目标和要求

- 了解人工智能的发展趋势。
- 了解未来人工智能的新技术及其应用。
- 了解人工智能对人类生活的影响和人工智能面临的挑战及变革可能的解决方案。

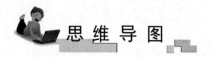 思维导图

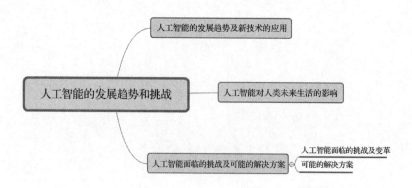

第 6 章 人工智能的发展趋势和挑战

引例

2003年上映的美国科幻电影《铁甲威龙5》中，警察墨菲中枪身亡，底特律的科学家们无法救活墨菲的身体，但却复活了墨菲的大脑，并将墨菲的大脑与机器结合起来，构造出了一台搭配人脑的机器战警（见图 6.1），并依靠机器战警打击世间的邪恶和犯罪，维护世界和平。

图 6.1 机器战警维护世界和平

图 6.1 彩图

随着人工智能技术的发展，人工智能将从辅助人类阶段，如扫地机器人等，迈向"人-机"结合阶段，如 2020 年马斯克发布的脑机芯片已经能控制猴子的大脑。未来，将智能芯片植入人体或将是一种潮流和趋势。

6.1 人工智能的发展趋势及新技术的应用

1. 人工智能的发展趋势

随着人工智能技术的发展和 AI 芯片的研制，未来人工智能的发展呈现八大趋势。
（1）人工智能市场将会遍地开花。

人工智能市场在零售、交通运输和自动化、制造业及农业等各个行业都有巨大的应用潜力。而随着人工智能技术在各行业中的应用数量不断增加，特别是改善对终端消费者的服务，都将促进人工智能市场的蓬勃发展。

人工智能市场的兴起还需要有完善的 IT 基础设施、各种智能手机及智能穿戴设备的普及。当前，自然语言处理应用市场在 AI 市场中占比很大，并且自然语言处理技术的不断提高也会驱动消费者服务的成长。

（2）人工智能帮助医疗保健行业快速成长。

在医疗保健行业，由于大数据及人工智能的大量使用，将改善病人的疾病诊断，缓解医疗人员与患者之间的人力不平衡，降低医疗成本，促进跨行业的合作关系。

此外，人工智能还广泛应用于临床试验（见图 6.2）、大型医疗计划、医疗咨询与宣传推广和销售开发。人工智能导入医疗保健行业从 2016 年到 2020 年维持着高增长，年均复合增长率达 52.68%。

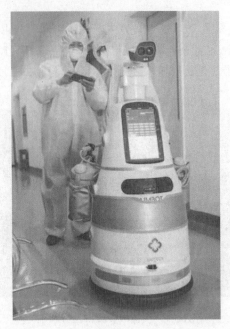

图 6.2 AI 医疗机器人

（3）人工智能取代屏幕成为新的用户界面/用户体验接口。

在个人计算机和手机时代，用户都是通过屏幕或键盘与机器交互。随着智能扬声器（Smart Speaker）、虚拟现实/增强现实（Virtual Reality/Agmented Reality，VR/AR）与自动驾驶系统（见图 6.3）陆续进入人们的生活，在无屏幕的情况下，人们也能够轻松自在地与人工智能系统沟通。这意味着人工智能通过自然语言处理与机器学习让技术变得更为直观，也更易于操控。未来人工智能将取代屏幕在用户接口与用户体验的地位。

图 6.3 NISSAN 自动驾驶系统展示

(4) 内建人工智能运算核心的智能手机。

现阶段智能手机中的 ARM 架构处理器速度不够快,难以支持大量的图像运算,所以未来的手机芯片一定会内建 AI 运算核心。例如,苹果公司将 3D 感测技术植入苹果手机之后(见图 6.4),Android 阵营的智能手机也导入 3D 感测的相关应用。

图 6.4　苹果手机上用于 3D 感测的 ToF 摄像头

(5) 基于软硬件高度整合的 AI 芯片诞生。

AI 芯片的核心是半导体及算法。随着技术的进步,AI 硬件将采用更先进的封装技术,具有更快的指令周期与低功耗,并且集成了 GPU、数字信号处理器(Digital Signal Processor,DSP)、专用集成电路(Application Specific Integrated Circuit,ASIC)、现场可编程阵列(Field Programmable Gate Array,FPGA)和神经元芯片,同时结合深度学习算法。

总体来说,GPU 运行速度比 FPGA 快,而在功率效能方面,FPGA 比 GPU 好,所以 AI 硬件选择就看产品供货商的需求考虑而定。

例如,苹果手机的 FaceID 脸部辨识(见图 6.5)就是使用 3D 深度感测芯片加上神经引擎运算功能,整合高达 8 个组件进行分析,8 个组件分别是红外线镜头、泛光感应组件、距离传感器、环境光传感器、前端相机、点阵投影器、扬声器和话筒。苹果公司强调用户的生物识别数据,包含指纹或脸部辨识都以加密形式存储在苹果手机内部,所以不易被窃取。

(6) 具备自主学习能力的 AI 系统。

AI"大脑"变聪明是分阶段进行的,从机器学习进化到深度学习,再进化到自主学习(见图 6.6)。目前,AI 仍处于机器学习及深度学习阶段,要想达到自主学习需要解决四大关键问题。

图 6.5　苹果手机上的 FaceID 面部识别系统

一是需要为自主机器打造一个 AI 平台；二是需要提供一个能够让自主机器进行自主学习的虚拟环境，同时必须符合物理法则，碰撞、压力等效果都要与现实世界一样；三是将 AI 的"大脑"放到自主机器的框架中；四是建立虚拟世界入口。

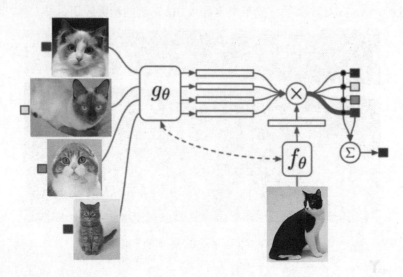

图 6.6　AI 自主学习识别猫

（7）将 CPU 和 GPU（或其他处理器）结合起来。

未来，会针对不同的应用领域推出相应的高性能处理器，这些处理器必将是 CPU 和 GPU（或其他处理器）的完美结合。例如，NVIDIA 推出计算机统一设备体系结构（Compute Unified Device Architecture，CUDA）计算架构（见图 6.7），专用功能 ASIC 与通用编程模型相结合，使开发人员实现多种算法。

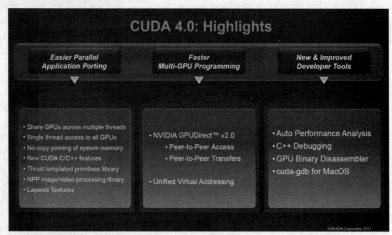

图 6.7　CUDA 4.0

（8）AR 成为 AI 的眼睛，两者互补而不可或缺。

未来的 AI 需要 AR，未来的 AR 也需要 AI，可以将 AR 比喻成 AI 的眼睛。为了机器人学习而创造的虚拟世界（见图6.8），本身就是虚拟现实。但想要实现让人进入虚拟环境对机器人进行训练，还需要更多其他的技术。

图6.8彩图

图6.8　AR视频片段

展望未来，随着AI、物联网、VR/AR、5G等技术的成熟，将带动新一轮半导体产业的繁荣，包括内存、中央处理器、通信与传感器四大芯片，各种新产品应用芯片需求将会层出不穷，而我国庞大的半导体市场将会在全球AI发展中扮演至关重要的角色。

2. 人工智能新技术的应用

未来，人工智能将会出现越来越多的新技术，以下几项新技术会极大地便利人们的生活。

（1）机器视觉。机器视觉就是用机器代替人眼来做测量和判断。机器视觉系统是指通过机器视觉产品［即图像摄取装置，分为互补金属氧化物半导体器件（Complementary Metal Oxide Semiconductor，CMOS）和电荷耦合器件（Charge Coupled Device，CCD）两种］将被摄取目标转换成图像信号（见图6.9），传送给专用的图像处理系统，根据像素分布和亮度、颜色等信息，转变成数字化信号；图像处理系统对这些信号进行各种运算来抽取目标的特征，进而根据判断的结果控制现场设备的动作。

人工智能能使机器担任一些需要人工处理的工作，要求机器能够自行地根据当时的环境做出相对较好的决策。这就需要计算机不仅能够计算，还能够拥有一定的智能。要对周围的环境做出好的决策就需要对周边的环境进行分析，即要求机器能够"看"到周围的环境，并且能够理解它们。

机器视觉在许多人类视觉无法感知的场合发挥着重要作用，如精确定律感知、危险场景感知、不可见物体感知等，机器视觉更能凸显其优越性。现在机器视觉已在一些领域得到了应用，如零件识别与定位、产品的检验、移动机器人导航遥感图像分析、国防系统等。

（2）指纹识别。指纹识别主要根据人体指纹的纹路、细节特征等信息对操作者或被操作者进行身份鉴定。得益于现代电子集成制造技术和快速而可靠的算法研究，指纹识别已经开始走入我们的日常生活［如应用于智能门锁（见图6.10）］，成为目前生物检测学中研究最深入，应用最广泛，发展最成熟的技术。

指纹识别系统应用了人工智能技术中的模式识别技术。模式识别是指对表征事物或现象的各种形式的（数值的、文字的和逻辑关系的）信息进行处理和分析，以对事物或现象进行描述、辨认、分类和解释的过程，是信息科学和人工智能的重要组成部分。

图6.9　大疆无人机上的机器视觉系统

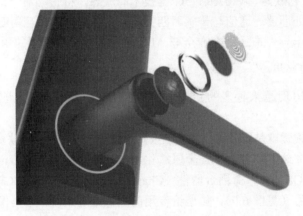

图6.10　智能门锁上的指纹识别

（3）人脸识别。人脸识别是指通过分析和比较人脸视觉特征信息进行身份鉴别。人脸识别是当前一项热门的计算机技术研究课题。

计算机进行人脸识别的基本流程是：首先判断图像或视频中是否存在人脸；如果存在人脸，则进一步给出人脸的位置、大小和各个主要面部器官的位置信息；然后依据这些信息，进一步提取人脸中所蕴含的身份特征，并将其与已知的人脸图像进行对比，从而识别个人的身份。

在人工智能与人脸识别技术的结合上，百度可能已经领先一步。百度的"人脸识别技术（见图6.11）+支付场景"，有两个层面上的解读。一方面是将识图技术与商业层面打通，建立更加丰富的购物场景。它在很大程度上可以提升交易的安全性和速度，是未来的发展趋势。另一方面是与大数据结合。它能够将个人大数据实现更大化的整合，甚至重建信用体系规则。

第 6 章 人工智能的发展趋势和挑战

图6.11彩图

图 6.11 百度人脸识别技术

（4）智能信息检索技术。数据库系统是存储某个学科大量信息的计算机系统，随着应用的进一步发展，存储的信息量越来越大，因此就需要运用智能信息检索技术。

智能信息检索系统应具有以下功能：能理解自然语言，允许用自然语言提问；具有推理能力，能根据存储的信息，演绎出所需的答案；系统具有一定的常识性知识，以补充学科范围的专业知识，系统根据这些常识，能演绎出更普遍的答案。

为了实现智能信息检索，需要应用人工智能技术。目前，百度已经建成了全球规模最大的深度神经网络，这个称为"百度大脑"的智能系统可以理解和分析 200 亿个参数，达到了两三岁儿童的智力水平。随着成本的降低和计算机软硬件技术的进步，假以时日，计算机将能够具备 10～20 岁人类的智力水平。

城市大脑

今后，互联网企业的竞争就是人工智能技术的竞争。在这个发展过程中，互联网企业也将渗透到那些之前难以进入的领域，如阿里巴巴的"城市大脑"就已经成功辅助了杭州市的城市交通控制（见图6.12）。

图 6.12 阿里巴巴的"城市大脑"

（5）智能控制。智能控制是在无人干预的情况下，自主驱动智能机器实现控制目标的自动控制技术。控制理论发展至今已有一百多年的历史，经历了"经典控制理论"和"现代控制理论"的发展阶段，已进入"大系统理论"和"智能控制理论"阶段。智能控制理论的研究和应用是现代控制理论在深度和广度上的拓展。20世纪80年代以来，信息技术、计算技术的快速发展及其他相关学科的发展和相互渗透，也推动了控制科学与工程研究的不断深入，控制系统向智能控制系统发展已成为一种趋势，如小米公司推出的第三代小爱音箱（见图6.13）能够智能控制家里的其他智能电器。

图6.13　小米公司推出的第三代小爱音箱

对许多复杂的系统而言，难以建立有效的数学模型和用常规的控制理论去进行定量计算和分析，而必须采用定量方法与定性方法相结合的控制方式。定量方法与定性方法相结合需要计算机采用类似于人的智慧和经验来引导求解过程。因此，在研究和设计智能系统时，主要的注意力并不放在数学公式的表达、计算和处理方面，而是放在对任务和现实模型的描述、符号化、环境的识别以及知识库和推理机的开发上，即智能控制的关键问题不是设计常规控制器，而是研制智能机器的模型。

此外，智能控制的核心在高层控制，即组织控制。高层控制是对实际环境或过程进行组织、决策和规划，以实现问题求解。为了完成这些任务，需要采用符号信息处理、启发式程序设计、知识表示、自动推理和决策等有关技术。这些问题求解过程与人脑的思维过程有一定的相似性，即具有一定程度的"智能"。

随着人工智能和计算机技术的发展，已经有可能把自动控制和人工智能以及系统科学中一些有关学科分支（如系统工程、系统学、运筹学、信息论）结合起来，建立一种适用于复杂系统的控制理论和技术。智能控制正是在这种条件下产生的。它是自动控制技术的最新发展阶段，也是用计算机模拟人类智能进行控制的研究领域。

（6）视网膜识别。视网膜是眼睛底部的血液细胞层。视网膜扫描是采用低密度的红外线去捕捉视网膜的独特特征，血液细胞的唯一模式就因此被捕捉下来了。

视网膜也是一种用于生物识别的特征，有人甚至认为视网膜是比虹膜更具有唯一性的生物特征。视网膜识别技术要求激光照射眼球的背面以获得视网膜特征的唯一性。

虽然视网膜扫描的技术含量较高，但视网膜扫描技术可能是最古老的生物识别技术。在20世纪30年代，科学家就已研究得出人类眼球后部血管分布唯一性的理论，进一步的研究表明，即使是孪生子，这种血管分布也具有唯一性，除了患有眼疾或严重的脑外伤外，视网膜的结构形式在人的一生中都相当稳定。

（7）虹膜识别。人的眼睛结构由巩膜、虹膜、瞳孔三部分构成。虹膜是位于黑色瞳孔和白色巩膜之间的圆环状部分（见图 6.14），包含很多相互交错的斑点、细丝、冠状、条纹、隐窝等的细节特征。这些特征决定了虹膜特征的唯一性，同时也决定了身份识别的唯一性。

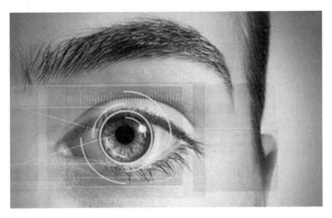

图 6.14　虹膜识别

虹膜的结构由遗传基因决定，形貌可以保持数十年没有多少变化。另外，虹膜是外部可见的，但同时又属于内部组织，位于角膜后面。要改变虹膜外观，需要非常精细的外科手术，而且要冒着视力受损的危险。虹膜的高度独特性、稳定性及不可更改的特点，是虹膜可作为身份鉴别的物质基础。

虹膜识别技术被广泛认为是 21 世纪最具有发展前途的生物识别技术，未来的安防、国防、电子商务等多个领域的应用，也将以虹膜识别技术为重点，市场应用前景非常广阔。

（8）掌纹识别。掌纹识别是近几年提出的一种较新的生物特征识别技术（见图 6.15）。掌纹是指手指末端到手腕部分的手掌图像。其中很多特征可以用来进行身份识别，如主线、皱纹、细小的纹理、脊末梢、分叉点等。掌纹识别也是一种非侵犯性的识别方法，用户比较容易接受，对采集设备要求不高。

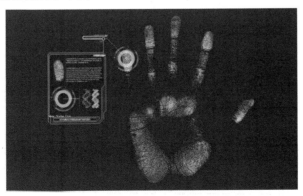

图 6.15　掌纹识别

掌纹中最重要的特征是纹线特征，而且这些纹线特征中最清晰的几条纹线基本上终生不变，并且在低分辨率和低质量的图像中仍能够清晰地辨认。

掌纹中所包含的信息远比一枚指纹包含的信息丰富，利用掌纹的纹线特征、点特征、纹理特征、几何特征完全可以确定一个人的身份。因此，从理论上讲，掌纹具有比指纹更好的分辨能力和更高的鉴别能力。

（9）专家系统。专家系统是一个智能的计算机程序系统，其内部含有大量的某个领域专家水平的知识与经验，能够利用人类专家的知识和解决问题的方法来处理该领域问题。也就是说，专家系统是一个具有大量的专业知识与经验的程序系统，它应用人工智能技术和计算机技术，根据某领域一个或多个专家提供的知识和经验，进行推理和判断，模拟人类专家的决策过程，以便解决那些需要人类专家处理的复杂问题。简而言之，专家系统是一种模拟人类专家解决专业领域问题的计算机程序系统。

专家系统是人工智能中最重要也是最活跃的一个应用领域，它实现了人工智能从理论研究走向实际应用，从一般推理策略探讨转向运用专业知识的重大突破。

专家系统的发展已经历了三代，正向第四代过渡和发展。第一代专家系统（DENDRAL、Macsyma等）以高度专业化、求解专业问题的能力强为特点，但在体系结构的完整性、可移植性、系统的透明性和灵活性等方面存在缺陷，求解问题的能力弱。第二代专家系统（MYCIN、Casnet、Prospector、Hearsay等）属于单学科专业型、应用型系统，其体系结构较完整，移植性方面也有所改善，而且在系统的人机接口、解释机制、知识获取、不确定推理，以及增强专家系统的知识表示和推理方法的启发性、通用性等方面都有所改进。第三代专家系统属于多学科综合型系统，采用多种人工智能语言、各种知识表示方法和多种推理机制及控制策略，并开始运用各种知识工程语言、骨架系统及专家系统的开发工具和环境来研制大型综合专家系统。

在总结前三代专家系统的设计方法和实现技术的基础上，已开始采用大型多专家协作系统、多种知识表示、综合知识库、自组织解题机制、多学科协同解题与并行推理、专家系统工具与环境、人工神经网络知识获取及学习机制等最新人工智能技术来实现具有多知识库、多主体的第四代专家系统。

（10）自动规划。自动规划是一种问题求解技术。对比传统的问题求解方法，自动规划更注重于问题的求解过程，而不是求解结果。自动规划要解决的问题往往是真实的问题，而不是抽象的数学模型问题。自动规划从某个特定的问题状态出发，寻求一系列的行为动作，并建立一个操作序列，直到求得目标状态为止，如车辆的自动泊车辅助系统（见图6.16）能够将车辆自动驶入车位。

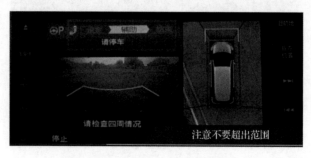

图6.16　车辆的自动泊车辅助系统

6.2 人工智能对人类未来生活的影响

人工智能的发展现状和展现的光明前景,让人们有理由相信它必将改变人类的未来。但还有一种观点认为,随着智能科技的发展,当人工智能设备完全拥有自主意识时,可能会脱离人类的控制,甚至做出危害人类的事情。那么,人工智能对人类未来的生活将会产生哪些影响呢?

(1)人工智能就像是一种工具,当好人控制它时,会让人类更加安全;当坏人控制它时,则可能会对人类产生威胁。例如,随着人工智能机器人的发展,未来纳米机器人(见图 6.17)将会替代药物进入人的身体,治疗身体上的各种疾病;智能交通控制技术的应用和车辆智能碰撞系统的开发,车祸将会大大减少;而如果将其应用于战争,则将会产生难以预计的灾难。

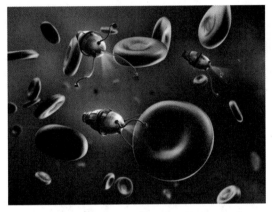

图 6.17 纳米机器人在血液中拖动红细胞

(2)人工智能技术将会增加人类的技能(如飞行技能,见图 6.18),提高人类的工作效率。把人工智能技术和人的智慧结合起来,可以让人类的思想认知得到延伸;依靠人工智能技术,人类将变得更为强大,完成人类自身条件限制不能完成的事情;依靠人工智能技术,也许未来人类将变成科幻电影中的"超人",拥有视觉、听觉和操控力上的超能力。

图 6.18 载人飞行机器人

（3）人工智能技术将解决许多人类目前无法解决的一些难题，如现在人类面临的气候变化、环境污染等世界性难题（见图 6.19），可能会因为人工智能技术的发展而在某一天得到彻底解决。

图 6.19 彩图

图 6.19　清除海洋浮游垃圾的机器人

（4）人工智能可以拓展人类的生活空间。人类在几十年前就已经开始进行外太空的探索。人工智能的发展对于宇宙空间探索事业而言如虎添翼，如在未来研制出带曲率引擎的智能飞船（见图 6.20）。

图 6.20 彩图

图 6.20　带曲率引擎的智能飞船

（5）人工智能的发展会让人类有更多的"朋友"。只要做好对智能设备的控制，那么人工智能就能够最大限度地为人类生活服务（见图 6.21），并且将风险降到最低。

人工智能的发展是人类科学技术发展的必然趋势。面对这一趋势，我们应该保持积极努力学习乐观的态度，不断创新，让人工智能促进社会的进步与发展，服务于我们的生产和生活。

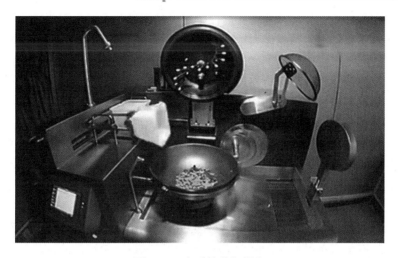

图 6.21 自动炒菜机器人

6.3 人工智能带来的挑战及可能的解决方案

6.3.1 人工智能带来的挑战及变革

未来,人工智能将会引发制造业的产业升级、教育业的变革、智慧交通的迅猛发展,此外,还会带来就业和道德伦理方面的挑战。

1. 人工智能对制造业的挑战

人工智能会促使制造业产业结构优化升级。一方面,人工智能将逐步淘汰某些制造业行业。类似于智能手机的发展带来了数码相机行业的萎靡,人工智能也将会替代某些产品的功能,从而让这类产品所属的行业不断萎缩直至消失。制造业中一些传统机械装备及与之配套的零部件制造可能面临市场萎缩的风险,不具有人工智能功能的传统电子信息产品也将面临巨大的升级压力。另一方面,人工智能将彻底改造某些行业。人工智能与传统制造产品相融合,为产品提供一些新的功能,最终会彻底颠覆产品和产业的架构。例如,未来智能 3D 打印技术成熟后,人们的居住房屋将不再使用砖块、钢筋和水泥建造,而是通过智能 3D 打印机按照人们的需求打印房屋,从而让房地产行业发生革命性变化。作为一项通用技术,人工智能在各个产业、各个领域都有巨大的应用空间。许多新技术随着技术的成熟和市场需求的扩大,最终会演化为新的行业,人工智能及相关支持技术和衍生服务也必将发展成为一个规模庞大的新兴产业群体。

人工智能将提高制造业生产效率。一方面,大量智能机器人的生产和使用,工厂和车间可以实现更长的作业时间,企业不需要负担"员工"的加班费用,从而实现企业 24 小时开工运转。例如,美国、日本、德国等国家都已经出现了不停工的"无人工厂"。另一方面,人工智能可以促进生产与需求的匹配,提高生产线的柔性。通过人工智能预测市场趋势,针对整个产业链制订科学的生产计划,使各个环节在满足需求的前提下保持最低库存,甚至是"零库存",同时又提高了需求与产品的匹配效率。此外,人工智能还可用于质量检验，提高产品的良品率。人工智能在生产线各个环节全面实时监控，与传统方式相比，人工智能对生产过程的监控能大幅度提高企业对产品质量的监管和控制能力，降低产品的不良率，提高生产效率。例如，采用图像识别技术对企业生产的产品进行监控，从而能够快速从所有的产品中发现不合格产品。

　　人工智能会改变传统制造业的国际分工格局，重塑全球制造业的价值链，形成一套新的国际分工体系。一方面，人工智能在传统价值链上增加新的环节。例如，在传统手机中增加智能芯片，形成现在的智能手机及手机中运行的各种应用 App。这些新增环节也逐渐成为价值链上新的制高点，谁占领这一制高点，谁就可以主导新一轮制造业的全球分工。另一方面，人工智能也改变了传统价值链的形态。例如，发展中国家的劳动力成本优势将会被机器人逐渐取代。与其他发展中国家一样，我国制造业在与发达国家的竞争中，仍然具有劳动力成本优势，但人工智能的应用会逐渐削弱这一优势。此外，随着我国劳动力成本不断上涨，高用工成本已经成为制约沿海发达地区制造业发展的瓶颈，而人工智能的应用则可以缓解这一压力，如国内很多企业搭建的无人配送系统。因此，加快人工智能在制造业的应用，会对产业的升级换代带来深远的影响。

　　此外，对于不同的制造业所处的行业，人工智能带来的影响也不同。对家电、消费电子等劳动密集型行业来说，人工智能的影响主要表现在减少用工数量、提高产品质量；对生物医药、航空航天等技术创新型行业而言，人工智能在数据挖掘、数据分析等方面的高效率将改变传统的技术研发模式；对冶金、化工等流程型行业来说，人工智能可帮助实现低成本的定制化生产；对服装、食品等行业来说，人工智能则可以帮助企业进行营销及市场趋势的预判。

　　人工智能还会给教育业带来新的变革。人工智能可以针对每个学生制订个性化学习过程，为教师和学生提供新的教学工具，帮助学生了解学习内容、学习方式，增加新的学习体验，帮助教师创建更加生动的学习场景。通过人工智能来研究学习产生的过程，包括在传统教室或在工作场所的学习，从而帮助人们更好地学习。人工智能本身具有跨学科属性，可以与教育学、心理学、神经系统学、语言学、社会学及人类学相结合，促进自适应学习环境的发展，以及其他更灵活多样、个性有趣及高效的人工智能教育工具的发展。

　　在教育行业，人工智能不仅能节省教师人力、提高教学效率，而且可以驱动教学方式的变革。以人工智能驱动个性化教育为例，收集学生作业、课堂行为、考试等数据，对不同学生的学情进行个性化诊断，进而针对每位学生制订专属的辅导和练习，从而实现因材施教，这已成为人工智能探索个性化教育的一个方向。但是实现人工智能引领个性化教学的一个关键点是数据的采集与分析。目前，教育数据的来源有两个，一是来源于数字化的教学环境，教学和学习数据是在数字化教学环境中产生的；二是从传统教学行为中收集教育信息，并将之转化为数据。前者的优势是实时、自动地收集数据，效率高、节省人力，而在现今"互联网+教育"的广度和深度有待进一步推进的情况下，教育数据的来源很大一部分要依靠后者，未来教育数据或将成为发展教育人工智能的一大制衡因素。

　　目前，人工智能在教育领域的应用技术主要包括图像识别、语音识别、人机交互等。例如，通过图像识别技术可以将老师从繁重的批改作业和阅卷工作中解放出来；语音识别和语义分析技术可以辅助教师进行英语口语测评，也可以纠正、改进学生的英语发音；人机交互技术可以协助教师为学生在线答疑解惑。除此之外，个性化学习、智能学习反馈、机器人远程支教等人工智能的教育应用也被看好。虽然人工智能技术在教育中的应用尚处于起步阶段，但随着人工智能技术的进步，其在教育领域的应用程度将会加深，应用空间将会更大。未来，人工智能将会为每个学习者提供一位智能老师；为协作学习者提供智能化支持；提供智能虚拟现实的学习环境。

2. 人工智能对智慧交通的影响

在智慧交通的建设过程中，通常需要用到无线传感技术和人工智能识别技术来进行物体感知和标识。智能识别是在物品中加入独一无二的二维码或者条形码作为身份识别标签，在相关电子标签中记载着独有的位置信息和特征，随后使用人工智能设备对这些信息进行读取，再将读取出来的信息上传到控制系统中心，进行分析与决策。无线传感网络（Wireless Sensor Networks，WSN），由大量的静止或移动的传感器以多跳和自组织的方式构成的无线网络，是一种分布式传感网络，通过协作来感知、采集、处理和传输网络覆盖地理区域内被感知对象的信息，并最终把这些信息发送给网络的所有者。智慧交通中的传感器主要包括汇聚节点和采集节点两部分内容。例如，每一个单独的采集节点实际上都是一种小型的信息处理系统，能够自动收集负责区域内的数据信息，随后将收集的各种信息统一传送到其他节点，或是传送到汇聚节点中心，汇聚节点再将综合信息发送到处理中心进行统一处理。

智慧交通中的数据信息具有异构性、多样性和海量性等特征，从而增加了数据信息的处理难度，包括来往车辆、各种交通设施的数据收集，交通事件中的检测判断等。而智慧交通中较为常见的处理技术包括数据可视化、数据活化、数据挖掘、数据融合等技术。此外，智慧交通需要做好对个人隐私的保护，即对个人隐私数据的选择性上传。智慧交通中的数据融合涉及决策、通信以及人工智能等多个领域的数据处理技术，可以从决策层、特征层和数据层三种角度出发，全面探测多源信息。由于数据融合涉及大量的传感器和信息获取，因此在进行数据融合之前，还应该对相关数据空间和数据时间进行预处理。

交通拥堵是现代城市发展面临的一大主要问题，想要彻底解决这一难题，需要借助人工智能技术，建造城市中的智慧交通系统（如杭州的"城市大脑"），充分合理地调度各种交通资源，从而缓解城市交通阻塞问题。智慧交通系统通常包括信息采集、云端处理、集中指挥和即时反馈四个主要板块。信息采集是指采集城市中的出租车司机、城市交警以及视频监控系统的信息数据；再将这些数据及时传送到城市指挥中心；随后利用云端的计算机系统对大数据进行集中分析，制订出城市交通的优化方案；最后将优化方案反馈到相关管理人员和交通设施中，从而对城市交通进行快速智能调度。以城市交通中的红绿灯系统为例，传统的运行模式都是以固定的时间进行变化，易发生车辆的阻塞问题，但在智慧交通系统的管理控制之下，结合收集的车辆速度、数量以及分布密度等因素，对相同方向中的路段进行智能分析，结合相应的分析结果，科学调控红绿灯的转换时长，减少车辆的等待时间。

城市公共交通系统由轻轨、地铁、出租车、电车和公共汽车等组成，由于这几种交通方式都有单独负责管理的机构，隶属于不同部门，处于分散运营的状态，从而降低了不同交通方式之间的转接效率,导致各个交通工具之间的协调配合能力较差,不利于城市交通的整体控制和及时调度。而以智能调度系统为基础,对城市整体交通运行状态进行科学规划,可以让各种交通工具之间能够进行有效的配合,使得各个交通环节能够进行有效的衔接,最终形成一种良好的交通网络,让乘客的出行更方便,提升交通效率,降低空载率。

随着城市私家车数量的增长,私家车对城市交通的影响越来越大。而智慧交通的一项主要工作就是对私家车的引导和服务,如通过电子导航、路面显示器以及城市电台等工具为私家车及时传送交通信息以及路面交通状况,引导私家车有效地避开城市中的交通拥堵路段,帮助私家车主进行科学的出行路线规划。对于城市中的停车难问题,可以在智慧交通管理系统中增加一个停车管理模块,将公共停车区域的数据信息容纳其中,让私家车车主能够通过手机中的相关 App 软件来查找空余的停车位,促进停车资源的高效利用。

通过智能警示系统,能够进一步提高公众的文明出行观念,对于城市交通中那些翻越护栏、车辆逆行、闯红灯以及违反导向行驶等违法行为进行有效的惩戒。在人脸识别和车号识别等人工智能识别技术的基础上,利用公安机构中的相关信息系统能够对其进行准确的定位,从而将具体的警示信息传送到违法人员的手机中,或者利用城市中的公共显示屏幕来曝光具体的违法人员,让交警追究其法律责任。

科技支持、信息辅助,智慧交通主要是以各种先进的高科技为基础建立起来的,为此应该充分利用各种技术,包括数据通信系统、计算机处理系统、数据采集系统等,同时还应该重视人工智能技术的合理运用。

3. 人工智能引发的部分人员失业问题

随着人工智能技术,特别是机器人的广泛采用,造成很多行业的劳动力需求大幅减少,引发大规模失业,因此一些人对人工智能技术开发和推广应用产生了焦虑——人工智能会导致大量的人员失业。

当前对人工智能与就业关系问题的研究大致可以分为三类观点。第一种是悲观派,认为人工智能对就业岗位带来的破坏效应将远大于创造效应,失去的岗位远比新增的岗位多,从而导致人员大规模失业。第二种是乐观派,认为人工智能对就业岗位带来的效率提升和创造效应远大于破坏效应,因此不必担心大规模失业问题。第三种则是中间派,偏乐观的中间派会认为,人工智能技术会对一些传统行业的就业带来冲击,然而人工智能技术也会带来新的岗位,因此不会引发大规模的失业;而另一种偏向于总体不可预测的中间派认为,人工智能对经济和就业的影响确实很大,但针对不同行业、不同地区而言,人工智能带来的失业率影响是不同的。

上述三种观点往往出自不同的立场和研究假设。例如,全球知名咨询公司普华永道预测,人工智能在中国对就业岗位带来的创造效应大于破坏效应,未来 20 年人工智能会新增大约 9 000 万个工作岗位。而世界经济论坛的一份报告则指出,2015—2050 年,由于机器人和人工智能的冲击,主要工业化国家的工作岗位将减少 510 万个;麦肯锡公司的预测报告指出,到 2030 年,人工智能和机器人对不同国家的就业影响,主要取决于薪酬水平、需求增长、人口结构和经济构成这四个因素。

4. 人工智能引起的伦理道德问题

人工智能是一场正在发生的社会变革，其潜在的好处也是巨大的。但是，我们不能忽视人工智能背后的伦理问题。机器人权利等人工智能伦理问题在科技发展中日益浮现，主要体现在以下四个方面。

（1）算法歧视。可能有人会说，算法是一种数学表达，很客观，不像人类那样有各种偏见、情绪，容易受外部因素影响，怎么会产生歧视呢？例如，程序员张三今天早上被老婆骂了，导致今天开发的软件代码 bug 比较多，因此，程序的质量取决于程序员张三的心情和状态，类似的，算法也会有相应的歧视问题。

人工智能做对联挑战人类

例如，在医疗方面，人工智能可以在病症出现前几个月甚至几年就可以预测到病症的发生。当人工智能在对应聘者进行评估时，如果可以预测到该应聘者未来将会怀孕或者患上某种疾病，就会将其排除在外，这将造成严重的雇佣歧视。再如，在谷歌搜索中，相比搜索白人的名字，搜索黑人的名字更容易出现暗示其具有犯罪历史的信息；在谷歌的广告服务中，男性能比女性看到更多的高薪招聘广告，这可能和广告市场中固有的歧视问题有关，广告主可能更希望将特定广告投放给特定人群。随着算法决策的增加，类似的歧视也将越来越多。

算法歧视具有危害性。一些推荐算法决策可能是无伤大雅的，但是因为它是规模化运作的，并不是仅仅针对某一个人，可能影响具有类似情况的一群人，所以规模是很大的。算法决策的一次小的失误或歧视，会在后续的决策中得到增强，可能会形成连锁效应。此外，深度学习是一个典型的"黑箱"算法，连设计者可能都不知道算法如何决策，要在系统中发现有没有存在歧视和歧视根源，从技术上解决也是比较困难的。

算法决策在很多时候其实就是一种预测，用过去的数据预测未来的发展趋势。算法模型和数据输入决定着预测的结果。因此，这两个要素也就成为算法歧视的主要来源。一方面，算法在本质上是"以数学方式或计算机代码表达的意见"，包括其设计、目的、成功标准、数据使用等都是设计者、开发者的主观选择，设计者和开发者可能将自己所抱有的偏见嵌入算法系统。另一方面，数据的有效性、准确性也会影响整个算法决策和预测的准确性。

例如，数据是社会现实的反应，训练数据本身可能是歧视性的，用这样的数据训练出来的人工智能系统自然也会带上歧视的影子。再如，数据可能是不正确、不完整或过时的，带来所谓的"垃圾进，垃圾出"现象；更进一步，如果一个人工智能系统依赖多数学习，自然不能兼容少数人群的利益。此外，算法歧视可能是具有自我学习和适应能力的算法在交互过程中习得的，人工智能系统在与现实世界交互的过程中，可能无法区别什么是歧视，什么不是歧视。

最后，算法倾向于将歧视固化或放大，使歧视长存于整个算法里面。奥威尔在他的小说 *Nineteen Eighty-four* 中写过一句很著名的话，谁掌握了过去，谁就能掌握未来；谁掌握了现在，谁就能掌握过去。这句话其实也可以用来类比算法歧视。归根到底，算法决策是在用过去预测未来，而过去的歧视可能会在算法中得到巩固并在未来得到加强，因为错误的输入形成的错误输出作为反馈,进一步加深了错误。

最终,算法决策不仅仅会将过去的歧视代码化,而且会创造自己的现实,形成一个"自我实现的歧视性反馈循环"。因为如果用过去的不准确或有偏见的数据去训练算法,出来的结果肯定也是有偏见的;然后用这一输出产生的新数据对系统进行反馈,就会使偏见得到巩固,最终可能让算法来创造现实。预测性警务、犯罪风险评估等都存在类似的问题。所以,算法决策其实缺乏对未来的想象力,而人类社会的进步需要这样的想象力。

(2)隐私安全。很多人工智能系统包括深度学习,都是大数据学习,需要大量的数据来训练学习算法。所以有人说数据已经成为人工智能时代的"新石油"。这带来新的隐私忧虑。一方面,人工智能对数据包括敏感数据的大规模收集、使用可能威胁隐私,尤其是在深度学习过程中使用大量的敏感数据如医疗健康数据,这些数据可能会在后续过程中被泄露,对个人隐私安全产生影响。另一方面,用户画像、自动化决策的广泛应用也可能给个人权益产生不利影响。此外,考虑到各种服务之间大量交换数据,使数据流动频繁,成为新的流通物,这可能会削弱个人对其数据的控制和管理。当然,现在已经有一些工具可以在人工智能时代加强隐私保护,诸如经规划的隐私、默认的隐私、个人数据管理工具、匿名化、假名化、加密、差别化隐私等都是在不断发展和完善的一些标准,值得在深度学习和人工智能产品设计中提倡。

(3)责任与安全。这里所说的人工智能安全是指智能机器人运行过程中的安全性、可控性,包括行为安全和人类控制。从阿西莫夫提出的机器人三定律(The Three Laws of Robotics)到 2017 阿西罗马会议提出的 23 条人工智能原则,人工智能安全始终是人们关注的一个重点。此外,安全往往与责任相伴。现在无人驾驶汽车也会发生车祸,那么智能机器人造成人身、财产损害,谁来承担责任?如果按照现有的法律责任规定,很难解释事故的原因,因为系统是自主性很强的,它的开发者是不能预测的,包括黑箱的存在,未来可能会产生责任鸿沟。

(4)机器人权利,即如何界定人工智能的人道主义待遇。随着自主智能机器人越来越强大,那么它们在人类社会到底应该扮演什么样的角色呢?是不是可以在某些方面获得像人一样的待遇,也就是说,享有一些人权呢?

那么,自主智能机器人到底在法律上具有什么身份?是自然人、法人、动物还是物?其实欧盟已经在考虑要不要赋予智能机器人"电子人"的法律人格,具有权利和义务并对其行为负责。这个问题未来可能值得更多探讨。

对于前面说的一些伦理问题,人们可能需要提前构建算法治理内外部约束机制。符合伦理的人工智能设计,即将人类社会的法律、道德等规范和价值嵌入人工智能系统。

这个概念是由国际标准化组织 IEEE 提出的,可以分三步来实现。第一步是规范和价值的发现。需要确定人工智能系统到底需要遵守哪些法律和价值规范,但是在这里面可能存在道德过载和价值位阶的问题,在不同价值发生冲突时该如何选择,这个需要更多跨学科的工作。第二步,当已经明确了这些规范以后,怎么嵌入人工智能系统。道德规范以及法律是否可以变成计算机代码?现在存在两种方法论,一种是自上而下的,即把需要遵守的规则写入系统,然后在不同的情况下自己将价值具体化,就是从抽象原则到具体行为的推理,如机器人三定律,但过于抽象。另一种是自下而上的,是一个自我学习的过程,事先不说明人工智能系统规范和价值是什么,而是让系统从观察人类行为中获得有关价值的信息,最后形成判断。第三步,将价值嵌入人工智能系统以后,需要对规范和价值进行评估,评估它是不是和人类的伦理价值相一致,而这需要评估标准。一方面是使用者评估,作为用户怎么建立对人工智能的信任;如果系统的行为超出预期,要向用户解释为什么这么做。另一方面是主管部门、行业组织等第三方评估,需要界定价值一致性和相符性的标准,以及人工智能可信赖的标准。

但人们还有两个不得不面对的困境。第一个是伦理困境。例如,麻省理工学院在它的网站上就自动驾驶汽车伦理困境下的选择向全球网民征集意见。在来不及刹车的情况下,如果自动驾驶汽车往前开就会撞到三个闯红灯的人,但如果转向就会碰到障碍物使车上的五个人受伤甚至死亡。此时,车辆应当如何选择?在面对类似困境的问题时,功利主义和绝对主义会给出不同的道德选择,这种冲突在人类社会都没有得到解决。第二个是需要在人工智能研发中贯彻伦理原则。一方面,针对人工智能研发活动,人工智能研发人员需要遵守一些基本的伦理准则,包括有益性、不作恶、包容性的设计、多样性、透明性以及隐私的保护等。另一方面,可能需要建立人工智能伦理审查制度,伦理审查应当是跨学科的、多样性的,对人工智能技术和产品的伦理影响进行评估并提出建议,包括业界的 DeepMind、IBM 等都已经成立伦理审查委员会,而且 DeepMind 医疗部门的独立审查委员会未来将定期发布评估报告。

6.3.2 可能的解决方案

针对上述人工智能发展将会带来的可能挑战,人们应当及早制订相应的解决方案来应对。

1. 建立价值对接

现在机器人的目的往往是单一的,即你让它去拿咖啡,机器人就会"一心一意"地克服任何困难去拿咖啡;你让它打扫卫生,机器人就会一心一意地扫地。但机器人的行为是否真的是人类想要的吗?这就是机器人与人之间的价值对接问题。以一个神话故事为例,古希腊的弥达斯(Midas)国王想要点石成金的技术,结果当他拥有这个魔法时,他碰到的所有东西包括食物都会变成金子,最终弥达斯国王被活活饿死。为什么呢?因为这个魔法并没有领会弥达斯国王的本意,那么机器人会不会给人类带来类似的情况呢?为此,有人提出了兼容人类的人工智能应当包含三项原则,一是利他主义,即机器人的唯一目标是实现人类价值的最大化;二是不确定性,即机器人一开始不确定人类价值是什么;三是人机回圈(human-in-the-loop),即人类行为提供了关于人类价值的信息。

2. 对算法的必要监管

由于现在的算法特别是数据分析算法越来越复杂,对决策的影响也越来越重大,所以未来需要对算法进行一定的、由行业组织或监管部门进行的监管,制定诸如分类标准、性能标准、设计标准、责任标准等的监管措施。另外,还需要增加算法的透明性,包括算法自身代码的透明性,以及算法决策的透明性。此外,建立针对关键人工智能产品的审批制度,如对于自动驾驶汽车、智能机器人等,可能带来公共安全问题,未来可能需要监管部门进行事先审批,如果没有经过审批就不能向市场推出。

3. 制定相关法律

针对前面说的算法决策以及歧视,包括造成的人身财产损害,需要提供法律救济。对于算法决策,一方面需要确保算法的透明性,如果用自动化的手段进行决策决定,是需要事先告知用户,并且在必要时向用户提供一定的解释;另一方面需要建立救助机制。对于机器人造成的人身财产损害,一方面,无辜的受害人应该得到救助;另一方面,对于自动驾驶汽车、智能机器人等带来的责任挑战,严格责任、差别化责任、强制保险和赔偿基金、智能机器人法律人格等都有可以考虑的法律救济措施。

4. 以史为鉴,建立预防机制

为了应对人工智能对将来就业的影响,可以从过去历次工业革命给人类带来的教训中吸取经验,建立预防机制。资本是逐利的,若任由资本的力量驱动人工智能新技术的扩散,而国家层面监管缺乏由此带来的就业人口转移的培训、福利政策等各种准备,则可能会导致严重的失业问题。为此,政府需要以史为鉴,建立一整套预防机制。

(1)建立预判机制。第三次工业革命后,世界人口的增长和经济的恢复发展,不仅受益于信息和电子革命,也受益于农业革命、国际金融秩序的建立、各国战后重建需求、医疗进步、军事技术的扩散、国际贸易发展等多个方面,而这些都在一定程度上与信息革命的影响叠加起来并相互作用,从而导致工作岗位、劳动力就业结构等发生变化。在将来,人工智能产品将会大量替代各种简单化的体力劳动,同时又会创造出大量的高新技术岗位,如人工智能监控员和人工智能产品维修员等。为此,政府应该建立预判机制,从而预判人工智能可能对社会带来的影响和岗位需求的变化。

(2)建立培训和学习制度。未来在人工智能带来的产业结构调整和岗位的变更,政府部门需要建立培训和学习制度,对失业者进行培训,使他们能够胜任新的岗位。

(3)加大对人工智能所带来的新兴行业的扶持。人工智能的发展会引发社会产业结构的调整。例如,未来智能 3D 打印技术可能会改变房地产业,继而影响到传统的钢铁、水泥等行业,而借助智能 3D 打印,又可以为每户家庭个性定制房屋。再如,未来数字化技术的快速发展,纸质书籍会越来越少,而电子书籍会成为绝对的主流,存储和管理庞大的电子书籍又将成为一个全新的产业。未来,政府应该加大对新兴行业的扶持力度,鼓励人们朝新兴产业方向进行择业和创业。

6.4 本章小结

当前,人工智能已经与人们的生活息息相关,各种人工智能应用层出不穷,不断地改变着人们的生活、学习和工作方式。若干年后,人工智能又将走向何处?我们无法预知未来某一天人工智能的具体变革。但依据已有的经验,本章阐述了人工智能的未来发展、未来的新技术应用、未来人工智能对人类生活的影响及带来的挑战。希望通过本章的介绍，让读者对人工智能的发展有所预期，对未来人工智能的挑战做好充分的准备。我们期待人类的未来更美好，期待科幻电影中的人工智能技术早日实现，期待人工智能为我们带来更美好的明天。

习 题

一、选择题

1. 人工智能的未来应用包括（　　）。
    A. 智能手机及智能穿戴设备的普及
    B. 人工智能广泛应用于临床试验、大型医疗计划、医疗咨询与宣传推广和销售开发
    C. 虚拟/增强现实与自动驾驶系统陆续进入人类生活
    D. 增强现实与人工智能相结合
2、人工智能对人类未来的生活产生的影响是（　　）。
    A. 人工智能的发展，可以让人类更安全
    B. 人工智能技术将使人变得更能干，工作效率更高
    C. 人工智能技术将解决许多人类目前无法解决的一些难题
    D. 人工智能的发展，可以让人类的生活空间得到大大的拓展
    E. 人工智能能够最大限度地为人类生活服务，并且将风险降到最低

二、简答题

1. 基于你的认知，请描述一下未来哪种人工智能技术会改变人们的工作方式。
2. 你认为应该如何避免未来人工智能设备对人类造成的伤害。

参考答案

第1章 人工智能的发展历程

一、选择题

1. C　2. A　3. A　4. B　5. C　6. D

二、填空题

1. 知识工程与专家系统　2. 简单、简单　3. 计算器　4. 启发式函数
5. 自适应线性单元　6. 遗传　7. 多层　8. 费根鲍姆
9. 前提　10. MP 神经元模型　11. 知识

三、简答题

1. 答：人工智能是人发明的，我也是人，因此我一定能学会人工智能，否则我就不是人。

2. 答：让人和机器下棋，让人判断每一步是人下棋还是机器下棋，如果人无法判断出人还是机器下棋，则机器就具备了智能。

3. 答：乔丹、邢波、辛顿、乐昆、李飞飞、吴恩达（答案不唯一）。

第2章 机器学习

一、选择题

1. A　2. B　3. D　4. D

二、填空题

1. 时间序列分析　2. 结构方程模型　3. 隐藏　4. 信度
5. 效度　6. 一个、一个、两个、两个　7. 事件是相互独立的

三、简答题

1. 答：（1）输入 K 的值，将数据集分为 K 个类别。（2）从这组数据中随机选择 K 个数据点作为初始质心，其他数据点都作为待分配的对象。（3）对数据集中每一个对象，计算与每一个质心的距离，离哪个质心距离最近，就分配给哪个质心。（4）每一个质心下面都聚集了一些对象，这时候重新计算，推选出新的质心。（5）如果新质心和旧质心之间的距离很小或为 0，计算结束（可以认为我们进行的聚类已经达到期望的结果，算法终止）。（6）如果新质心和旧质心之间的距离很大，需要重新选举新质心，分配对象[重复步骤（3）～步骤（5）]。

2. 答：有四个维度：年龄、性别、收入、婚姻状况。这四个维度构成衡量最终是否买房的标准。设买了房为 a1，则买房的概率是 $P(a1)=3/8$。

用户 ID	年龄/岁	性别	收入/万元	婚否	是否买房
2	47	女	30	是	是
4	24	男	45	否	是
6	56	男	32	是	是

设没买房为 $a2$，则没买房的概率 $P(a2)=5/8$。

用户 ID	年龄/岁	性别	收入/万元	婚否	是否买房
1	27	男	15	否	否
3	32	男	12	否	否
5	45	男	30	是	否
7	31	男	15	否	否
8	23	女	30	是	否

设年龄为 $b1$，则分别有 20~35 岁、35~50 岁、50 岁以上三个年龄阶段，这个新客户的年龄在 20~35 岁。则 $P(b1|a1)$ 表示 20~35 岁买房的概率是 1/3。

用户 ID	年龄/岁	性别	收入/万元	婚否	是否买房
2	47	女	30	是	是
4	24	男	45	否	是
6	56	男	32	是	是

$P(b1|a2)$ 表示 20~35 岁没买房的概率是 4/5。

用户 ID	年龄/岁	性别	收入/万元	婚否	是否买房
1	27	男	15	否	否
3	32	男	12	否	否
5	45	男	30	是	否
7	31	男	15	否	否
8	23	女	30	是	否

设薪水为 $b2$，有三个级别：10 万元~20 万元，20 万元~40 万元，40 万元以上。这个新客户的收入在 20 万元~40 万元之间，则 $P(b2|a1)$ 表示 20~40 岁买房的概率是 2/3。

用户 ID	年龄/岁	性别	收入/万元	婚否	是否买房
2	47	女	30	是	是
4	24	男	45	否	是
6	56	男	32	是	是

$P(b2|a2)$ 表示 20~40 岁没买房的概率是 2/5。

用户 ID	年龄/岁	性别	收入/万元	婚否	是否买房
1	27	男	15	否	否
3	32	男	12	否	否
5	45	男	30	是	否
7	31	男	15	否	否
8	23	女	30	是	否

设婚姻状况为 b3。新客户未婚，则 $P(b3|a1)$ 表示未婚买房的概率是 1/3。

用户ID	年龄/岁	性别	收入/万元	婚否	是否买房
2	47	女	30	是	是
4	24	男	45	否	是
6	56	男	32	是	是

$P(b3|a2)$ 表示未婚没买房的概率是 3/5。

用户ID	年龄/岁	性别	收入/万元	婚否	是否买房
1	27	男	15	否	否
3	32	男	12	否	否
5	45	男	30	是	否
7	31	男	15	否	否
8	23	女	30	是	否

设性别为 b4。新客户是女，则 $P(b4|a1)$ 表示女性买房的概率是 1/3。

用户ID	年龄/岁	性别	收入/万元	婚否	是否买房
2	47	女	30	是	是
4	24	男	45	否	是
6	56	男	32	是	是

$P(b4|a2)$ 表示女性没买房的概率是 1/5。

用户ID	年龄/岁	性别	收入/万元	婚否	是否买房
1	27	男	15	否	否
3	32	男	12	否	否
5	45	男	30	是	否
7	31	男	15	否	否
8	23	女	30	是	否

现在开始做整合，新用户买房的统计概率（在已经确定有买房的情况下，新用户买房概率）。

$P(b|a1)P(a1) = [P(b1|a1)P(b2|a1)P(b3|a1)P(b4|a1)]P(a1)$

$$= \frac{1}{3} \times \frac{2}{3} \times \frac{1}{3} \times \frac{3}{8} = \frac{1}{108}$$

新用户不会买房的统计概率为 $P(b|a2)P(a2)$。

$P(b|a2)P(a2) = [P(b1|a2)P(b2|a2)P(b3|a2)P(b4|a2)]*P(a2)$

$$= \frac{4}{5} \times \frac{2}{5} \times \frac{3}{5} \times \frac{1}{5} \times \frac{5}{8} = \frac{3}{125}$$

由结果得知，该用户不会买房的概率大，所以可以将其分类到不会买房的类别。

3. 答：（1）基于完整观测单位的方法。（2）基于填充的方法。（3）不处理的方法。
4. 答：样本尽量均匀和确保抽样代表性。

四、判断题

对

第3章 计 算 智 能

一、选择题

1. D   2. A   3. B   4. B   5. A   6. A   7. B

二、填空题

1. 生物遗传学   2. 选择   3. 位置向量
4. 粒子当前位置   5. 信息素   6. 路径记忆向量、信息素越多

三、简答题

1. 答：

（1）随机产生初始种群。

（2）根据策略计算，判断个体的适应度是否符合优化准则，若符合，输出最佳个体及其最优解，结束；否则，进行下一步。

（3）适应度评估，适应度表明个体或解的优劣性。不同的问题，适应性函数的定义方式也不同。

（4）依据适应度选择父母，适应度高的个体被选中的概率高，适应度低的个体被淘汰。将选择算子作用于群体，把优化的个体直接遗传到下一代或通过配对交叉产生新的个体再遗传到下一代。

（5）用父母的染色体按照一定的方法进行交叉，生成子代。

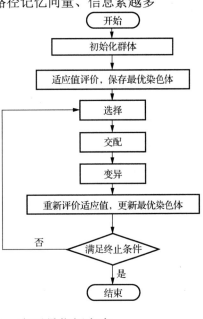

（6）对子代染色体进行变异。

（7）由交叉和变异产生新一代种群，返回步骤（2），直至最优解产生。

2. 答：人工鱼群算法中人工鱼的行为有觅食行为、聚群行为、追尾行为、自由移动行为（随机行为）。该算法涉及的重要参数主要有鱼群规模 N、人工鱼视野或感知范围 visual、人工鱼步长 Step、尝试次数 Try_number 及拥挤度因子 δ。

3. 答：蚁群算法的基本思想来源于自然界蚂蚁觅食的最短路径原理。仿生学家经过大量细致的观察研究发现，蚁群表现出复杂有序的行为，归结于个体之间的信息交流与相互协作的作用。蚂蚁个体之间是通过一种信息素（Pheromone），也称外激素进行信息传递，从而相互协作，完成复杂的任务。蚂蚁在它所经过的路径上释放信息素（随着时间的推移会逐渐挥发），使一定范围内的其他蚂蚁能够察觉到，并能够感知路径上信息素的存在及其强度，以此指导自己的路径。当一些路径上通过的蚂蚁越来越多时，信息素也就越来越多，蚂蚁们选择这条路径的概率也就越高，结果导致这条路径上的信息素又增多，蚂蚁走这条路的概率又增加，如此循环。蚂蚁倾向于朝着信息素强度高的方向移动，表现出一种信息正反馈现象：某一路径上走过的蚂蚁越多，信息素浓度越高，后来者选择该路径的概率就越大。经过一段时间的正反馈，最终收敛到最短路径。所以蚁群在寻找食物时，总能找到一条从食物到巢穴之间的最优路径，并能随着环境的变化而搜索和改变最优路径。

4. 答：PSO 算法中，粒子群视为一个简单的社会系统，每一个个体被视为一个解。每个优化问题的解都是搜索空间中的一只鸟，称为"粒子"，PSO 初始化为一群随机粒子（随机解）。所有的粒子经由适应函数而拥有一个适应值和一个速度向量，以决定它们飞行的方向和距离。然后粒子们追随当前的最优粒子在解空间中搜索。搜索过程中，通过一次次迭代找到最优解。迭代则指粒子通过跟踪两个"极值"来更新自己——粒子本身所找到的最优解（个体极值）与整个种群目前找到的最优解（全局极值）。

粒子群算法中的重要参数如下。

（1）粒子群的规模 R。

（2）惯性系数 ω（非负）。ω 较大时，全局寻优能力强，局部寻优能力弱；ω 较小时，全局寻优能力弱，局部寻优能力强。可通过调整 ω 的大小，对全局寻优性能和局部寻优性能进行调整（ω 为 0 时失去自身速度的记忆）。

（3）速率常数 C_1 和 C_2，分别调节粒子飞向自身最好位置和全局最好位置的步长，通常在[0,2]区间取值，但取值还是依赖具体问题。

（4）[0,1]区间均匀分布的随机数为 r_1^s 和 r_2^s。

第 4 章　深 度 学 习

一、选择题

1. A　2. C　3. D　4. A　5. B　6. B　7. B　8. B　9. D　10. B

二、填空题

1. 卷积神经网络、循环神经网络　　2. 图像模型的层数　　3. 神经元、网络

4. 先进的搜索算法、深度神经网络　　5. 卷积计算层、激励函数层、池化层

一、简答题

1. 答：人工智能是一个很大的概念，机器学习是人工智能的一部分，而深度学习又是机器学习的一部分，只是机器学习的一种方法，它们是一种互相包含的关系。

2. 答：监督学习是通过训练让机器自己找到特征和标签之间的联系，在以后面对只有特征而没有标签的数据时可以自己判别出标签。监督学习可以分为两大类：回归分析和分类，二者之间的区别在于回归分析针对的是连续数据，而分类针对的是离散数据。

无监督学习由于训练数据中只有特征没有标签，所以就需要自己对数据进行聚类分析，然后就可以通过聚类的方式从数据中提取一个特殊的结构。

要对监督学习和无监督学习两者进行区分，就要对训练的数据进行检查，看一下训练数据中是否有标签，这是二者最根本的区别。监督学习的数据既有特征又有标签，而无监督学习的数据中只有特征而没有标签。

3. 答：深度学习主要应用在图像处理和识别、语音识别和文本挖掘等领域。

4. 答：当前主要的深度学习框架有 Google 公司的 TensorFlow、百度的 PaddlePaddle、Keras、亚马逊的 MXNet、Facebook 的 PyTorch。

不同的深度学习框架对于计算速度和资源利用率的优化存在一定的差异。Keras 为基于其他深度学习框架的高级 API，进行高度封装，计算速度最慢且对于资源的利用率最差；

在模型复杂，数据集大，参数数量大的情况下，MXNet 和 PyTorch 对于 GPU 上的计算速度和资源利用的优化十分出色，并且在速度方面，MXNet 优化处理更加优秀；相比之下，TensorFlow 略有逊色，但是对于 CPU 上的计算加速，TensorFlow 表现更加良好。

第5章 人工智能技术在各行各业的应用

一、选择题

1. C   2. B   3. D   4. A

二、填空题

1. 搜索引擎、电子商务、安防、教育、交通、制造、医疗、媒体
2. 人脸识别、虹膜识别
3. 环境感知、精准定位、规划与决策、控制与执行、自动驾驶汽车测试与验证技术。
4. 图像识别、语音识别、自然语言处理
5. Siri、小爱同学、Bixby。

三、简答题

1. 答：人工智能技术在安防业的应用可以概括为以下三个方面。

（1）智慧警务。通过人脸识别技术、掌指纹识别、大数据等方式在布控排查犯罪嫌疑人识别、人像鉴定、追踪走失儿童信息以及重点场所门禁等领域获得了良好的应用效果。

（2）智慧社区。通过社区出入口、公共区域监控，单元门人脸自助核验门禁等智能前端形成立体化治安防控体系，做到人过留像、车过留牌，不仅对社区安全进行了全方位监控，而且采集的数据能够通过实时分析研判；不仅可以实现人、车、房的高效管控，而且能够形成情报资讯，为公安民警、社区群众与物管人员提供情报，打造平安、便民、智慧的社区管理新模式。

（3）交通安防。如通过车牌识别技术识别监控嫌疑人车辆；使用疲劳驾驶检测系统对抗驾驶人疲劳问题；使用人工智能技术控制交通灯，避免交通拥堵。

2. 略。
3. 略。

第6章 人工智能的发展趋势和挑战

一、选择题

1. ABCD   2. ABCDE

二、简答题

1. 答：比如自动驾驶会让出租车司机失业，人脸识别在抓捕犯罪分子中起到越来越重要的作用等。（答案不唯一）

2. 答：比如为人工智能设备制定人类优先设置等级，即人工智能设备不能做出伤害人类的事情等。（答案不唯一）

参 考 文 献

张,李沐,立顿,等,2019. 动手学深度学习[M]. 北京: 人民邮电出版社.

高翔,吴万琴,2015. 人工智能技术在搜索引擎中的应用[J]. 硅谷,8(3):79-80.

黄务兰,2017. 快递运输主干网规划及配送车辆路径优化研究[D]. 上海: 上海财经大学.

黄务兰,张涛,2016. 基于改进全局人工鱼群算法的 VRPSPDTW 研究[J]. 计算机工程与应用,52(21):21-29.

黄务兰,张涛,2016. 基于改进遗传算法的带时间窗车辆路径问题研究[J]. 微型机与应用,35(13):21-24.

江铭炎,袁东风,2012. 人工鱼群算法及其应用[M]. 北京: 科学出版社.

李罡,2020. 人工智能在电子商务营销技术服务的应用[J]. 集成电路应用,37(6):98-99.

李晓磊,邵之江,钱积新,2002. 一种基于动物自治体的寻优模式: 鱼群算法[J]. 系统工程理论与实践,(11):32-38.

卢奇,科佩克,2018. 人工智能: 第 2 版[M]. 林赐,译. 北京: 人民邮电出版社.

王伟,2020. 人工智能技术在智慧交通领域的应用研究[J]. 智能建筑与智慧城市(6):88-89.

古德费洛,本吉奥,库维尔,2017. 深度学习[M]. 赵申剑,黎彧君,符天凡,等译. 北京: 人民邮电出版社.

张琦琪,张涛,刘鹏,2015. 精英改进粒子群算法在入库堆垛问题中的应用[J]. 计算机工程与科学,37(7):1311-1317.

张涛,田文馨,张玥杰,等,2009. 基于剩余装载能力的蚁群算法求解同时送取货车辆路径问题[J]. 控制理论与应用,26(5):546-549.

张涛,魏星,张玥杰,等,2008. 基于改进蚁群算法的钢铁企业合同计划方法[J]. 系统管理学报,17(4):433-438.

周志华,2016. 机器学习[M]. 北京: 清华大学出版社.

DORIGO M, GAMBARDELLA L M, 1997. Ant Colonies for the Travelling Salesman Problem[J]. Biosystems, 43(2): 73–81.

HOLLAND J H, 1992. Adaptation in Natural and Artificial Systems: An Introductory Analysis with Applications to Biology, Control, and Artificial Intelligence[M]. Cambridge, Mass: The MIT Press.

HOLLAND, J. H. Outline for a Logical Theory of Adaptive Systems[J]. Journal of the ACM, 1962, 9(3): 297-314.

KENNEDY J, EBERHART R, 1995. Particle Swarm Optimization[C]. Proceedings of ICNN'95- International Coference on Neural Networks.